北京理工大学“双一流”建设精品出版工程

Classical and Intelligent Approaches for Decision Support System

决策支持系统中的经典与智能化方法

戴亚平　贾之阳　赵凯鑫 ◎ 编著

北京理工大学出版社
BEIJING INSTITUTE OF TECHNOLOGY PRESS

图书在版编目(CIP)数据

决策支持系统中的经典与智能化方法 / 戴亚平，贾之阳，赵凯鑫编著. -- 北京：北京理工大学出版社，2022.5

ISBN 978-7-5763-1315-4

Ⅰ. ①决… Ⅱ. ①戴… ②贾… ③赵… Ⅲ. ①决策支持系统-高等学校-教材 Ⅳ. ①TP399

中国版本图书馆 CIP 数据核字(2022)第 076495 号

出版发行 / 北京理工大学出版社有限责任公司
社　　址 / 北京市海淀区中关村南大街 5 号
邮　　编 / 100081
电　　话 / (010) 68914775 (总编室)
(010) 82562903 (教材售后服务热线)
(010) 68944723 (其他图书服务热线)
网　　址 / http://www.bitpress.com.cn
经　　销 / 全国各地新华书店
印　　刷 / 保定市中画美凯印刷有限公司
开　　本 / 787 毫米×1092 毫米 1/16
印　　张 / 13.25
字　　数 / 303 千字
版　　次 / 2022 年 5 月第 1 版 2022 年 5 月第 1 次印刷
定　　价 / 62.00 元

责任编辑 / 刘　派
文案编辑 / 国　珊
责任校对 / 周瑞红
责任印制 / 李志强

前言

PREFACE

决策支持系统是具有智能作用的人机交互式信息系统，它以管理科学、运筹学、控制论和行为科学为基础，以计算机技术、仿真技术和信息技术为手段。面向半结构化和非结构化的决策问题，决策支持系统可以为尊重事实、遵循逻辑、具备科学思维的决策者提供所需要的数据、信息和背景资料；帮助明确决策目标并进行问题识别；建立或修改决策模型，提供各种可能方案，并对各种方案进行评价和优选，最终实现为正确决策提供必要的支持目的。

目前，与决策支持系统相关的许多专业书籍都侧重于系统基础概念和理论，实践应用中系统的组成部件结构及其设计管理方法。对于决策支持系统的核心技术，即决策分析方法，许多书籍受本身的内容结构以及一些决策分析方法的专业性的限制，往往仅做普适化的介绍和说明。

现有的大多数相关书籍面向的是计算机科学与技术、管理科学与工程学科领域的本科生、研究生以及工程领域技术人员。对于决策系统中数学模型的建立过程及其分析方法的原理与理论，往往言简意赅，从而使非数学相关专业领域内的学生或技术人员能够快速入门并实现方法的简单应用。

本书结合控制科学与工程学科特点，基于现有的决策支持系统相关书籍，进行了较大的修订，主要内容包括决策支持系统概述，决策理论基础，多准则决策支持方法，基于启发式搜索方法和仿真的决策，马尔可夫决策，模糊逻辑和模糊推理系统等，显著增加了决策支持系统的核心之一，即针对决策问题的数学建模及其分析方法的相关内容。对于决策分析中的常用方法，在参考相关数学理论书籍和论文的基础上，相较于传统的决策支持系统相关专业书籍，本书做了更加详细深入的阐释。

本书由戴亚平、贾之阳、赵凯鑫合作编著。限于作者的学识水平，书中疏漏与不妥之处在所难免，恳请广大学者和专家不吝赐教。希望本书能够为决策支持系统课程教学与实践起到一定支持作用。

编著者

2021 年夏于北京

目　录
CONTENTS

第1章
决策支持系统概述

本章通过论述决策支持系统（Decision Support System，DSS）的功能、结构和类型来展现 DSS 的主要优点。主要包括下列内容：DSS 的定义、特点和功能；DSS 的结构和组成部分；各种 DSS 子系统——数据库子系统，模型库子系统，知识库子系统，用户接口子系统；DSS 的分类。

1.1　决策支持系统的概念及功能

1.1.1　决策支持系统的定义与特点

由于人们对 DSS 的认识不完全相同，所以至今还没有一致公认的 DSS 定义。早期 DSS 的定义表明，DSS 是在处理半结构化的问题中支持决策人裁决、扩展决策人的能力，但不能代替其判断。Littie（1970 年）将 DSS 定义为支持管理者进行决策、数据处理、判断和应用模型的一组过程。该定义中隐含的假设是基于计算机的系统，能为用户提供服务，以扩展用户求解问题的能力。Boaczek 等（1980 年）将 DSS 定义为由三个相互联系的部件组成的基于计算机的系统：语言系统——提供用户与 DSS 其他部件相互通信的机制；知识系统——存储 DSS 中的有关问题领域的知识；问题处理系统——连接其他两个部件，并包含决策所需要的一个或多个一般问题处理功能。武汉大学孟波教授给出的 DSS 定义是："决策支持系统是一个交互式的、灵活的和自适应的基于计算机的系统，它综合应用数据、信息、知识和模型，并结合决策人的判断，支持决策过程的各阶段，支持决策人进行半结构化和非结构化决策问题的分析求解。"

从上面的定义可以知道，DDS 具有以下基本特征：

（1）与处理的效率相比，更追求决策的效果。

（2）它不是代替决策者，而是提供良好的决策环境，对决策者提供支持。

（3）具有智能性。

（4）面向决策者，支持中、高层决策者的决策活动。DSS 的输入和输出、起源和归宿都是为了服务于决策者。

（5）模型和用户共同驱动，即决策过程和决策模型是动态的，是根据决策的不同层次、不同阶段、周围环境和用户要求等动态确定的。

（6）强调交互式的处理方式。通过大量、反复、经常性的人机对话方式将计算机系统无法处理的因素（如人的偏好、主观判断能力、经验、价值观念等）输入计算机，并以此规定和影响决策者的进程。

1.1.2 决策支持系统的功能

DSS 有以下主要任务和功能：

（1）DSS 通过将决策人的判断和计算机中的信息集成在一起，主要辅助决策人分析半结构化和非结构化决策问题。这类问题不能或不便于用其他计算机系统或标准的定量方法及工具求解。

（2）可以为不同管理决策层提供支持，包括从高层管理者到生产线管理者。

（3）可以为个体和群体提供支持，半结构化和非结构化问题的决策分析常需要来自不同部门和组织层次的人员参与。

（4）DSS 支持各种决策过程和形式。

（5）DSS 在时间上是自适应的，面对迅速变化的条件，决策人应能及时反应，并且 DSS 应适应这种变化。DSS 是灵活的，因此用户可增加、删除、组合、改变或重新安排系统的基本部分。

（6）用户应能很方便地使用 DSS。用户界面的友好性、较强的图形功能和类似自然语言的人机交互接口可以极大地增强 DSS 的有效性。

（7）DSS 努力提高决策的有效性（准确性、及时性、质量），而不是决策的效率。

（8）在问题求解中，决策人能完全控制决策过程的所有步骤，DSS 的目的是支持而不是代替决策人。

（9）终端用户应能自己构造和修改简单系统。大的系统可通过信息系统专家的支持进行构造。

（10）DSS 通常应用模型分析决策问题，建模功能使 DSS 能够在不同的结构下，对不同策略进行实验。

（11）DSS 能访问和获取不同来源、格式和类型的数据，包括地理信息系统和面向对象的数据。

这些特点使决策人能及时地做出更好、更一致的决策。如前所述，DSS 的特点和功能是由其主要部件提供的，这些部件将在下面简要论述。

1.2 决策支持系统的结构

1.2.1 决策支持系统的基本结构与组成元素

DSS 是一个由多种功能协调配合而成的、以支持决策过程为目标的集成系统。DSS 主要由数据库子系统、模型库子系统和用户接口子系统构成，如图 1－1 所示。

1. 数据库子系统

数据和信息是减少决策不确定因素的根本所在，管理者的决策活动离不开数据，因此，数据库子系统是 DSS 不可缺少的重要组成部分。

数据库子系统包括数据库和数据库管理系统，其功能包括对数据的存储、检索、处理和维护，并能从来自多种渠道的各类信息资源中析取数据，把它们转换成DSS要求的各种内部数据。从某种意义上说，DSS数据库子系统的主要工作就是一系列复杂的数据转换过程。与一般数据库相比，DSS的数据库特别要求灵活易改，并且在修改和扩充中不丢失数据。

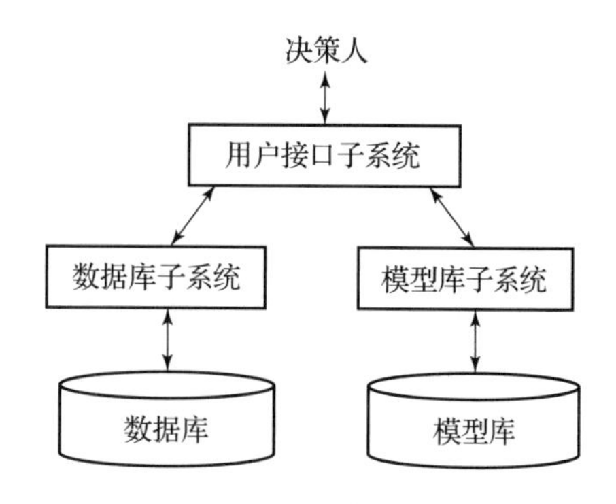

图1-1　DSS的基本结构

2. 模型库子系统

在管理决策活动中，客观事物就是被决策者处理的问题，管理决策模型就是对问题状态及其演变过程的描述，模型库就是这些决策模型的集合。模型库子系统由模型库和模型库管理系统组成，它是DSS的核心部分，也是DSS区别于其他信息系统的重要标志。

3. 用户接口子系统

用户接口子系统有以下功能：接收和检验用户的请求，协调数据库系统和模型库系统之间的通信，为决策者提供信息收集、问题识别以及模型构造、使用、改进、分析和计算等。它通过人机对话，使决策者能够根据个人经验，主动地利用DSS的各种支持功能，反复学习、分析、再学习，以便选择一个最优决策方案。显然，对话决策方式充分重视和发挥了认识主体（人的思维能动性），必然使管理决策质量大幅提高。由于决策者大多是非计算机专业人员，他们要求系统使用方便，灵活性好，所以用户接口子系统的硬件与软件的开发和配置往往是决策支持系统成败的关键。

用户也是系统的一部分，研究人员认为决策人与计算机的频繁对话可以产生DSS某些特殊的作用。

1.2.2　智能决策支持系统的结构

在DSS基本结构中，增加知识库子系统，则可得到如图1-2所示的智能决策支持系统（Intelligent Decision Support System，IDSS）结构，或称为基于知识的决策支持系统。

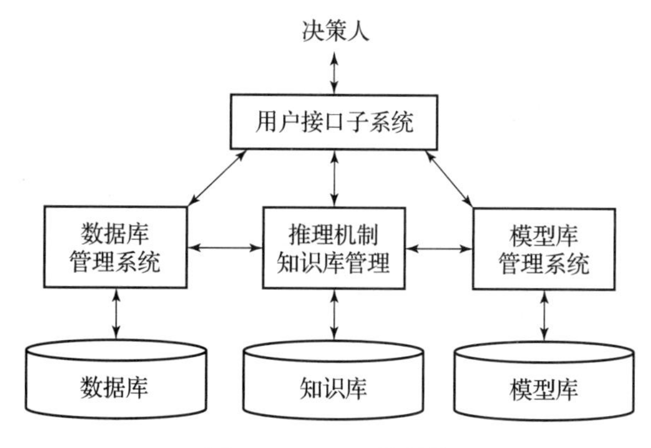

图1-2　IDSS的结构

所谓知识库子系统，就是要提供一种（或几种）知识表示的方法和知识的存储、管理形式，以使人们能够很方便地表达他们的知识，能够很方便地存储和调用这些知识为 DSS 的运行（包括识别问题、人机对话、自动推理、模型构成以及问题求解等）服务。所以从这个角度来说，它又是所有智能化系统的核心部件。知识库子系统包括知识库（Knowledge Base，KB）、推理机制（Inference Engine，IE）、知识库管理系统（Knowledge Base Management System，KBMS）以及模型库和数据库管理子系统的接口部分。

该结构中的知识库子系统能支持其他子系统或作为独立的部件应用，提供智能和定性分析功能，以增强决策人的能力。

专家系统（Expert System，ES）是一类重要的知识系统，常作为 IDSS 的组成部件。DSS 和 ES 的结合主要体现在三个方面：

（1）DSS 和 ES 的总体结合。由集成系统把 DSS 和 ES 有机结合起来。

（2）KB 和模型库（Models Base，MB）的结合。模型库中的数学模型和数据处理模型作为知识的一种形式，即过程性知识，加入知识推理过程中。

（3）数据库（Data Base，DB）和动态 DB 的结合。DSS 中的 DB 可以看成是相对静态的数据库，它为 ES 中的动态数据库提供初始数据，ES 推理结束后，动态 DB 中的结果再送回到 DSS 中的 DB 中。

DSS 和 ES 的这三种结合形式，也就形成了下面所示的三种 IDSS 的集成结构：

（1）DSS 和 ES 并重的 IDSS 结构。这种结构由集成系统完成对 DSS 和 ES 的控制和调度，根据问题的需要协调 DSS 和 ES 的运行。从地位上看，DSS 和 ES 并重。其中 DSS 和 ES 之间的关系，主要是 ES 中的动态 DB 和 DSS 中的 DB 之间的数据交换，即以 IDSS 的第一种和第三种结合形式为主体，同时也可以是第二种结合形式。这种结构形式体现了定量分析和定性分析并重的解决问题的特点。

（2）以 DSS 为主体的 IDSS 结构。这种集成结构形式体现了以定量分析为主体，结合定性分析解决问题的特点。在这种结构中集成系统和 DSS 控制系统合为一体，从 DSS 角度来看，简化了 IDSS 的结构。在这种结构中，ES 相当于一类模型，即知识推理模型或称为智能模型，它被 DSS 控制系统所调用。

（3）以 ES 为主体的 IDSS 结构。这种结构形式体现了以定性分析为主体，结合定量分析的特点。在这种结构中，人机交互系统和 ES 的推理机合为一体，作为 IDSS 中最高层的控制部件。在这种结构中，推理机是核心：对产生式知识的推理是搜索加匹配；对数学模型的推理就是对方程的计算。这种结合形式的问题求解体现为推理形式。

IDSS 中的专业知识可以帮助缺乏经验的管理者。由 ES 支持的活动与 DSS 数据和模型部件所支持的活动是不同的。这样，知识部件适用于更广泛的决策，它扩展了基于数据和基于模型的 DSS 的功能。其他可能支持的领域还有以下几种：

（1）支持数学方法无法支持的决策过程的某些阶段。例如，需用专业知识、选择合适的输入数据、评价建议解的影响等。

（2）支持多模型 DSS 中模型的构造、存储和管理。该应用增强了模型库管理系统（Models Base Management System，MBMS）的功能，并使 MBMS 智能化。

（3）支持不确定性分析。不确定性是现代企业环境的主要特点之一，所以许多决策情况包含不确定性。其中包括需要模糊逻辑和神经计算等应用工具的专业知识。

（4）支持智能用户接口。在 DSS 的实现中，用户接口起着主要作用，基于知识的系统可极大地改进用户接口的智能性。例如，自然语言处理和语音处理技术可使接口更容易和更自然。

1.2.3 基于数据仓库的客户/服务器结构

数据仓库是从 DB 技术发展而来的一种为决策服务的数据组织、存储技术。数据仓库由基本数据、历史数据、综合数据和元数据组成，能提供综合分析、时间趋势分析等辅助决策信息。联机分析处理是对多维数据进行分析的技术。由于大量数据集中于多维空间中，联机分析处理技术提供从多视角分析途径获取用户所需要的辅助决策的分析数据。数据挖掘能够对 DB 或数据仓库中的数据使用一系列方法进行挖掘、分析，从中识别和抽取隐含的、潜在的有用信息，即知识，并充分地利用这些知识辅助决策。

数据仓库、联机分析处理和数据挖掘是三种相互独立又相互关联的信息技术，它们各自从不同的角度辅助决策。数据仓库是基础，联机分析处理和数据挖掘是两种不同的分析工具。三者的结合使数据仓库辅助决策能力达到更高层次。采用这些新技术的 DSS 是一种新型的决策支持系统。

基于数据仓库的客户/服务器结构，常见的有两层和三层结构，还有 *N* 层结构。三层结构如图 1－3 所示，数据从内部来源和外部来源抽取，在放入数据仓库前，由专门的软件进行过滤和摘要等处理，并存储到专门的多维数据库中，组织成多维表达的形式。DSS 用户可通过 DSS 服务器进行查询和数据分析。数据仓库有不同的形式和规模，如图 1－3 所示的系统可扩展到多层结构（更多的服务器）。数据仓库的硬件和软件通常可由多个供应商提供。下面列出企业使用的所有部件，然而有些企业可能只用其中一种部件。

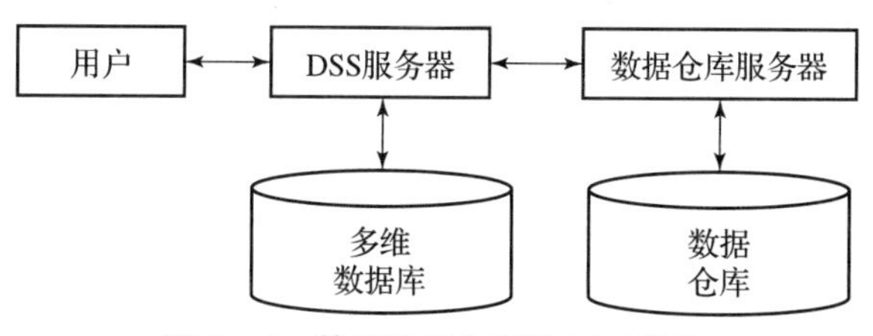

图 1－3 基于数据仓库的 DSS 结构

（1）大型物理数据库。这是一个实际的物理数据库，数据仓库的所有数据存储在该 DB 中，并且包括元数据和用于数据刷新、组织、打包以及终端用户进行数据预处理的处理逻辑功能。

（2）逻辑数据仓库。它包含所有的元数据、企业规则以及用于数据刷新、组织、打包和数据预处理的处理逻辑功能。此外，还包含寻找和存取实际数据所需要的信息。

（3）数据中心。它是整个企业数据仓库的子集，起着部门的、区域的和职能的数据仓库作用。作为数据仓库迭代的数据处理的一部分，在一定的时间内，组织或企业需要构建一系列的数据中心，还要通过企业范围的逻辑数据仓库连接这些中心。

根据数据仓库、联机分析处理和数据挖掘三种技术的不同集成，该系统结构实质上分为三种形式：

（1）基于数据仓库的 DDS。

（2）基于数据仓库与联机分析处理的 DDS。

（3）基于数据仓库、联机分析处理、数据挖掘的 DDS。

基于数据仓库的 DDS 是在数据仓库兴起后形成的。数据仓库本身就具有很高的决策支持能力。它拥有很强的查询分析功能，能产生用户所需的综合信息、时间趋势分析信息等辅助决策信息。

基于数据仓库与联机分析处理的决策支持系统是数据仓库的自然发展。数据仓库的数据组织与联机分析处理的数据组织是一致的，都是多维数据组织。联机分析处理提供了很强的多维数据分析方法，如切片、切块、旋转、钻取等操作。它通过多维查询和多维分析方法，扩大辅助决策能力。

基于数据仓库、联机分析处理、数据挖掘的决策支持系统，是数据仓库发展的新阶段。数据挖掘是一个独立的研究领域，它可以用于 DB，也可以用于数据仓库。数据挖掘的方法很多，应用范围也很广。根据数据仓库的应用范围可以选择合适的数据挖掘方法，提高数据仓库辅助决策能力。目前，开发 DB 的大公司都开发了自己的数据仓库产品，同时也开发有关的数据挖掘产品。

这类基于数据仓库的 DSS 最适用于下列情形：

（1）数据存储在不同的系统中。

（2）管理中已使用的方法需要大量、多种类型的信息。

（3）有大的、多种用户库。

（4）同样的数据在不同系统中的表示方式不同。

（5）数据用难以识别的格式存储，并需要用高技术访问或转换数据。

1.2.4 综合型决策支持系统的结构

把数据仓库、联机分析处理、数据挖掘、MB、KB、ES 结合起来，则形成综合的、更高级形式的决策支持系统。其中数据仓库能够实现对决策主题数据的存储和综合以及时间趋势分析，联机分析处理实现多维数据分析；数据挖掘可以获取数据库和数据仓库中的知识；模型库实现多个广义模型的组合辅助决策；数据库为辅助决策提供数据，专家系统利用知识推理进行定性分析。它们集成的综合 DSS 将相互补充和依赖，发挥各自的辅助决策优势，实现更有效的辅助决策。

综合型结构包括三个主体，第一个主体是模型库系统和数据库系统的结合，它是决策支持的基础，为决策问题提供定量分析（模型计算）的辅助决策信息；第二个主体是数据仓库和联机分析处理，它从数据仓库中提取综合数据和信息，这些数据和信息反映了大量数据的内在本质；第三个主体是 ES 和数据挖掘的结合。数据挖掘从 DB 和数据仓库挖掘知识，放入 ES 的知识库中，由知识推理的 ES 达到定性分析辅助决策。

综合型结构的三个主体既可以相互补充，又可以相互结合。根据实际问题的规模和复杂程度，决定是采用单个主体辅助决策，还是采用两个或是三个主体相互结合的辅助决策。

1. 传统 DSS

利用第一个主体（模型库和数据库结合）的辅助 DSS，就是传统意义下的 DSS。

2. IDSS

利用第一个主体和第三个主体（专家系统和数据挖掘）相结合的辅助 DSS 就是 IDSS。

3. 基于数据仓库的 DSS

利用第二个主体（数据仓库和联机分析处理）和第三个主体中的数据挖掘相结合的辅助 DSS 就是新 DSS。在联机分析处理中可以利用模型库的有关模型，提高联机分析处理的数据分析能力。

4. 综合型 DSS

将三个主体结合起来，即利用“问题综合和交互系统”部件集成三个主体，形成一种更高级形式的综合 DSS，其辅助决策能力将上一个大台阶。由于这种形式的 DSS 包含了众多的关键技术，研制过程中将要克服很多困难。

1.3 数据库子系统

1.3.1 数据库子系统的结构

数据库子系统包含下列部件：

（1）数据库及其结构。

（2）数据库管理系统（Database Management Systems，DBMS）。

（3）数据查询。

（4）数据字典。

数据库子系统的结构如图 1－4 所示。该图也表示了数据库子系统与 DSS 其他部件的交互关系以及与几种数据源的交互关系。下面将简述这些部件及其功能。

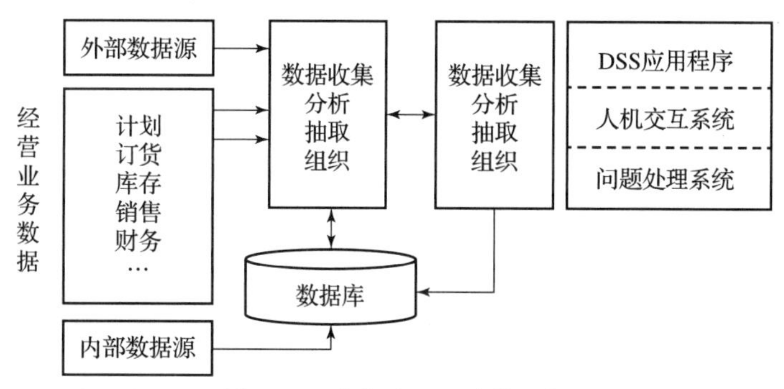

图 1－4 数据库子系统的结构

1. 数据库及其结构

数据库是相关数据的集合，这些数据组织起来可被多个用户在多个应用中使用。对于大型 DSS，除了数据库外还包括数据仓库。对于有些 DSS 的应用，根据需要可建立多个专门的数据库，而包含不同来源数据的几个数据库可为同一个应用服务。

为了创建 DSS 数据库或数据仓库，常有必要从几个数据源中获取数据，这种操作称为抽取。抽取包括文件的输入、摘要、过滤和数据的压缩。当用户需要由 DSS 数据库中的数据生成报告时，常需要抽取数据，抽取过程由 DBMS 管理。

DSS 数据库可以包含文字、图片、地图、声音和动画等多媒体数据，也可以是初步的、原始的概念、想法和观点。

许多 DSS 使用概括的数据，或从三个基本的数据源（内部的、外部的和个人的数据源）中抽取数据。

（1）内部数据。内部数据指可从组织内部的数据处理系统获得的数据，例如关于组织内部的人员、产品、服务和过程等方面的数据。有时内部数据可通过 Web 浏览器或从互联网上获取。

（2）外部数据。外部数据是来自组织外部的数据，例如市场研究数据、调查数据、就业数据、政府规章、税率表、国家经济数据等。大量的外部数据可从商业数据库中收集，某些数据可以从其他计算机信息系统或互联网上收集。这些数据常使 DSS 用户的信息过载，而大多数外部数据与特定的 DSS 是无关的，因此必须对外部数据进行筛选，以确保重要数据的收集并尽量减少无关的数据。

（3）个人数据。个人数据是 DSS 用户或组织的管理者和职工个人创建的反映其专长与经验的数据，这些数据包括对销售情况的主观估计、在竞争中将如何行动的建议以及对新闻报刊上文章的理解等。

数据库结构有 6 种：关系数据库、层次数据库、网状数据库、面向对象的数据库、多媒体数据库和智能数据库。

（1）关系数据库。关系数据库结构是用二维表格形式描述数据之间的关系。在关系数据库中，允许多项查询。在数据文件的一页中包含许多列，这些列为不同的字段。页中的各行为各不相同的记录。多个文件可以通过数据文件中的相同字段相关联，这些相同的字段必须有完全相同的拼写、相同的大小（字节数）以及相同的类型（如数字型或字符型等）。这种数据库结构的优点是简单易学、容易扩展和修改。

（2）层次数据库。层次模型将数据项按从上到下的形式呈树状排列，在有关的数据之间建立逻辑联系。

（3）网状数据库。该结构允许存在更复杂的连接，包括在相关数据项之间的横向连接，因此可通过共享某些数据项从而节省存储空间。

（4）面向对象的数据库。复杂的 DSS 应用，如计算机集成制造系统（Computer Integrated Manufacturing System，CIMS），需要存取复杂的数据，这些数据可包括图形和复杂的关系。层次、网状，甚至关系数据库结构都不能有效地描述和处理这类数据。因此，需要采用面向对象的数据库及其管理系统。对象由一组数据与施加于这些数据上的一组操作构成。面向对象的数据管理基于面向对象的编程原理，面向对象的数据库系统将面向对象的编程语言（如 C++）与数据存取机制相结合，面向对象的工具直接集成在数据库中。面向对象的数据库管理系统（Object - Oriented Database Management System，OODBMS）允许人们用对象之间自然关系的概念分析数据，用抽象方法建立对象层次之间的继承关系，并且对象封装使数据库设计者能把通常的数据和过程代码存储在同一对象中。面向对象的数据库管理系统将数据与其相关的结构和行为进行封装。系统使用对象层次的类和子类。在对象中包含关系表示的结构以及用方法和过程表示的行为。面向对象的数据库管理对于应用复杂的分布式 DSS 是特别有用的。面向对象的数据库系统具有很强的处理 DSS 应用中复杂数据的能力。

（5）多媒体数据库。多媒体数据库（Multimedia Database，MD）存放多媒体数据，包括数字、文本、声音和图像，如数字化的照片、地图或 PIC 类图片文件、超文本图片、录像片和虚拟现实（多维图像）等。多媒体数据库管理系统（Multimedia Database Management

System，MMDBMS）除了管理标准的文本以外，还能够管理各种格式的数据。根据国外的调查，企业所有信息只有不足15%是数字化的，而企业的信息中至少85%是以文件、地图、照片、图像和录像片的形式存放在计算机以外。为使企业在构造应用系统时能利用这些丰富的数据类型，数据库管理系统必须能管理这些类型的数据。Oracle、Informix和Sybase可存储和管理丰富的多媒体数据类型，还可实现面向对象的数据库。大多数个人计算机系统（作为客户）具有显示或播放这些格式文件的功能，通过扩展数据库的功能，以便在DSS中包含这些对象。

（6）智能数据库。智能数据库的思想是，综合应用数据库技术与人工智能（Artificial Intelligence，AI）技术，特别是专家系统和人工神经网络，使得对复杂数据库的存取和操纵更简单，效率更高。实现的方式之一是为数据库提供推理功能，这样可形成智能数据库。如果将数据库与自然语言处理器相结合，则将进一步增强专家系统对数据库的作用。

在专家系统和数据库的集成环境中，应用程序可通过数据库直接产生数据驱动，或由数据库产生数据，然后由专家系统处理（如解释）的方式驱动，也可以通过网络集成专家系统和数据库管理系统（Database Management Systems，DBMS）。

专家系统与大型数据库的主要问题是连接困难，甚至对于大型企业也是如此。有些软件商已认识到这类集成的重要性，并开发了软件解决连接问题。该类产品的一个示例是Oracle关系数据库的DBMS，它已经以查询优化器的形式集成了某些专家系统的功能，可以选择最有效率的路径查询数据库。查询优化器对用户非常重要，利用该功能，用户使用数据库时，只需少量的规则和命令。

目前，IBM嵌入的商业AI之一是提供与数据库一起工作的知识处理子系统，它允许用户从数据库中抽取信息，再将数据送到有几种不同表示结构的专家系统知识库中。另一个产品是KEEConnection，它将KEE命令翻译成数据库查询命令，并且自动跟踪在KEE的知识库和使用SQL的关系数据库之间来回传送的数据。这类集成的另一个好处是能采用数据的符号表示形式，并能改进DBMS的构造、操纵和维护功能。

2. 数据库管理系统

DBMS可用于修改、删除、操纵、存储和检索数据库中的信息。DBMS可以管理和处理大量信息，具有大量数据的集成、复杂的文件结构、快速的检索和变化、更好的数据安全等优点。DBMS与建模语言的结合是一种典型的系统开发模式，可用于构建DSS。通常从数据库抽取数据，并送到统计、数学和财务模型中，做进一步的处理和分析。

电子表格程序涉及DSS的建模方式，它帮助创建和管理模型，进行相关变量的重复计算，并且包含功能很强的数学、统计、逻辑和财务函数。许多DBMS提供类似于集成表格软件的功能，使得DBMS用户能用DBMS进行表格操作。类似地，许多表格软件也提供基本的DBMS功能。

在DSS中，常需要同时使用数据和模型，一般希望系统只采用一个集成工具管理数据和模型。DBMS和表格软件的接口很简单，这些接口可提供相互独立程序之间的数据交换。

由DBMS创建、存取、修改和维护数据库，DBMS可提供的具体功能如下：

（1）建立和管理数据模型及数据库。

（2）增加、删除、编辑、修改数据库的内容。

（3）对不同数据源的相关联数据进行抽取、分析、处理及集成。

(4) 灵活、迅速、方便地进行数据查询和报告，为DSS提供各种所需要的数据。

(5) 提供很强的数据安全性（例如，防止非授权的访问和恢复功能）。

(6) 处理个人的数据，以便用户根据其判断对决策问题的解进行实验。

(7) 根据查询进行复杂的数据操纵。

(8) 跟踪DSS中数据的使用。

(9) 通过数据字典管理数据。

有效的数据库及其管理系统可为许多管理活动提供支持，如数据记录的浏览、支持各种数据关系的创建和维护，以及报告生成等。然而，只有当数据库与模型集成时，DSS才可以发挥出真正的作用。

3. 数据查询

在建造和使用DSS中，常需要存取、操纵和查询数据，查询模块可完成这些任务。它从其他DSS部件接受数据请求，确定如何完成这些请求（如需要，可参考数据字典），形成详细需求，并将结果送交需要的用户。

DSS查询系统的重要功能是选择和操作，例如查询某区域在某年某月的所有产品销售情况，并按销售人员统计销售情况。

4. 数据字典

数据字典是数据库中所有数据的目录，包括数据定义。它的主要功能是描述数据项的可用性、来源和准确含义等。通过帮助搜索数据和识别问题，数据字典特别适合支持信息阶段。像其他目录一样，数据字典可支持增加新项目、删除项目以及特定信息的查询。

1.3.2 组织DSS数据库的三种策略

处于不同层次的管理者，其决策时所需信息的特征和来源往往大不相同。从事具体业务工作的管理人员，他们所需信息基本都是来自组织内部的信息，这些信息相当精确、细致，也容易得到。而战略计划级的管理者的主要工作是一些决策性问题，他们要用到组织内部的数据，更需要外部数据。至于经营管理性的管理者，则主要需要内部数据，有时也涉及来自外部的信息。

由于不同层次有不同的要求，如何做到三方面兼顾，就成为DSS数据库的组织问题。一般有三种策略：

(1) 策略一。DSS数据库与业务数据库相结合，构成一个综合型的数据库。这种策略很难实现。为了满足DSS的要求，这种综合型数据库中的数据呈现十分复杂的多样性特征，因为，要在设计中预先确定各种数据应采用的组织方式、结构和存取方法，几乎是不可能的，加之难以处理特定决策所需要的、已有数据中尚不存在的外部数据，使得这种综合型的数据库在技术上不可行，经济上也不合算。

(2) 策略二。不考虑已有的管理信息系统（Management Information Systems，MIS）数据库或其他信息数据库，而是重新建立DSS自己的数据库。这种策略在技术上比较易于实现，但数据重复输入使数据的冗余度增加。

(3) 策略三。采取析取方式。在这种方式下，DSS所需数据从已有的MIS数据库或其他库中通过析取加工得到，并存放在DSS自身的数据库中。

1.4　模型库子系统

1.4.1　模型库子系统的特点与功能

模型是对客观事物及其环境的客观描述，是人们研究客观事物的一种手段。在 DSS 中，模型是一个针对某一特定问题的求解，由各种基本算法或功能（如数据检索、编辑、分析、预测、图标输出等基本功能）构成。

模型库子系统为了解决 DSS 半结构化问题的不确定性和提高 DSS 结构的灵活性，必须具备三个特点：

（1）模型具有同一性，模型能够与实际问题有机结合。

（2）模型应使管理者易于理解。

（3）模型的功能尽量单一，这样通过单一模型的结合，DSS 结构可以更加灵活。

根据对模型库的定义，模型库子系统的功能可以综合为以下五点：

（1）产生或重构新的模型。

（2）分解和组合模型。

（3）管理模型库（如模型的修改、删除、存储、维护、恢复等）。

（4）与数据库发生联系（如数据库与模型集成等）。

（5）协调和集成建模、存取及运行管理。

1.4.2　模型库子系统的结构

模型库子系统包含应用级、生成级和工具级三个层次。应用级是为决策者设计的专用的或共享的模型子系统；生成级由模型库管理系统、用户接口系统和数据库管理系统、基础库等部分组成，它的用户是 DSS 的设计人员，他们根据用户的要求，充分利用 DSS 的各种工具来建立和维护各个应用子系统；工具级是一些专用的或通用的软件，如构造模型的软件、图形工具、文字处理工具和模型化语言等。通常所谓的模型库，多数是指介于应用级和生成级之间的系统。生成级是模型库系统的核心，在它的支持和控制下，不同的决策者可根据自己的意图来建立和使用模型。

DSS 的模型库子系统由模型库、模型库管理系统和模型字典组成，可使得用户能控制对模型的操作、处置和使用。

模型库子系统的结构以及与 DSS 其他部件的接口如图 1 – 5 所示。各部件的定义和功能叙述如下。

1. 模型库

模型库包括常规和专门的统计、财务、预测、管理科学和其他定量模型，这些模型可提供 DSS 的分析功能。调用、运行、改变、组合和检查模型的功能是 DSS 区别于其他计算机信息系统的主要方面。

依照模型库建立和使用的特点，可以把模型库分为三类。

（1）通用模型库。这类模型库的模型建立和编制均由用户完成，系统仅仅提供宿主语言和各种高级语言、专用语言和一些模型的求解方法，其结构如图 1 – 6 所示。目前流行的交互式财务计划系统就是属于这种类型的模型库。

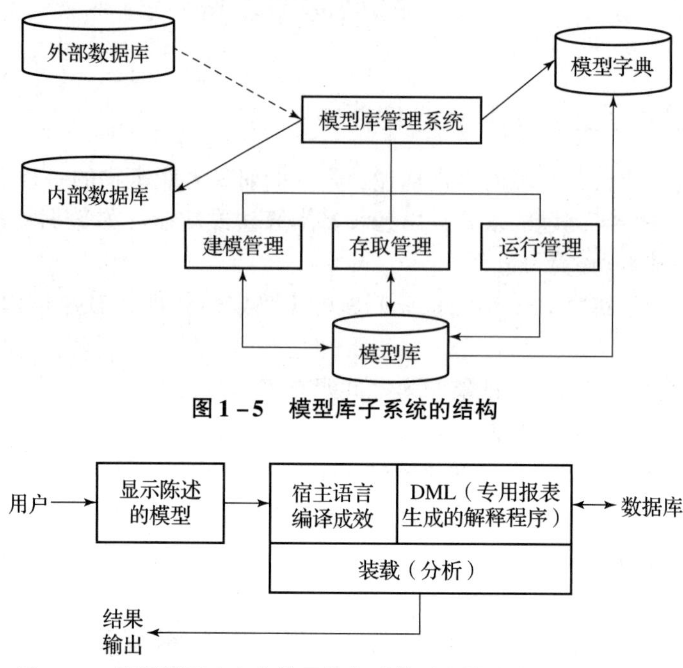

图 1-5　模型库子系统的结构

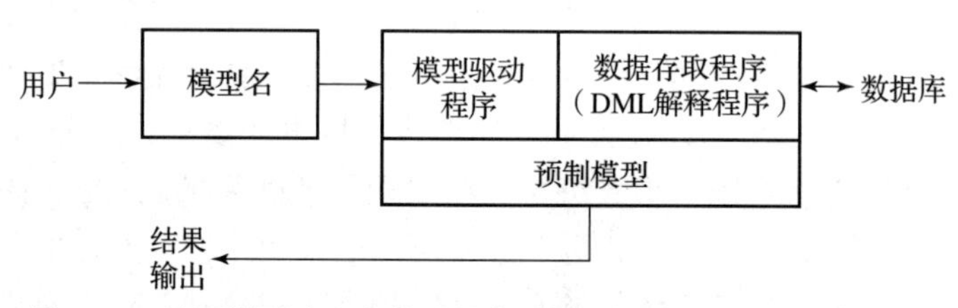

图 1-6　按照模型建立和使用特点对模型库的分类：通用模型库

(2) 专用模型库。这类模型库是专为某些决策或决策者设计的，用户并不创建模型，而是引用库中已有的预制模型，如图 1-7 所示。由图可知，模型驱动程序和数据存取程序从用户和数据库两个方面搜索信息。

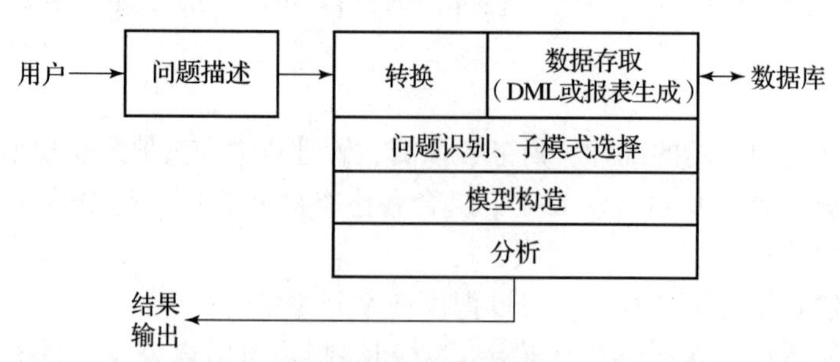

图 1-7　按照模型建立和使用特点对模型库的分类：专用模型库

(3) 智能模型库。智能模型库由模型的基本组件、问题识别器和形式化机制组成。用户只需给出对问题的陈述，系统就能自动识别问题，进行模型的形式化以及模型的建立和分析。这种系统目前尚处于研制阶段，如图 1-8 所示。

图 1-8　按照模型建立和使用特点对模型库的分类：智能模型库

此外，根据求解问题的不同对象，它们又可以分为战略模型、战术模型和操作模型。

战略模型通常只包括主要规划和方向性决策模型。它用于支持高层管理的战略规划和潜在的应用，包括制定企业目标、企业兼并与规划、工厂选址、环境影响分析以及非常规资金预算等。战略模型一般用于长期决策，以集成的形式表示许多变量，常用到大量的外部数据。

战术模型主要用于中层管理，以支持组织的资源分配和控制。战术模型的例子包括人力需求计划、促销计划、确定工厂布局、日常资金预算等。战术模型通常只用于组织的某子系统，如财务部，其时间范围从 1 个月到 2 年，需要某些外部数据，但大量需要的是内部数据。

操作模型是指为解决业务操作的决策问题而建立的模型库。它用于支持组织的日常和短期的决策工作，典型的常规决策如银行批准个人贷款、生产调度、库存控制、维修计划和调度、质量控制等。操作模型通常使用内部数据。

从战略模型到战术模型、操作模型，其涉及的范围逐渐缩小，其参数的确定性逐渐加强。

模型库中的模型也可按其职能领域分类（例如财务模型或生产控制模型）或按学科分类（例如统计模型或管理科学模型）。DSS 中的模型可以有几个到几百个。

2. 模型库管理系统

为了对模型库进行集中控制和管理，模型库系统必须有一个强有力的模型库管理系统来实现以下管理功能：

（1）模型的分类与存储。

（2）模型的生成、修改与集成。

（3）模型及其基本属性的存储与更新。

（4）模型的存取、查询与使用。

（5）描述模型所用的变量、数据，数据的提取机制，以及它们之间的各种关系。

（6）描述和管理各种建模约束条件和系统目标。

（7）提供接口部分的会话管理程序和解释、咨询程序，以及其他的系统输入/输出形式。

（8）接口管理与问题识别机制的管理。

（9）模型的动态调用和连接。

（10）对模型各部分最终运行模型的影响进行灵敏度分析，为今后修改模型提供依据。

（11）模型构成的合法性和有效性验证。

（12）模型使用和操作权限的管理。

（13）模型的模拟运行和实际模型运行的跟踪管理。

简言之，模型库管理系统是包括模型的存储、调用、连接、运行、修改、查询、检验、评价、灵敏度分析等功能在内的一组管理程序的有机结合。

3. 模型字典

模型字典的作用类似于数据字典，是模型库中所有模型和软件的目录，它包含模型定义、模型功能，用于描述模型的可用性和功能等。

1.5 知识库子系统

许多半结构化和非结构化问题很复杂，因此除了需要常规 DSS 的功能以外，还需要问题求解的专门知识，这些专门知识可由专家系统或其他智能系统提供，所以在智能的 DSS 中需要包含知识库子系统，该系统可提供求解问题所需要的某些知识，以及提供可增强 DSS 其他部件运行功能的知识。

一般可以从三个方面将基于知识的专家系统与数学模型集成：一是基于知识的决策辅助，用于支持数学方法未能涉及的决策过程的某些步骤；二是智能决策建模系统帮助用户构造、应用和管理模型库；三是决策分析专家系统将严谨的理论方法与专家系统的知识库相集成。

知识库系统是一个能提供各种知识的表示方式，能够灵活地调用和管理知识的软件系统。从运行机制上来说，知识库系统包括知识库、知识库管理系统、推理机制、咨询部分、学习机制和接口部件，如图 1－9 所示。知识库和推理机制是其核心部分，下面作简要介绍。

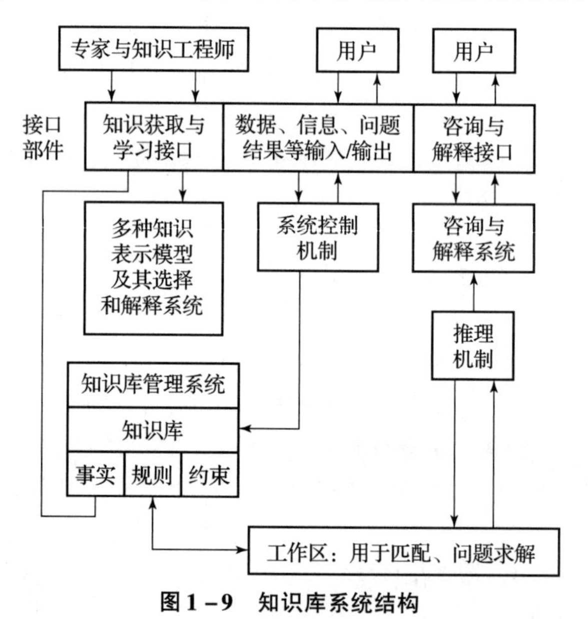

图 1－9 知识库系统结构

1.5.1 知识库

虽然计算机没有像人的大脑那样具有经验和学习的多样性，但是，它能够应用人类专家的知识，这些知识包括事实、概念、理论、启发式方法、过程和关系。知识也是信息，通过组织和分析知识，使之易于理解和应用于问题求解与决策。

在智能决策支持系统（Intelligent Decision Support System，IDSS）中更需要元知识。元知识是关于如何管理和运用知识的知识。它的存在形式有：人的元知识，供人们使用的基于计算机的元知识和供计算机使用的元知识。人的元知识存在于人们的头脑中或他们的文件中。它具有以下特点：是创造性的，可以直接从感性经验获取，可以在很大的经验范围内应用。人类的元知识也存在以下问题：

（1）“自然”的假设并不总是显而易见的，有时它可能是片面的或错误的。

（2）人类的专业知识易受干扰，易过时。

（3）不便于知识共享。

在 AI 系统中，将与问题有关的一些知识组织和存储在一起，称为知识库。大多数知识库都有应用领域的限制，即知识库应用集中于某些专门和较窄的问题域。事实上，在较窄的知识领域以及 AI 系统中必须包括决策的某些定性的特征，这是 AI 应用成功的关键。一旦建立了知识库，可利用 AI 技术使计算机具有基于事实与知识的推理功能。

1.5.2　推理机制

推理机制是模拟人类的思维推理功能来辅助解决和回答问题的计算机程序。它直接搜索知识库，利用模式匹配的方法，确定使用哪些知识。常用的推理方法有正向推理、逆向推理、模糊推理、基于模型的推理、基于语义的推理、基于事例的推理等。

利用知识库和知识推理的功能，知识库系统可作为问题求解器供决策者使用。计算机运行 AI 程序的过程，通过搜索已有事实和有关的知识库，能够得到给定问题的一个或多个可行解。知识库和知识推理机制可向用户提供智能辅助，这些用户可以是技术决策者，也可以是典型的新手，而非 IDSS 的用户必须是典型的专家型决策人。

1.6　用户接口子系统

用户接口技术包含了用户与 DSS 通信的所有方面，不仅包括硬件和软件，而且涉及容易使用、容易接受和人机交互的许多因素。有的 DSS 专家认为，用户接口是 DSS 的最重要部件，因为 DSS 的许多功能、灵活性和容易使用的特点是由该部件表现出来的。有些用户接口不便于操作和使用，是管理者不愿意尽可能使用具有定量分析功能的计算机 DSS 的主要原因之一。

1.6.1　用户接口子系统的管理

用户接口子系统由用户接口管理系统（User Interface Management System，UIMS）进行管理，UIMS 由几个程序组成，其中包括对话产生和管理系统。

UIMS 具有以下主要功能：

（1）提供多种用户接口模式。

（2）为用户提供多种输入设备。

（3）以不同格式和设备表现数据。

（4）为用户提供辅助功能，如提示、诊断和建议等灵活的支持。

（5）提供与数据库和模型库的交互。

（6）存储输入和输出数据。

（7）提供彩色图形、三维图形和绘图功能。

（8）有多个窗口可同时显示多个函数。

（9）可支持用户和 DSS 开发者的通信。

（10）通过例子提供训练功能（通过输入和建模过程引导用户）。

（11）提供灵活性和适应性，以便 DSS 能提供不同技术和用于不同问题。

（12）以多种不同的对话形式交互。

（13）获取、存储和分析对话子系统的使用情况（跟踪），以便改进对话系统，可提供对用户使用情况的跟踪功能。

1.6.2 用户接口模式

利用行动语言表达用户需求的方式称为接口交互模式（Interface/Interactive Mode）。DSS 是面向决策人的，提高系统的智能性，实现多功能的、自然的人机交互，建立友好的交互界面具有特别重要的意义。

在一般的信息系统中，使用者是专门的操作员，这些操作员计算机专业知识有限，更不会对系统本身有深入的了解，所以要求系统有直观易懂的界面形式以及严密的防误操作设计。但是，毕竟操作员所要使用的方式是很程序化、很固定的，可以通过培训使操作员熟悉特定的交互方式。而对于 DSS 的使用者——决策人员来说，这些就不可能了。一方面，决策系统的使用方式是非程序化的，其需要多样而且多变；另一方面，决策者对计算机的熟悉程度往往更低，特别是不熟悉一些特定软件工具或技术的使用。而且决策者又没有时间来熟悉过于专门的技术。如何合理地设计交互界面，使决策人的需要能充分、灵活和方便地输入计算机，同时将计算机的处理结果直观、充分和合理地告诉使用者，就成为 DSS 设计的关键。可以不夸张地说，交互界面设计成功了，DSS 也就成功了一半。

本节讨论下列重要的交互模式：命令语言、菜单交互、表格技术、自然语言理解、可视化技术、浏览器技术等。

1. 命令语言

在命令语言形式中，用户以输入命令的方式使用系统。许多命令采用动词与名词相结合的形式，某些命令可用功能键执行，另一种简化命令（甚至命令序列）的方法是使用宏，也可用语音输入命令。

命令是最基本的交互手段，命令的优点是功能丰富，甚至可以组织成功能更为强大的宏程序。缺点是操作不直观，用户学习复杂。在直接面向用户的 DSS 中，已很少采用命令语言这一方式，但作为提供给二次开发人员的一种开发手段，宏语言仍是一种重要形式。

2. 菜单交互

在菜单交互模式中，用户使用输入装置来选择一项完成一定功能的菜单。例如，用户可以选择字处理软件如 Word 或表格软件如 Excel。菜单以逻辑形式组织和显示，主菜单下面是子菜单。菜单项可显示子菜单中的命令，或者菜单中其他项目及开发工具。

菜单正如其名称所表明的那样，其思想是很简单的，但却非常有效。菜单技术使我们只需进行较少的学习和训练就可能掌握复杂的软件使用。当然，要取得良好的交互性，合理地组织菜单就变得非常重要了。对于功能庞大的系统，菜单可能变得十分复杂，学会使用仍会是一个不小的负担，当组织成多层嵌套菜单时，每次选取都很麻烦。目前，菜单技术已开发出了诸如热键、工具条、浮动菜单和浮动工具条、气泡式提示、图文混合以及纯图形按钮，等等。

3. 表格技术

管理离不开表格，丰富而灵活的表格支持是所有面向管理的软件必须面对的问题，管理软件开发工作量最大的一个方面就是设计和实现这些表格，以后用户不断提出新的要求也往往是表格。如何能方便、直观和高效地建立这些表格支持，是管理软件开发技术的研究重点。

（1）表达能力。表格的形式多种多样，为此，许多MIS开发工具都给予了专门的支持。例如，PowerBuilder的DataWindow，Delphi随带的Report Smith，Visual Basic随带的Crystal Report等。中国的报表与西式报表有一些习惯上和要求上的不同，国内也产生了一些报表系统，如用友公司的UFO、同人报表等。

（2）直观灵活性。报表定制不仅要求能表示各种各样的表，而且要求表达起来直观灵活。因为报表定制工作量大而烦琐，报表还常常需要修改，用户在以后也会经常提出新的报表需要，所以提高报表定制的效率和方便性就变得十分重要。不仅是开发者要迅速方便地定制报表，而且最好能支持用户自己在不编程的情况下，迅速定制所需的报表或对已有报表进行修改。Lotus 1－2－3，以及MS Excel就是这方面的代表。DataWindow、Report Smith、Crystal Report和同人报表也在直观性上进行了不少努力。

（3）与数据库的衔接。作为面向信息管理的软件，与数据库的衔接是一个基本环节。报表工具也在不断改善与数据库的衔接能力，如UFO专门与自己的财务数据库连接，而Excel则通过微软公司的另一个产品MSQuery以及ODBC与数据库衔接，这样可衔接的数据库就更广泛。当然连接的方便也是重要的发展方向。

目前，随着OLAP技术的发展，多维表格的支持又成为一个研究和发展的重点。

4. 自然语言理解

自然语言是人类最基本的交流手段。在当前信息化社会中，语言信息处理已占到计算机应用的80%以上，自然语言理解成为当前AI界关注的重点。目前，AI界已发明了许多知识表示方式，用计算机来模拟对自然语言的理解。如用一阶谓词逻辑描述语法规则，用语义网络表示语言的语义关系，用产生式系统构造自然语言的语法系统，用框架结构描述语言的各种语法、语义属性等。目前，计算机对自然语言的理解还远未达到人类水平，这方面还有很长的路要走，但至今的一些成果已能使计算机具有一定的自然语言理解能力。将这样的技术应用于DSS领域仍然具有很大的意义，这可以看作是对命令语言的一个更高层次的回归。

另一个和自然语言理解相关的技术是语音识别，目前这方面已达到比较实用化的水平，以IBM Via Voice为代表的语音识别软件，已能很有效地输入包括汉语在内的多种语言。将语音识别与自然语言理解相联系，就可能大大提高人机交互的友好性。

5. 可视化技术

随着计算机技术的发展，计算机应用水平的提高，计算机信息采集来源的多样化，信息系统中的数据越来越海量化。如何有效地利用这些数据已成为很大的问题，一个提高这些数据利用水平的途径就是采用现代计算机图形学与图像处理技术，将数据以图的方式直观地显示出来。无疑，在DSS领域这是非常有意义的。

图形技术是可视化的一个基础，但显示只是可视化的最后一个环节，要真正做好可视化的工作，必须合理地组织数据，有效地处理数据，正确地解释数据。

不仅数据有一个可视化问题，事实上，近年来编程本身的一个重要进展也是可视化。一些专业领域完全不同的计算机公司，都不约而同地在它们的编程开发工具上加上了Visual这个词。例如，IBM公司的Visual Age for Java，Symantec公司的Visual Cafe，微软公司的Visual Studio 系列等。编程的可视化大大提高了软件开发，尤其是交互界面开发的效率，自然也成为 DSS 开发环境的一个发展要求。

6. 浏览器技术

20 世纪 90 年代，互联网得到了极其迅速的发展，浏览器正是互联网上的基本工具。它也是基于窗口技术的，但有更为统一的形式和使用方式，内容之间的关系更为清晰，更容易为没有计算机经验的人所接受和掌握。20 世纪 90 年代中期以后，与浏览器技术相联系的网络计算、瘦客户机技术日益被业界所接受，如 Java，ActiveX 等，正使软件经历继传统 C/S 方式以后的又一次革命。从菜单到多窗口再到浏览器的发展，代表了交互界面的一些基本发展状况，实际上也涉及软件组织技术的发展，DSS 从中获益匪浅，但我们仍然希望有更方便、更直观、更灵活多样的交互方式出现。

1.6.3 用户

DSS 所支持的面对决策问题的人称为用户、管理者或决策人。然而，用户等术语并不能反映不同用户和 DSS 的不同使用模式。用户有不同的职务，不同的认知偏好和能力，不同的决策方式，决策人还可以是个体或群体。DSS 通常有两大类用户：管理者和专职工作人员。专职工作人员，如财务分析员、生产计划员和市场研究员等，比管理者的数量多 3 ~ 4 倍，而且使用计算机的人数更多。当设计 DSS 时，了解谁实际使用它很重要。一般而言，管理者比专职工作人员更希望系统能提供人机交互友好的界面，而专职工作人员希望系统功能强，并能完成具体任务，希望在日常工作中使用具有多种分析、计算功能的 DSS。通常专职工作人员是介于 DSS 和管理者之间的中间人员。

中间人员可使管理者不用操作键盘就能从 DSS 中获益，下面几种不同的中间人员反映了其对管理者的不同支持。

（1）专职助理：他们有关于管理问题的专门知识和决策支持技术的某些经验 。

（2）专门工具使用人员：他们能熟练应用一种和多种专门问题求解工具，完成问题求解或训练不具备完成任务技能的管理者，使他们能自己完成任务。

（3）系统分析员：他们有应用领域的一般知识以及相当的 DSS 构造工具的技能。

（4）群体决策支持系统中的系统设施操作者：这类中间人员控制和协调群体决策支持系统软件的运行。

在管理者和专职工作人员中，也还有影响 DSS 设计的其他因素，如管理者因所处的组织层次、职能范围、教育背景不同，对分析支持的需求亦不相同，各专职工作人员在教育背景、职能范围和管理的关系方面也是不同的。

1.7 决策支持系统的分类

DSS 的设计过程、运行和实现取决于它所涉及的许多情况，下面将概要论述几种 DSS 的分类情况，其中有的是相互交叉的。

1.7.1 Alter 的分类

Alter（1980 年）的输出分类是根据系统输出实质性作用的程度或系统输出能直接支持

决策的程度进行分类。该分类将 DSS 分为六类，前两类是面向数据的，进行数据检索或分析；第三类涉及数据和模型；其余三类是面向模型的，可提供仿真功能、最优化和建议解的计算。并不是每个系统正好只适合某一种类型，某些系统可以同时具有面向数据和面向模型的功能。

1. 文件柜系统

文件柜系统基本上是手工文件系统的自动化，主要用于直接存储和查询数据，如库存信息查询系统、航空订票系统以及用来跟踪和检测生产过程的车间生产管理系统。

2. 分析信息系统

分析信息系统包含可存取的数据库、模型和各种分析机制。例如，市场信息系统，包括内部销售、广告、商品推销和价格等数据库。利用它可以产生专用报告，为经理人员采取竞争对策提供信息依据。

3. 统计模型系统

统计模型系统包括许多会计模型。例如，在一种航海效益评估系统的数据库中，存有船舶吨位、航速、燃料消耗、海港费用等数据，可利用它计算航海利润和处理船租契约。又如，某保险公司的经费预算系统可以编制出两年的经费开支计划。

4. 样本模型系统

样本模型系统中的模型可对非研究性活动进行描述、分析和评价。一些概率未定的关键因子需要用户估计后输入。例如，某消费品销售公司利用一种市场响应模拟模型综合系统来跟踪市场变化情况，探讨未来市场竞争活动与后果之间的联系。

5. 最佳模型系统

最佳模型系统能在一系列约束条件下求得最佳解，提供决策行动的指导。

6. 建议模型系统

建议模型系统用于完全结构化的重复决策。它以决策规则、优化计算公式或其他数学方法为基础，产生一种建议性的方案。从某种意义上说，建议模型系统甚至比最佳模型系统更加结构化。建议模型系统的实例，如保险公司的税率调整系统。该系统能根据保险金和相应政策之间的历史关系，按某特殊部门保险政策进行税率调整，进行某种复杂的计算。当保险公司认为系统的输出不能反映实际情况时，可以恰当的方式修改输入，重新计算。

1.7.2　Holsapple 和 Whinston 的分类

Holsapple 和 Whinston（1996 年）将 DSS 分为六类：

1. 面向文本的 DSS

信息（包括数据和知识）常以文本形式存储，决策人可以获取这些信息。然而决策人可搜索的信息量呈现指数式增长，所以有必要高效表示和处理文本文件与片段。面向文本的 DSS 通过跟踪决策需要的文本形式的信息，为决策人提供支持。它允许根据需要，创建、修改和阅读文件。信息技术，如文件相关、超文本和智能代理，均可嵌入到面向文本的 DSS 中。目前，基于 Web 的系统使基于文本的 DSS 的开发有了新的发展。

2. 面向数据库的 DSS

在面向数据库的 DSS 中，数据库在 DSS 结构中起着主要作用。与处理面向文本的 DSS

的数据组织所不同的是，面向数据库的 DSS 将数据组织成高度结构化的形式（关系的或面向对象的）。早期面向数据库的 DSS 主要采用关系数据库结构。关系数据库处理的信息通常具有庞大的、描述的和严密的结构等特点，面向数据库的 DSS 具有很强的报告生成和查询功能。

3. 面向表格软件的 DSS

表格软件是一种建模语言，允许用户编写模型和执行 DSS 的分析，不仅可以创建、观察和修改过程知识，而且可指导系统执行自含的指令。表格软件广泛用于面向终端用户开发的 DSS，其中最流行的工具有 Microsoft Excel 和 Lotus 1 -2 -3 等表格软件。

由于软件包（如 Excel）包含基本的 DBMS 并且可以提供与 DBMS 的接口，它们具有面向数据库的 DSS 的某些性质，能够描述数据和知识。面向表格软件的 DSS 是面向求解器的 DSS 的一种特殊情形。

4. 面向求解器的 DSS

求解器（Solver）是一个可用计算机程序描述的算法或过程，可用于进行特定类型问题的求解。求解器的例子有用于计算趋势的线性回归程序、用于计算最优订货量的经济订货模型等。

求解器可以是商业化软件中的算法程序，如 Excel，Lotus 1 -2 -3 中的函数。求解器还可由程序语言编写，如 C 语言。它们可直接写入或加入表格工具，或者可嵌入特殊的建模语言。更复杂的求解器，如用于最优化的线性规划，可由商业化的软件提供，DSS 构造者可将这些求解器结合进 DSS 应用。面向求解器的 DSS 可灵活地根据需要改变、增加和删除求解器。

5. 面向规则的 DSS

DSS 的知识部件通常包含在专家系统的过程和推理规则中，这些规则可以是定性的或定量的。

6. 组合 DSS

组合 DSS 是一个混合系统，它包含了上述五种系统中的两种或两种以上。组合 DSS 可用一组独立的 DSS 构造，每种用于一个专门领域（如基于文本和基于求解器），组合 DSS 也可以使用单一的、紧密集成的方式构造。

1.7.3 其他分类

其他有代表性的分类是机构 DSS 和特定 DSS。

1. 机构 DSS

机构 DSS 处理重复发生的决策，典型例子如证券管理系统。证券管理系统常用于一些大型银行的投资决策。由于机构 DSS 重复地用于求解相同的或类似的问题，所以机构 DSS 可以通过开发，或者通过系统多年的应用提炼形成。

2. 特定 DSS

特定的 DSS 常处理不能预料或不重复发生的特定问题。特定决策常常包含战略规划问题，有时也包含管理控制问题。这种 DSS 一般只使用一两次，这是 DSS 开发的主要问题之一。

习　题

1. 什么是决策分析？决策分析的基本分类有哪些？
2. 什么是 DSS？
3. 试述 DSS 的基本架构。
4. 如何建立一个 DSS 中的知识库？
5. 如何设计 DSS 中的人机交互界面？

第2章
决策理论基础

DSS是为了帮助人们做出决策，这些系统不是由其（机器）自动做出决策，而是同决策者（人）一起发挥作用。所以DSS必须符合人类的工作方式（模拟人类的决策方法和决策过程）。为了使得DSS能够支持决策者做出正确的、有效的决策，就必须采用科学的决策理论、方法和技术。本章主要论述决策、决策过程、决策分类、决策模式、结构化决策模型与方法。

2.1 决策与决策原则

2.1.1 决策概述

所谓决策，是人们为实现特定目标，经过缜密的推断分析而在众多备选方案中择取最佳方案的活动。这个关于决策的概念包含三层意思：第一，找出制定决策的根据，即收集信息，并根据手头的信息制定可能的行动方案。这是决策的前提，这项工作对最终的决策效果起着决定性的作用。第二，在诸行动方案中进行抉择，即根据当时的情况和对未来发展的预测，从各个备选方案中选定一个方案。这项工作依赖于决策者个人的知识水平、事务判断能力和经验积累，是整个决策活动的核心。第三，对已选择的方案及其实施进行评价。完成这项工作的主要依据是决策实施后的反馈信息。

虽然决策科学由来已久，但社会经济的发展已经赋予这项活动许多新的特征，特别是计算机信息系统和现代通信手段的应用，使决策过程朝着规范化、科学化的方向发展，并逐步形成了以著名学者Simon为代表的现代决策理论学派。现代决策理论概括起来有以下一些基本特征：

（1）决策是管理的中心，决策贯穿管理的全过程。

（2）在决策准则上，用满意性准则代替最优化准则。

（3）强调集体与组织对决策的影响。

（4）重视计算机技术的应用。近年来发展的人工智能，逐步实现决策自动化，成为决策理论继续深入发展的共识。

2.1.2 决策问题的要素与特点

要实现成功的决策，管理者不仅需要科学的决策理论，还必须了解决策问题的要素和特点。决策问题通常有如下构成要素：

1. 决策人

在较低的管理层和较小的组织中，决策通常是由一个人做出的。在决策过程中，能做出最后决断的决策人称为“领导者”。本章讨论的决策主要是个体决策，然而在中型和大型组织中，许多主要的决策是由群体做出的。即使对于单个决策人而言，也会有多个冲突的目标。那么在群体决策中，由于群体可以有不同的规模，可以包含不同部门以及来自不同组织的人员，群体中的各成员更会经常有目标冲突，其决策过程是很复杂的。

计算机系统可为群体决策提供很大方便，计算机甚至可在超越群体的更大范围内——从部门到分支机构，甚至多个组织——提供决策支持，此类支持需要特殊的结构和过程。

2. 决策目标

决策是围绕着目标展开的，决策的开端是确定目标，终端是实现目标。决策目标是根据业务标准制定的，既体现了决策人的主观意志，也反映了客观事实，没有目标就无从决策。清晰的决策目标对于明智的决策来说十分重要。只有明确地把注意力集中在目标主题上，并且远离毫不相干的枝节问题，才能达成决策目标的实现。如果决策是由群体做出的，则一个清晰明确的决策目标可确保该群体中的所有人都能聚焦在同一个主题上而不产生偏离。

3. 决策方案

决策必须至少有两个可供选择的可行方案，称为方案集。在方案集中罗列表达各种可能的问题求解方法，建立起决策人可能采用的所有行动的集合。决策方案有两种类型：一是明确方案，具有有限个明确的具体方案；二是不明确方案，只说明产生方案的可能约束条件。

方案个数可能是有限个，也可能是无限个。当方案个数过多时，决策者可以将其缩小到一个合理范围内，或者应用信息检索工具完成此任务。

4. 后果集

每个方案实施后可能发生一个或几个可能的后果，称为后果集。如果每个方案都只有一个后果，称为确定型决策；如果每个方案至少产生两个以上可能的后果，称为风险型决策或不确定型决策。后果集可以用效用、价值或损失等来表示。

5. 信息集

信息集亦称样本空间（或观测空间、测度空间）。决策时，为了获取与决策问题所有可能的自然状态有关的信息以减少其不确定性，就需要进行调查研究。

除了以上构成要素，决策问题还具有以下特点：

（1）明确的针对性。决策通常是为了解决某一问题，或实现某一预期目标而必须进行的一项重要活动。

（2）客观的现实性。最终决策总是要付诸实施的，即要受到实践的检验。

（3）一定的风险性。决策的环境和条件经常具有大量的不确定因素，人们对未来不可能做到完全充分的了解，有相当部分不得不靠经验决策，因而有时会出现决策失误的情况。

（4）选优性。决策实际上是从多种方案中选取优者，没有择优就没有决策。

（5）局限性。决策是由人最终决断的，但由于受限于决策者的学识、经验和偏好，难免有主观臆断的成分。应当通过决策科学化将这种影响降低到最低限度，直至消除。

2.1.3 决策原则

为实现科学决策，人们对决策过程的客观规律进行了研究，针对决策的不同阶段，制定了如下决策原则：

1. 在决策全过程中需要遵循的原则

（1）实事求是原则：在决策和实施过程中必须坚持一切从实际出发，根据实际情况决定方针。

（2）“外脑”原则：在确定目标、设计方案、选定方案、实施方案中，重视发挥参谋、智囊的作用，把决策建立在科学的基础上。

（3）经济原则：决策中力求节约财力、物力、人力和时间，以获得满意的决策效果。

2. 在确定决策目标时需要遵循的原则

（1）差距原则：决策目标和现实之间存在一定的差距，只有努力去缩小这些差距才能达到决策目标。

（2）紧迫原则：解决目标与现实之间的差距具有紧迫性。

（3）“力及”原则：达到目标、解决差距应该是力所能及的，是主客观条件所允许的，有解决的现实可能性。

3. 在制定备选方案时需要遵循的原则

（1）瞄准原则：备选方案必须瞄准决策目标。

（2）差异原则：提出的各种备选方案之间必须有所差异。

4. 在优选方案时需要遵循的原则

（1）“两最”原则：最后选取的方案应该是效益最大、损失最小、可靠性最高、风险性最小的决策方案。

（2）预后原则：选定的方案应该具有应变能力和预防措施。

（3）时机原则：决策应该在信息充分或根据充足的时机做出，不能超前或拖后。

5. 在决策实施过程中需要遵循的原则

（1）跟踪原则：决策付诸实施之后，就要随时检查验证，不能放任自流。

（2）反馈原则：一旦发生决策与客观情况有不适应之处，就要及时采取措施，进行必要的修改和调整。

2.2 决策过程

每个决策都必须要经过若干步骤实现。决策过程包括提出问题、收集资料、确定目标、拟订方案、分析评价、方案确定和实施的全过程。西蒙认为决策过程包括信息、设计、选择和实现四个阶段。决策过程的表示如图 2－1 所示，有一个从信息到设计，再到选择（粗体线）活动的连续流，而且在各阶段均可以返回到前一阶段（反馈）。每个决策都要包括其中的所有阶段，决策之间的差异由每个阶段的重点和各个阶段之间的联系造成。信息阶段与设计阶段是决策过程的两大基础阶段。下面对这两大基础阶段进行介绍。

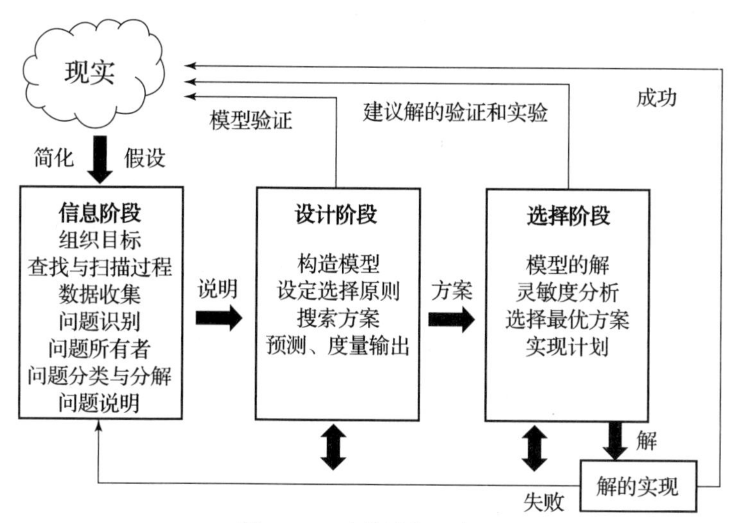

图 2－1　决策过程示意图

2.2.1　信息阶段

决策过程开始于信息阶段，该阶段考察现实系统，并识别和定义问题。在设计阶段，则构造表示系统的模型，通过假设简化现实系统，写出所有变量的关系。对模型进行有效性检验，并确定一组识别行动方案的评价准则。选择阶段，包括确定模型的建议解（不是模型所表示问题的解），在理论上验证此解。一旦认为建议解是合理的，则进入最后的实现阶段。成功实现的结果是解决原问题，失败的结果需要重新返回到前面的阶段，下面将详细讨论该过程。

信息阶段是决策过程的重要部分。著名人工智能专家钟义信教授认为，决策过程是一种信息再生过程，即由客观的状态信息产生主观的策略信息的过程。信息阶段必须对环境间断或连续地扫描，目的是识别问题或机会。

1. 识别问题

在信息阶段中，识别组织目的和目标，并确定是否满足这些目的和目标。当正在进行的事物或过程不满意，则会出现问题，这些不满意表现为发生（或已发生）的事物与我们的期望之间存在着差距。在该阶段，应确定问题是否存在，识别其症状，确定其值，并定义问题。由于现实世界问题的关联因素是复杂的，有时较难区分真实问题和症状。通常描述的问题（如过高的费用）可能只是某个问题的症状（如不合适的库存量）。

通过调节和分析组织的生产率水平，可以评估组织中存在的问题。生产率的度量和模型的构造均依据数据，其中，收集已有数据和估计未来数据，常常是分析中最困难的一步。在收集和估计数据过程中，需考虑下列问题：

（1）结果可能出现在某时间的扩展时期，在不同的时间点会产生收入、支出和利润，如结果是定量的，可采用现值法解决类似问题。

（2）用主观方法估计数据。一旦完成初步研究，就有可能确定问题是否真的存在，在何处，程度如何。

2. 问题分类与分解

问题的分类与分解过程是将问题概念化的过程，也就是将问题分为可定义的类型，一种常用的分类方法是按问题的结构化程度分类。

西蒙（1977年）区分了决策问题结构性的两个极端情况，一种极端为日常重复出现，并有标准模型求解的、结构化完善的问题，称为程序化问题（Programmed Problems）。例如，每周调配人员，确定月现金流，确定特定项目库存量。另一种极端为非结构化的问题或非程序化问题（Non-programmed Problems），这是新的或目前未遇到过的问题，例如，承担一项复杂的研究和开发项目，企业再造工程，创办一所大学等都是非结构化问题。半结构化问题是介于上述二者之间的一类问题。

3. 确定问题的所有者

在信息阶段，确定问题的所有者是重要的，一个存在问题的组织中，组织中的某个（群）人必须愿意承担求解问题的责任，并且有能力解决它，否则该问题不是属于该组织的问题。

2.2.2 设计阶段

设计阶段包含产生、形成和分析可能的行动，其中包括理解问题和检验解的可行性。在该阶段，构造有关问题的模型即建模，并测试和检验其有效性。建模包括问题的概念化，并抽象成定量和（或）定性的形式。对于数学模型要识别变量并建立描述变量关系的方程，可通过一系列假设进行简化。建模工作是科学和艺术的结合，以下是与定量模型（如数学、财务等模型）有关的问题：模型的变量，模型的结构，确定选择的原则（评价准则），产生方案，预测结果，度量结果，情景。

1. 确定定量模型的变量

所有定量模型由决策变量、不可控变量（或参数）和结果变量所组成，如图2-2所示。这些变量通过数学关系联系在一起。在非定量模型中，这些关系是符号的或是定性的，决策的结果由决策（决策变量的值）、决策人不可控的因素以及各变量的关系所决定。

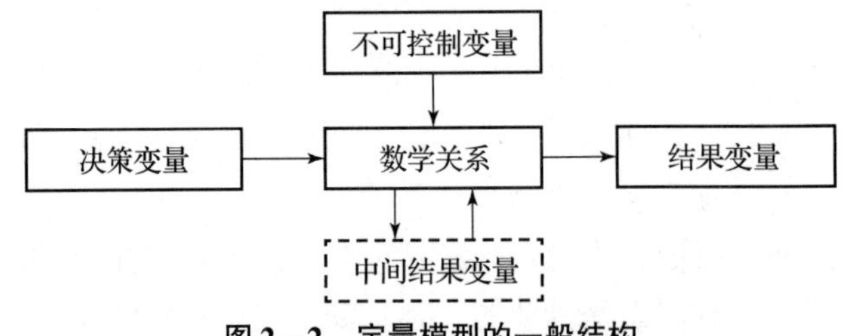

图2-2 定量模型的一般结构

（1）结果变量。结果变量是非独立变量，反映系统效果，即表示系统状态和达到目的的程度。非独立变量的含义是在该变量描述的事件发生前，必须有其他事件发生，在这种情况下，结果变量取决于决策变量和不可控的独立变量。

（2）决策变量。决策变量描述行动方案，该变量的值由决策人确定。例如在投资问题中，投资债券是决策变量；在调度问题中，决策变量是人、时间和工作表。

（3）不可控变量或参数。在任何决策中，都存在一些影响结果变量而决策人不能控制的因素，如利率、城市建筑编码、税收规定和设施的价格等。由于这些因素是由决策人的环境所决定，所以是不可控的。某些变量起着对决策人限制的作用，所以形成问题的约束条件。

（4）中间结果变量。中间结果变量反映中间结果。例如，在某工厂生产过程中，废品是中间结果变量，而总利润是结果变量（废品是总利润的因素之一）。另一个例子是职工的工资，它作为决策变量，决定了职工的满意程度（中间结果），并由此决定生产率水平（最后结果）。

表 2－1 从投资、营销、制造、会计、运输和服务几个领域进行了模型组件的举例，如在制造领域，决策变量通常是待加工生产的产品种类和相应的生产规模，结果变量是投入生产所需的成本和产出的产品质量水平，在制造过程中生产系统产能就是模型相关参数，而供应链中的需求变化和价格波动即是一些不可控变量。

表 2－1　模型组件举例

领域	决策变量	结果变量	不可控变量和参数
投资	投资方案和投资金额	投资总利润和潜在投资风险	通货膨胀率和时政变化
营销	推广方案和推广预算	商品市场占有率和社会认可度	目标客户收入和行业竞争
制造	产品种类和生产规模	生产成本和产品质量水平	生产系统产能、供应链需求和价格变化
会计	计算机使用和审计计划	数据处理费用和出错率	计算机技术和国家相关法律要求
运输	调度方案和发货时间	成本支出和按时完成率	相关法律规定、运输条件和天气影响
服务	执行标准和员工水平	客户意见反馈和满意度	客户对服务的个性化需求

2. 确定定量模型的结构

定量模型的变量由一组数学表达式描述，如方程式或不等式。

一个简单的财务模型为

$$P = R - C \tag{2.1}$$

式中，P 为利润；R 为收入；C 为成本。

另一个著名的财务模型是现值模型，即

$$P = F/(1+i)^n \tag{2.2}$$

式中，P 为现值；F 为未来某年的现金支付；i 为利率；n 为年数。

例 2.1　第 5 年支付 100 000 元，10% 的利率，则用现值模型求解。

解：直接利用现值模型，可得

$$P = 100\,000/(1+01)^5 = 62\,092(\text{元})$$

此外，还有一些更复杂的模型，如下列所述的最优化模型：指派（目标的最优匹配）模型；动态规划模型；目的规划模型；投资（最大化回收率）模型；线性规划模型；计划和调度的网络模型；非线性规划模型；替代（投资预算）模型；简单投资模型（如经济订货量）；运输（最小运输费用）模型。

3. 设定选择的原则

选择的原则（评价准则）是关于求解方法的可接受性，包括标准模型与描述模型的思想和其他常用的原则。决策者是愿意采用高风险的方法还是低风险的方法？是期望最优化还是满意？下面论述三种选择的原则。

（1）最优化原则是指所选择的方案应是所有可能方案中最好的。为了得出该方案，需检验所有方案，并证明所选方案确实是最好的，该过程一般采用最优化模型。从计算方法看，可由以下三种方式之一达到最优化：

①由已知的资源求达到的最高目标。

②求目标与费用比例最高的方案（如投资每元的利润），或最大化生产率。

③求达到要求目标水平而具有最低费用（或其他资源最小）的方案，如某项任务是按要求制造一个产品，寻找一种方法实现该目标并具有最少的费用。

（2）最优化时，要求确定决策人的各个行动方案对整个组织的影响，这是因为某一部门的决策可能对另一部门有明显的影响（好的或差的影响）。例如，生产部门制定调度计划，可以大批量生产几种产品以减少制造费用，才能使该部门受益。然而，该计划可能引起大量的库存，以及因缺少其他品种而使市场销售困难，故需用系统的观点评价决策方案对整个系统的影响。为了避免造成不必要的浪费，DSS 构造者可将系统封闭在一个窄的边界内，仅考虑需要研究组织中的一部分（该例中为生产部门），这类方法称为局部最优，相对于全局而言就称为“次最优化”。从该部门看来是最优的解，但在整体看来有可能是劣解。尽管如此，次最优化仍是一个很实用的方法，许多问题可以由局部开始求解，仅分析系统的一部分可以得到某些临时的结论，而不至于陷入大量的相互矛盾对立的细节中。一旦得到“次最优化”的建议解，可以检验该解决方案对组织其他部门的影响，如果没有发现明显的负面影响，则可以采用该解，该方法很适合 DSS 的迭代开发方法。

（3）根据西蒙（1977 年）的观点，大多数决策，无论是组织的还是个人的，都包含寻求满意解的愿望，即“比最好差点”。在满意模式中，决策人建立愿望、目标或期望的水平，然后寻找方案，直到找到达到该水平的方案。采用满意原则的原因通常是缺少时间，或缺乏达到最优的能力，以及不愿意付出获得所需信息的费用。

4. 产生方案

模型构造过程的一个重要部分是产生方案，在最优化模型（如线性规划）中，方案可由模型自动产生，然而在多数 DSS 中则需要产生方案的机制。产生方案可能是一个创造性的、较长时间的搜寻过程，而何时停止产生方案是很重要的。产生方案依赖于信息的费用和可用性，并且需要问题领域的专家，这是问题求解最不正规的部分。在大多数 DSS 中，方案产生是人工进行的，理想的方法是由 DSS 提供支持。

通常是在确定评价方案的准则以后再产生方案，这样可以排除明显不可行的方案，可减少搜寻和评价方案的工作量。

5. 预测各方案的结果

为了评价和比较方案，有必要预测各方案未来的结果。基于决策者知道（或相信）的预测结果，可以将决策情况分成几类。通常，随着可获取信息量的变化，把这些知识从完全确定性到完全不确定性划分为三类，如图 2－3 所示。

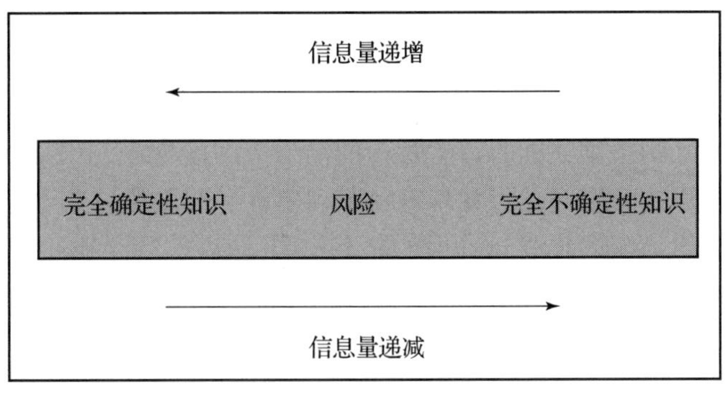

图 2－3　决策分类

（1）确定型决策指决策者对未来可能发生的情况有十分确定的比较，可以直接根据完全确定的情况选择最满意的行动方案。在确定型决策中，假设决策人拥有完全信息，他们知道在确定的环境中，每个行动的确切结果。虽然完全确定性行动的结果可能并不太现实，并且有时也没有必要评估所有的结果。但是，这种假设简化了模型，使得模型易于处理。决策者被看作是一个完美的预测者，因为该决策假设每个可选方案只有唯一的结果。构成一个确定型决策问题必须具备以下几个条件：①存在一个明确的决策目标；②存在一个明确的自然状态；③存在可供决策者选择的多个行动方案；④可求得各方案在确定状态下的损益值。许多金融模型是在确定性假设的基础上建立的。

（2）风险型决策，也称“统计型决策”或“随机型决策”。面临至少两个发生概率为已知的随机自然状态，至少有两个可供选择的行动方案，且已知损益值的决策。在实际决策中应用广泛。常用方法包括以最大可能性为标准的准则、以期望值为标准的准则、决策树等。风险型决策过程中，决策者必须考虑每个可选方案的几个可能的结果，每个结果的发生有确定的概率。每个指定结果的发生概率是已知的或可以估计的。在这些假设的前提下，决策者可以评估每个可选方案的风险程度。大多数商业决策都是基于假定的风险做出的。风险分析，是一种分析不同可选方案的风险（基于假设已知的概率）的决策方法。风险分析可以通过计算每个可选方案的预期价值，选择具有最高期望值的方案。

（3）不确定型决策所处的条件和状态都与风险型决策相似，不同的只是各种方案在未来将出现哪一种结果的概率不能预测，因而结果不确定。在不确定型决策中，决策者面临的情况是每个行动有多种可能的结果。与风险型决策不同的是，在这种情况下，决策者并不知道或不能估计各种结果可能出现的概率。显然，做不确定型决策比确定型决策更加困难，因为决策者没有足够的信息。这种情况下的建模涉及评估决策者（或组织）对风险的态度。

不确定型决策的主要方法有等可能性法、保守法、冒险法、乐观系数法和最小－最大后悔值法。例如，等可能性法，也称拉普拉斯决策准则。采用这种方法，是假设自然状态中任意一种发生的可能性是相同的，通过比较每个方案的损益平均值来进行方案的选择，在利润最大化目标下，选择平均利润最大的方案，在成本最小化目标下选择平均成本最小的方案。保守法，也称瓦尔德决策准则，小中取大的准则。决策者不知道各种自然状态中的发生概率，决策目标是避免最坏的结果，力求风险最小。运用保守法进行决策时，首先要确定每一可选方案的最小收益值；然后从这些方案最小收益值中，选出一个最大值，与该最大值相对应的方案就是决策所选择的方案。冒险法也称乐观决策法，大中取大的准则。决策者不知道各种自然状态中任一种可能发生的概率，决策的目标是选最好的自然状态下确保获得最大可能的利润。冒险法在决策中的具体运用：首先，确定每一可选方案的最大利润值；然后，在这些方案的最大利润中选出一个最大值，与该最大值相对应的那个可选方案便是决策选择的方案。由于根据这种准则决策也能有最大亏损的结果，因而称之为冒险投机的准则。

管理者在决策过程中一般会尽可能地避免不确定性，甚至假设它不存在。他们不处理不确定性，而是通过获得更多的信息从而有把握地处理“几乎”是确定性的问题，或者通过获得更多信息计算风险，从而处理该问题。如果无法获得更多的信息，就必须在不确定性的情况下处理问题。

6. 度量结果

由目标达到的程度判断一个方案的值，有时结果直接表示为目标。例如，利润是结果，而利润最大化是目标，两者均用货币单位度量。顾客的满意程度可由投诉次数、产品的受喜爱程度以及调查得到的评价来度量。

7. 情景分析

情景是关于某特定系统在给定时间下操作环境的描述，换句话讲，情景是所研究的决策情况的一种设定描述。某情景描述是关于某特定建模情景的决策变量、不可控变量和参数，并提供建模过程和约束。

情景分析是一种捕获可能性范围的 DSS 工具，管理者构造一系列的情景并进行计算分析，该方法是一种集体学习工具。

情景在仿真和 What - if 分析中特别有用，在仿真和 What - if 分析中，可以变换情景。例如，改变住院治疗的病人数（一种输入变量），则可创建一个新情景，由此可以观察不同情景输入医院的现金流。

由于下列原因，情景在 DSS 中起着重要的作用：

（1）帮助识别潜在的机会和问题。

（2）在计划中提供灵活性。

（3）识别管理应当优先调节的变化范围。

（4）帮助检验建模的主要假设的有效性。

（5）帮助检验情景中建议解变化的灵敏度。

可能的情景包括最差情景、最好情景、最可能情景。以上介绍可以说明，情景决定了分析的范围。

2.3 决策的分类

决策的分类目前没有统一的标准，从不同的角度出发可得出不同的决策分类。同类型决策可从相似的计算机支持中获益。如果我们在设计一种 DSS 的同时可以将一项决策分类，我们将能了解到，使用哪种 DSS 能对过去的决策类型产生良好效果，并可指望相似的 DSS 能够帮助解决手头的问题。

1. 按决策性质的重要性分类

按决策性质的重要性可将决策分为战略决策、战术决策和操作型决策。

（1）战略决策是涉及组织生存和发展的有关全局性、长远性问题的决策，它影响组织的目标和政策。战略决策一般由组织机构中处于上层的管理层做出，如新产品开发方向和新市场的开发等。

（2）战术决策也称管理控制决策，这种决策是为完成战略决策所规定的目标而进行的决策。战术决策将在未来一段有限的时间内影响组织机构中某部分做事的方式，通常由中层决策者做出。这些中层决策者所处的位置低于确定战略方针的高级行政主管，可其职位之高也足以有权决定在将来采取何种行动的方式。例如，对一个企业来讲，战术决策包括产品规格的选择、工艺方案和设备的选择、厂区和车间内工艺路线的布置等。

（3）操作型决策是根据战术决策的要求对执行行为方案的选择，它影响当前正在组织内发生的特定活动。操作型决策涉及的任务、目标和资源已经由战略和战术决策所限定，通常由较低层的决策者或由非管理人员做出。例如，生产中产品合格标准的选择，日常生产调度的决策等。

2. 按决策的结构分类

按决策的结构可将决策分为结构化决策、非结构化决策和半结构化决策。

（1）结构化决策是一种具有严格定义的决策程序的决策，一项结构化决策可用于计算机程序。尽管经济学不可能在每一个案例中证明开发这样程序的合理性。更精确地讲，结构化决策是一种可将所有阶段的输入/输出和内部程序加以确定的决策。每一个决策阶段都可成为结构化决策阶段。结构化决策可用书面指示方式留给职员或计算机。

自行做出结构化决策的计算机系统不是决策支持系统，而是决策系统。这里将结构化决策包括在内，是因为这些结构化决策完成了格式描述，全都结构化的重要决策极为罕见，虽然人类的参与可能并不是绝对必要的，但往往能改进整个决策过程的结果。

（2）非结构化决策是指所有决策阶段都为非结构化的决策。当不知道如何确定每个阶段的输入/输出或内部程序时，便常常使用非结构化决策。计算机编程实现可帮助人们做出一部分的非结构化决策，另一部人仍然由人来完成。

（3）半结构化决策通常在决策的四个阶段中有两个或者三个阶段是结构化的，而另一个或者两个阶段是非结构化的，整个过程中计算机可以给半结构化决策提供大量的具体帮助。

在这些决策结构类别范围之内适当地替换一项决策，它们的结构类型并不总是能搞得一清二楚的。有时，我们对一个问题的看法可以确定我们对它的思考方式。例如，一位决策者可能觉得可以靠分析产品成本和价格需求曲线来确定最佳销售价格，此人会考虑将该决策的选择阶段结构化；而另一个人可能会争论说，这些曲线并不能反映所有顾客对价格反应的因素，一些重要的因素不可能量化，此人会考虑将该决策的选择阶段非结构化或最好半结构化。

3. 按决策的对象和范围分类

按决策的对象和范围可将决策分为宏观决策和微观决策。

宏观决策通常是指对国民经济活动中的一些重大问题的决策，如产业结构、投资方向、技术开发、外贸形式、体制模式等；而微观决策通常是指某一基层单位或企业发展问题的决策，如企业的产品发展方向、成本、价格和供销渠道等问题的决策。

宏观决策和微观决策是相对的概念。如就国家和地方而言，国家一级是宏观决策，而地方一级是微观决策；但对地方和企业而言，地方一级是宏观决策，而企业一级是微观决策。

4. 按定量和定性分类

按定量和定性可将决策分为定量决策和定性决策。定量决策是指描述决策对象的指标都可以量化；而定性决策是指描述决策对象的指标无法量化。在决策分析过程中，应尽可能地把决策问题量化。

5. 按决策环境分类

按决策环境的不同，可将决策分为确定型决策和不确定型决策（包括风险型决策）。确定型决策指决策环境是完全确定的，每一方案的结果也是唯一确定的；而不确定型决策指决策环境是不完全确定的或模糊的，每一方案的结果也有多种可能。

6. 按决策过程的连续性分类

按决策过程的连续性可将决策分为单项决策和序贯决策。单项决策是指整个决策过程只做一次决策就得到结果；而序贯决策是指整个决策过程由一系列决策组成。一般来讲，管理活动是由一系列决策组成的，但在这一系列决策中，往往有几个关键环节要做决策，每一关键环节的决策可分别看成是单项决策。

2.4 主要的决策模式

2.4.1 决策模式概述

决策模式即决策的模型和方式，其包含的因素包括：决策环境；决策行动或决策有关参数的选择确定、决策的衡量标准和期望后果；决策的约束条件等。

企业家和智库人员的决策对一个公司取得成功有重大影响，所以多年来，人们一直在广泛研究企业决策的课题。企业家们做出决策的众多方式具有三个特点：合理性、策略性和灵活性。根据决策的合理性，经常用于将决策模型分为标准模型和描述模型两类。

1. 标准模型

标准模型的决策理论是基于下列与理性决策人有关的假设：①人们是追求经济性的，其目的是使收益目标达到最大，即决策人是理性的；②在一定的决策情况中，所有行动方案及其结果，或者至少结果的概率值是已知的；③决策人对各分析结果有不同的偏好或顺序，以便对所有分析结果排序。

2. 描述模型

描述模型按事物原貌或人们相信的情况描述事物，尝试描述人们实际做出决策的方式，人们并不总是同意决策质量的度量。人们通常不会有无限的时间或资源对决策做出分析，人们的动机经常可能是难以解释或难以证明其合理性的。描述模型的例子包括信息流、情景分析、财务计划、复杂库存决策、马尔可夫分析（预测）、环境影响分析、仿真、技术的预测、排队管理等。

标准模型和描述模型反映了人们的主要决策方式，它是决策支持系统中的核心决策模型。标准模型和描述模型之间的差异也是十分重要的，因为决策支持系统既反映现存的决策方法，也具有改善这些方法的目标。想了解人们如何做出特定决策的方式和搞清楚决策支持系统能如何适应具体情况，就需要描述模型。如果想尽可能完美地做出决策，就经常会要求系统设计者考虑采用标准模型。

2.4.2 典型决策模式

下面进一步讨论理性模式、主观效用模式、过程型模式、满意决策模式、组织和策略决策模式这五种典型决策模式。

1. 理性模式

理性决策模式包括完全理性模式和有限理性模式。

（1）完全理性模式。该模式基于决策者是一个理性的、具备决策权力和能力的人。所以，是一种信息完全确定型的结构化决策过程。其步骤为：确定问题→产生方案→评价方案→实现最好方案→进行评价活动。理性模式是决策的标准模型，该模式借助 MIS 支持即可实现。

（2）有限理性模式。有限理性理论认为，人们的理性思维能力是有限的，人们通常构造和分析现实情况的简化模型，简化模型的行为可能是合理的。然而，简化模型的理性解在现实世界的情况中可能是不合理的，理性不仅限于人们的处理能力，而且限于个人的差异，如年龄、受教育程度和态度。有限理性是限制许多模型只能是描述的，而不能是标准的原因之一。这是一种典型的半结构化决策模式，是 DSS 提供支持的主要决策活动。该模式基于决策者对决策目标和结果的有限了解，决策的效果受到决策者技能、知识、经验的限制和影响，故通常应用反馈去不断地改进它。

2. 主观效用模式

主观效用模式是基于不同决策者出自不同效果的考虑得出的决策，该模式是决策的描述模型，它可提供试图反映人们实际决策方式的数学框架，同时显示决策优化的过程。例如，要选择建立一个新厂的位置，财务负责人希望资金消耗最少，而市场部负责人希望该厂址具有较好的潜在市场。这种情况下各部门的任务、相互关系、通信渠道和各种角色的权力状况是十分重要的。

主观效用模式是真正能获得实际应用、改善管理、产生经济效益的实际决策模式。它往往包含有更多的客观因素和主观因素，很难用单一的定量模型来描述，常常用多种数学或运筹学模型描述。对这种模式的支持也常常引入智能技术，建立智能决策支持系统，通过提供智能信息，帮助决策者正确认识系统，得出合理的判断。

3. 过程型模式

过程型模式（或系统决策方法）是从不同的角度模仿实际的决策过程，弄清所要做的决策究竟是由哪些人，根据哪些条件和因素，采用哪些方法做出的。过程型模式常常是决策模式从某一方面的解释或具体化，它不同于理性模式和主观效用模式。

过程型模式一般适用于具有多个属性的决策问题。解决这些问题的替代方案由几个属性加以描述，并且无法将它们同步优化。挑选一辆汽车就是这样的决策：潜在的买家必须考虑成本、性能、经济实用性、可靠性、操作性、样式、载运能力，以及是否有便利的售后服务地点和其他更多的属性（在各种属性中，成本常常迫使人们做出让步）。

在绝大多数实际情况中都有两个以上的变量和五个以上的选择，人们很难通过应用二维图形表现出来，而计算机却能轻而易举地处理此类复杂问题。下面介绍的过程型模式将帮助人们解决这部分决策问题：

（1）词典式排除法。使用最重要的属性，选择排位最高的替代方案。如果两个或更多的替代方案是连在一起的，就继续选择下一个，直至选到一个替代方案，或者考虑剩下替代方案的所有属性。

（2）特征排除法。每一次考虑一个属性，并将其与预先确定的最低程度的接受标准水平进行比较，排除任何不符合该标准的替代方案。这样的决策方法经常不会将替代方案数量减少到只有一个。

（3）合取决策法。应用了与特征排除法一样的概念，但是按相反的顺序实施。此种决策方法不是将所有替代方案的同一属性与其标准进行比较，而是将一种替代方案的所有属性与所有标准进行比较。虽然最终的结果是一样的，但为此所付出的工作量可能不同。

4. 满意决策模式

满意决策模式（或称满意解决法）用来描述那些想得到“足够好”的决策的决策者的行为。例如，如果管理层已设定一个将重型卡车的后悬挂装置的重量减轻 400 lb（1 lb = 0.454 kg）的目标，而一位工程师的设计已减轻了 415 lb，可能就没有理由再去了解另一项可能会将量减轻 425 lb 的修改方案。通过让决策者把注意力集中在更加重要的事情上，舍弃多项次要的事情，从更广阔的意义上看可能是最理想的。

5. 组织和策略决策模式

在多人参与决策的情况下，决策中的各种人际关系可能具有非常重要的意义。每个组织都有自己的目标、优先事项、“权利”及其拥有的信息和标准的操作程序。把决策当作一个组织过程可以将合理性与策略性结合起来，每个组织单位（在极限情况下为每个个体）都在按照其对自己目标的理解在内部利用理性过程。只要应用这种方法不侵犯下属部门认为是属于其范围内的事，组织决策就不会与整体决策的理性方法发生冲突。尽管规范的成分可能包含在整体的过程中，但是大多数组织决策模型却都是描述性的。

在获得决策的激励因素成为参与者之间讨价还价的交易之时，我们会做出人们经常提到的策略决策。人们可以合法设定不同的目标，可以期望那些致力于达到一个目标的人们为之奋斗，为了将不同的目标合并为单一的决策需要讨价还价，而权利是任何讨价还价过程中固有的组成部分，所有这些在实际上都是得到承认的。

如同决策群体所理解的一样，讨价还价过程的性质取决于决策的重要性。占上风的大多数人的作用和倾向随着问题重要性的增加和减小而增减变化，使群体分化的决策倾向也是如此。一支管理团队可能会为有关新的研发项目与海外销售扩张的战略决策闹得不可开交，但很可能会痛痛快快地在为公司员工购买野营时穿着的 T 恤衫颜色的决策方面达成一致。通过按部就班、不偏不倚地分享信息，群体决策支持系统可以帮助隔离不同意见，表述共同目标，并且创造共同的构想。

DSS 也可能利用电子投票或某些类似民意测验等方法的途径帮助解决分歧。

2.5 结构化决策模型

结构化决策模型（Structuring Decision Model，SDM）是指按照一定模型框架，结构化地描述影响决策的各种要素的模型。最常用的结构化决策模型有三种：决策影响图（Influence Diagramm）模型、决策表（Decision Table）模型和决策树（Decision Tree）模型。

影响决策的要素很多，主要包括决策目标、实现决策目标的方法、可选择的决策方案、不确定因素以及决策结果等。

（1）决策目标是指一个决策试图实现的目标，如制定投资的目标是使利益最大化。通常决策目标必须分解成更详细的子目标，如成本最小、收益最大等。

（2）实现决策目标的方法是指实现决策目标所使用的具体方法。例如，在使交通安全最大化的决策中，实现决策目标的方法包括强制使用保险带、路边修护栏、加强交通法规实施等。同样的实现方法如果能被更详细地分解，则决策模型将更准确。

（3）可选择的决策方案是指实现同一决策目标的众多可选方案。例如，在投资决策中，实现利益最大化的可选策略包括证券投资、企业投资或者存入银行获取利息等。由于资金和人力的限制，往往只能从众多可选择的决策方案中选择一个。

（4）不确定因素是指决策过程中无法预测的或是偶然发生的事件。例如，在投资决策中，汇率、通货膨胀、银行利率的变动等都是不确定因素。不确定因素是影响决策目标的关键因素。

（5）决策结果往往用数量来表示，如交通事故率、现金收益等。

在对决策要素进行结构化描述时，决策影响图模型和决策树模型各有优势，可以互为补充。简单地讲，决策树可以直观地描述决策过程，尤其是对决策结果的计算过程，但不适合复杂的决策；决策影响图可以直观地描述决策要素之间的关系，也适合复杂的决策，但不易直观地表示决策结果的计算过程。下面详细介绍决策影响图和决策树，以及结构化决策过程。

2.5.1　决策影响图

在对大量基本的目标进行详细的描述、构建和分类之后，可以首先从决策影响图（简称影响图）开始，对各种不同的决策要素（包括决策与可选方案、不确定事件与后果以及最后结果等）进行结构化表示。影响图为决策环境提供简单的图形表示，不同的决策要素在影响图中以不同的形状表示，然后用箭头连接起来，以表示各个要素之间的关系。

在影响图中，矩形表示决策，椭圆表示偶然事件，圆角矩形表示数学运算式或者一个常量，可用于表示决策结果。这三种图形通常称为节点：决策节点（Decision Node）、选择性节点（Chance Node）和结果节点（Consequence Node）。节点通过箭头或者直（弧）线连接起来组成图。直（弧）线的开始点称为前驱，结束点称为后继。

假设一家风险投资机构要决定是否投资一家新的公司，其目标只有一个，就是赚钱（对从事这一职业的人来说这是一个可理解的目标）。而寻求投资的这家公司可能具有无可挑剔的条件，如对市场做了细致的调查，组建有一个经验丰富的管理和生产团队，制定有一个恰当的商业计划，而且不管风险投资机构是否投资，该公司都肯定能够从某些其他途径获得财政支持。该公司的唯一问题是所计划的项目具有非常高的风险，既可能成功也可能失败。因此，对是否向这家公司投资，风险投资机构必须慎重决策。这是因为如果对该公司投资，风险投资机构可能会面临两种结果：一种是投资成功，风险投资公司进入一个非常成功的商业领域；另一种可能的结果，即投资完全失败。如果不对该公司投资，风险投资机构可以将资金投资于股票市场或者其他风险度低的项目，获取其他的赚钱机会。显然，令风险投资机构难以抉择的地方在于，是否值得为了投资这个有可能成功的公司而完全放弃其他的投资机会。该风险投资机构的投资环境可以用决策影响图表示，如图 2－4 所示。

影响图可以反映出决策者对当前环境的了解状况。投资机构有可能根据投资的程度决定是否参与管理。例如，投资机构可能投入 100 万元人民币让企业独立运行，也可能投入 500 万元表示想参与对公司运行的管理。如果投资机构认为它的参与能够提高企业成功的概率，则决策影响图中应该增加一个从决策节点到选择性节点的箭头，因为投资机构的决策——投资力度和随后的投资力度——会关系到公司成功的概率。

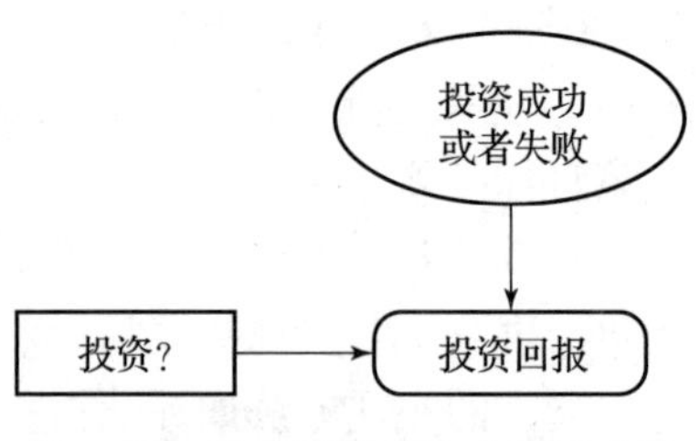

图 2-4　风险投资机构决策影响图

2.5.2　决策表

决策表又称判断表，是一种呈表格状的图形工具，适用于描述处理判断条件较多、各条件又相互组合、有多种决策方案的情况。决策表是一种精确而简洁描述复杂逻辑的方式，它将多个条件与这些条件满足后要执行的动作相对应。不同于传统程序语言中的控制语句，决策表能将多个独立的条件和多个动作之间的联系清晰地表示出来。决策表便于以系统的、表格的方式组织信息和知识，为分析做准备。

例 2.2　假设一家投资公司正在考虑投资债券、股票或储蓄存款。从公司方面来说，假设只考虑在一年后最大化投资收益这一个目标。如果还有其他目标（如安全性或资产流动性），则问题将归为多准则决策分析。

解：收益取决于未来某个时间（通常称为自然状态）的经济情况，它可能处于稳定增长、停滞或通货膨胀，假设专家估计有以下收益情况。

（1）如果经济稳定增长，债券将产生 12% 的收益率，股票 15%，储蓄存款 6.5%；

（2）如果经济停滞不前，债券将产生 6% 的收益率，股票 3%，储蓄存款 6.5%；

（3）如果经济通货膨胀，债券将产生 3% 的收益率，股票将损失 2%，储蓄存款将产生 6.5% 的收益率。

决策问题是如何选择一个最好的投资方案。假设这些方案是离散的，投资 50% 的债券和 50% 的股票组合视为新方案。

投资决策问题可以看作是一个双人博弈。投资者做出选择，然后自然状态发生。表 2-2 显示了数学模型下的收益，该表包括决策变量（方案）、不可控变量（经济状态，如环境）和结果变量（预计收益，如结果）。

表 2-2　投资决策表

方案	自然状态（不可控变量）		
	稳定增长	停滞不前	通货膨胀
债券	12.0%	6.0%	3%
股票	15.0%	3.0%	-2.0%
储蓄	6.5%	6.5%	6.5%

如果这是一个确定型决策问题，我们会知道经济将是什么情况，并可以轻松地选择最好

的资方案。但显然事实并非如此，因此我们必须考虑不确定型决策或风险决策。对于不确定型决策，我们不知道每个自然状态的概率；而对于风险型决策，我们假设知道每个自然状态发生的概率。

（1）处理不确定型决策。

有几种方法可用于处理不确定型决策，例如，2.5.1小节中介绍的冒险法，即假定每个方案的最佳可能结果将发生，然后选择最好的（股票）。保守法，即假设每个方案的最坏可能结果将发生，并选择其中最好的（储蓄存款）。事实上每种处理不确定性的方法都有严重的问题。只要有可能，分析人员应该努力收集信息，以便在假定的确定性或风险下处理问题。

（2）处理风险型决策。

处理风险型决策分析问题最常用方法是选择具有最大期望价值的方案。假设专家估计经济稳定增长的概率为50%、停滞为30%、通货膨胀为20%，然后用已知概率重新构建决策表2－3。将结果乘以各自的概率再相加来计算期望值。例如，投资债券的预期收益率为12%×0.5＋6%×0.3＋3%×0.2＝8.4%。

表2－3　多目标决策

方案	收益率	安全性	资产流动性
债券	8.4%	高	高
股票	8.0%	低	高
储蓄	6.5%	非常高	高

需要注意的是，这种方法有时可能会带来非常危险的结果，因为每个潜在结果的效用可能不同于价值。即使极小的可能性也可能会带来灾难性的损失。虽然期望值看上去可能还不错，但投资者并不愿意承受，有时也没有能力承担。例如，假设你的财务顾问向你提供了一个投资方案：1 000元的投资99%可以在一天内翻1倍。但是，有1%的概率，会损失50 000元。这项投资的期望价值为

$$(2\,000-1\,000)\times 99\%+(-50\,000-1\,000)\times 1\%=990-490=500\ (\text{元})$$

虽然从期望收益来看，这项投资还是赚钱的，但是对于任何普通的投资者来说，潜在的损失是巨大的。因为一旦1%的情况出现，将会出现普通投资者难以承受的损失。

2.5.3　决策树

影响图可以清晰地展现决策的基本结构，但隐藏了决策中的许多细节问题。而决策树方法可以揭示出决策中的细节。与影响图一样，决策树中方框表示决策的开始，圆框表示变化的事件。由方框所延伸出的分支与决策者的选择相对应，而从圆框出发的分支与事件的可能结果相对应。决策的第三个要素——最后结果列在分支的最后。

让我们用决策树方法重新考察风险资本的投资决策问题（图2－4）。图2－5给出了这个问题的决策树。决策树的流程是由左向右，左边的方框（□）代表决策，两条分支代表决策时的两种选择：投资或不投资。

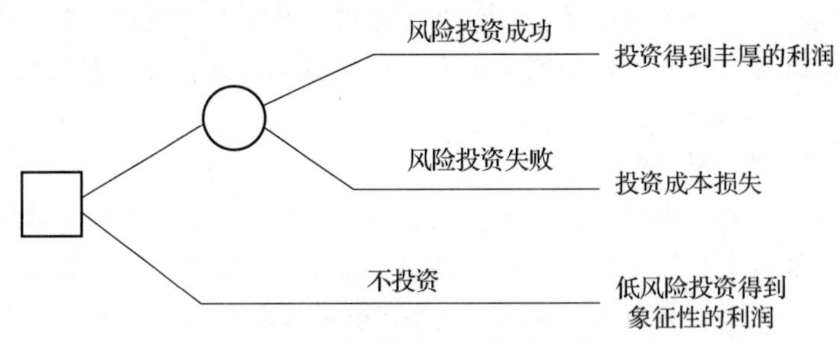

图 2-5　风险资本决策的决策树

如果选择将风险资本投资到该项目中，则下一个问题就是风险投资是否成功。如果风险投资成功了，那么该风险资本赚得了丰厚的利润。然而，如果风险投资失败了，那么投资到该项目中的风险资本就损失了。如果投资者认为这个项目有风险，决定不投资这个项目，那么他将会在其他的低风险项目中赚得一些象征性的利润，这种可能性显示在图 2-5 中右端的最底部。

为了更好地理解决策树，我们对它做进一步的解释。

（1）决策者只能从由分支表示的所有选项中选择一项。例如，在风险资本决策中，决策者可以选择投资或不投资，但不能两者都选。在一些实例中，可能存在一些组合策略。例如，如果投资者在考虑两个不同的项目 A 和 B，那么他有可能投资 A、B 中的一个，也可能 A、B 都投资，或 A、B 都不投资。在这种情况下，对这四种不同的组合策略必须分别构建决策模型，从而产生出决策方式中的四条分支。

（2）每种随机方式都必须有一组互斥且完整无遗漏的结果与之对应。互斥意味着只有一种结果能实际发生。在风险资本决策中，这个项目有可能成功或者失败，但不可能既成功又失败。完整无遗漏意味着不存在任何其他的可能性，所有预先列出的结果中必须有一种结果会实际发生。将这两种特性结合在一起，意味着当遇到不确定情况时，有且仅有一种结果会发生。

（3）一棵决策树代表着决策者可能走的所有路径，包括所有可供选择的决策和随机事件的所有可能结果。在风险投资中，有三条这样的路径，分别对应着树右边的三条分支。在复杂的决策中，有许多连续的决策和不确定因素，那么决策树中潜在路径的数量会非常庞大。

（4）从决策发生的时间序列来考虑这个模式是非常有用的。先从树的左边看起，首先发生的就是一个决策，紧跟着的是其他按时间顺序排列的决策和随机事件。在风险资本问题中，投资者首先决定是否投资，第二步才是这个项目是否成功。

与影响图一样，决策和随机事件是至关重要的。将一个随机事件置于一个决策之前，意味着这个决策是基于一个特定的随机结果的。相反，如果一个随机事件在一个决策节点的右边，则表示通过这个决策来预测这个随机事件。决策的顺序在决策树中是按从左向右的顺序进行的。如果随机事件在决策之间有一个逻辑上的时间顺序，那么这些随机事件必须按照逻辑上的时间顺序排列。如果它们之间不存在时间先后问题，则它们在决策树中的顺序就不那么重要了，尽管这个顺序暗示着不确定因素的制约顺序。

影响图和决策树为决策建模提供了两种途径。这两种途径有着各自的优点，根据特定情况的具体建模要求，其中一种可能比另一种更适合。例如，如果需要其他人交流该模型的总体结构，影响图可能更适合；而如果要具体反映和精确分析特定的概率和输入值，则决策树会更好。将两种途径结合起来使用被证明是一种有效的方法，毕竟最终目标是建立准确反映决策情况的模型。

2.6 认知方式和决策形式

2.6.1 认知方式的决策方法

1. 认知方式

认知方式是一个主观过程，通过该过程，人们在决策过程中发现、组织和改变信息。认知方式是重要的，因为在许多情形中，它决定人们对人机界面的偏好。例如，数据是原始的还是集成的，是以表格形式还是图形的形式表现。认知方式还影响人们对定性与定量分析方法以及决策辅助的偏好。

认知方式的决策方法如表2-4所示。

表2-4 认知方式的决策方法

问题求解方面	启发式的	分析的
学习方法	通过行动比通过分析情况学习更多些，并且更强调反馈	用设计的序贯方法求解问题，通过分析情况比通过行动学习更多些，并且较少强调反馈
搜索	用试错法和自发的行动	用正式的、理性的分析
分析方法	用通常的意识、直觉和感觉	开发显式的（常为定量）模型
分析范围	将整个情况看作是一个有机的整体，而不是作为特定部分的结构	将问题简化为一组因果关系的函数
推理基础	寻找随时间变化的可见情形的差别	通过比较事物，确定其相似性和共性

虽然认知方式是一个有用的方式，但是将其应用于信息系统和决策时存在着一些困难。困难之一就是认知方式是一个连续变量，许多人并不完全采用启发式或分析方法，而是介于二者之间。与认知方式相关的是决策方式。

2. 决策方式

决策方式是决策人对问题思考和反应的一种方式，它包括决策人发现方式、认知反应以及在不同人和不同情况下，价值和观念是如何变化的。人们常常以不同方式进行决策，虽然有一般的决策过程，但它远不是线性的，人们并不采用相同顺序和相同决策过程的步骤，也不是采用所有步骤。另外，不同的人在不同情况下，对各步骤的强调、给出的时间分配和优先性也明显不同。管理者决策的方法和管理者与其他人交互的方法反映了其决策方式。由于决策方式取决于上述因素，因而有许多决策方式。

除了上述的启发式和分析方式外，还有独裁方式与民主方式以及咨询方式（与个人或群体）。当然，存在许多方式的组合和变化，例如，决策人可以采用分析和独裁方式，或者咨询和启发方式。

计算机系统要想有效地支持管理者，必须适应决策情况和决策方式，所以系统应当灵活和适应不同用户，询问 What – if 问题和目标搜索功能在该方面提供了灵活性，并且希望在决策方式中应用图形技术。用 DSS 支持不同的方式、技能和知识，不能只限于某特定过程，还要能帮助决策人使用和发展其方式、技能和知识。

不同的决策方式需要不同的支持形式，决定所需要的支持形式的主要因素之一取决于决策人是个体的还是群体的。

2.6.2 心理类型对决策的影响

瑞士心理精神病学的先驱、心理精神病学家 Carl Jung 在 20 世纪 20 年代就意识到，个体都具有在长时间内保持稳定的个性特征。在新的环境下，可以从一个人过去在同样环境下的行为预见（至少是部分预见）到他的行为。进而，可以将人们归为各种类别，通常一个类别中的所有成员对相似环境的反应也是相似的。

Katharine Briggs、Isabel Briggs 和 Myers 表明，人类具有四种关键的行为特性。这些行为特性中的每一种都包含着从一种行为趋向到其反面的行为趋向之间的一个范围并以此为特征，每一种特性都反映对给定领域从两种替代方法中选出一种方法的某种个体趋向或偏好。根据四种特性中的每种特性衡量，每个人都处于这一谱系中的某个位置。例如，一个人可能较喜欢富有逻辑性且客观地评价问题，可另一个人却可能喜欢主观和具有个性化地评价问题。为方便起见，将每个范围都分为两部分，为每种特性赋予两种个人偏好。这些偏好反过来可产生在进行决策时人们常采用方式的许多见解。

根据 Katharine Briggs 和 Briggs – Myers 理论，有四种可确定个性类型的偏好，即内向型/外向型、感知型/直觉型、思考型/情绪型以及判断型/理解型。

内向型/外向型类型可表明个体是更喜欢将能量导向外部世界还是导向内心世界。外向的人通过采取行动并达到目标的方式来理解世界，他们需要使事物具体化，以便理解这些事物。内向的人则通过认真的思考来理解世界，他们更喜欢在对某个问题进行了认真周全的考虑之后再采取行动或做出反应。

感知型/直觉型类型是指一个人所偏爱的理解过程。它表明人们是如何获取信息，了解事物、人、事件和各种事物、看法的。感知的意思是通过各种感官和细致入微的观察发现有关事物的情况。偏好直觉的人凭直觉从各种事物、看法、人和事件中理解各种类型和关系。凭直觉理解事物的人相信基于直觉的感受和言外之意，而感知型的人则把其注意力限定在真实和可证实的事情上。

思考型/情绪型类型所指的是人们所偏爱的判断过程。它描述人们是如何就有关已理解和领会的事物得出某种结论或做出决策的。思考的意思是，在权衡利弊和考虑后果之后再做出合乎逻辑的选择、决策或得出结论。情绪则涉及权衡个人的价值和他人的反应：将发生冲突呢还是和睦相处，是同意呢还是不同意？情绪化的人经常忽略逻辑推理而不考虑后果。乐于思考的人则往往不考虑其他人的反应，甚至包括自己情绪的反应。

判断型/理解型是一种“生活方式”的偏好，它描述一个人是否会常常让理解过程或判断过程控制自己的外部生活。具有判断偏好的人希望根据计划解决问题、做出决策、规划工作和进行管理，他们常常被视为那种行为果敢、办事有条理的人，并对能在结构完善的组织中工作而感到心满意足。而具有理解偏好的人则常常被人当作那种灵活变通、随心所欲的人，这类人对结构完善的组织和计划感到很不舒服。他们想把计划限制在最小的范围之内，以便能最灵活地适应新的局面。

对DSS的开发者而言，个性类型可对决策模式产生重要影响。这是因为，DSS必须把DSS使用者的决策方法反映出来。例如，如果了解到DSS使用者的心理类型，就可以推测出某些类型的自动DSS可能是有用的，而另一些则是无用的。如果是为一个拥有各类成员的大型用户开发DSS，就应该使DSS的设计具有许多特色，以支持各类成员不同的决策偏好。假设这种做法不切实际，则管理层一定要对这样的事实有所警觉：DSS可能不太适合某些职员的决策偏好，那么就可能需要通过另外的培训或其他决策支持的替代办法对此做出修正。

四种个性特征可在以下四个方面影响决策。

内向型/外向型偏好可在决策者尝试做出群体决策时对其决策方式产生影响。外向的决策者将会更喜欢在群体内公开彻底地讨论此事，而内向的决策者将会更喜欢在私下对此苦思冥想，然后将成形的结论提交群体。

感知型/直觉型偏好可在决策者搜集决策信息的过程中，即决策过程的设计阶段显示出来。像电视节目中的讲话，具有感知型特征的人想知道的就是实实在在的论据和有关它们的一切。而直觉型的人可能不需要那么多细节，他们只要能把论据集中起来即可获得结论。

思考型/情绪型偏好影响选择阶段。思考型的人可能是那种注重理性的决策者的典范，他们遵照缜密的逻辑做出决策，而常常忽略人的因素。一个有情绪偏好的人将会较少使用管理科学的方法。

在决策者同他人一起工作时，判断型/理解型偏好将在把注意力集中在决策过程的信息搜集部分还是集中在分析和决策部分的判断上对决策者产生影响。判断型的人可能会首先急急忙忙地搜集信息；然后一下子就进入其认为是事情实质的选择阶段。而理解型的人则想尽可能长地推迟做出决策，延长决策阶段，并在搜集越来越多的信息的同时，保留选择的自由。Huitt归纳出8种个性类型的某些受偏爱的决策技巧，见表2－5。要注意，几个技巧可与不止一种个性类型相配。

表2－5　8种个性类型偏爱的决策技巧

类型	偏好的决策技巧
外向型	群体中集思广益法 结局心理表演疗法（通过表演角色评估所采取行动的原因） 大胆思索
内向型	个人的灵机一动 酝酿（做些其他的事，由潜意识对问题发生作用） 分享个人价值观，看法
感知型	超负荷（慎重考虑太多因素，独自搞明白） 归纳推理（从具体实例引出规则） 随机文字技巧 分级，归类

续表

类型	偏好的决策技巧
直觉型	演绎推理（将规则应用于具体实例） 挑战假设，想象/可视化 综合，分级，归类
思考型	分析 网络分析（如关键路径方法） 任务分析
情绪型	分享个人价值观 倾听他人的价值观 价值观分类 评估（与标准或预先设定的标准比较）
判断型	加减利益技术（为评估替代方案） 反向计划（识别为达到目标所需的条件） 选择单一的解决方案 灵机一动
理解型	随机文字技术 荒唐的挑衅（作为达到想法桥梁的荒唐陈述） 采用其他人的视角

心理类型也对人们在一起工作的融洽程度有所影响。这并不是说决策群中的所有成员都应该属于同样的或相似的类型，由不同类型的人们带给群体决策的方法可能会极大地改善决策质量。在这种情况下，重要的是整个团队都要意识到他们不同的风格。团队成员可能会考虑这样的事实：尽管他们的风格可能有所不同，但还是可以对群体作出不同凡响的贡献。在组织中掌握了有关雇员心理类型信息并受到适当培训的经理或负责人力资源的专业人员，大概能帮助筹划成立一个很好的决策群体。对决策群体组合的自动支持本身，就是一个具有潜力的 DSS 应用领域。

习　题

1. 什么是决策原则？如何建立决策原则？
2. 决策过程中都有那哪些评价准则？
3. 试述决策分析的定性方法和定量方法的区别与关联。
4. 尝试使用决策表的方式，判定是否进行一项房产投资。
5. 尝试使用决策树的方法，判定是否进行一项股票投资。

第3章
多准则决策支持方法

多准则决策主要研究在提供的备选方案中进行方案的选择或评价，大到国家政策、方针的制定，小到购物消费，都属于多属性决策问题。当今社会，多准则决策已经广泛应用于社会生活的方方面面，包括政治、经济、军事、社会管理、教育工程系统等各个领域，对多准则决策方法、理论与应用的研究具有十分重要的意义。

3.1　多准则决策支持概述

求解多准则决策（Multiple Criteria Decision Making，MCDM）问题的方法具有以下特点。

（1）具备一个判断准则的集合。

（2）拥有一组决策变量的集合。

（3）需要一个比较选择的过程。

根据决策问题的背景和决策空间的不同，多准则决策可分为多目标决策（Multiple Objective Decision Making，MODM）和多属性决策（Multiple Attribution Decision Making，MADM）两类。多目标决策主要考虑连续的决策空间，目的是规划与设计最优决策方案，因而具有无限个备选方案；而多属性决策的目标是评价与选择已知的备选方案，因而决策空间是离散的，具有有限的备选方案。多属性决策可以反映多个决策者的偏好，平衡多个利益相关者的诉求，其理论与方法已应用于工程设计、经济、管理及军事等诸多领域，具有广阔的应用前景。

3.1.1　多目标决策

多目标决策是对多个相互矛盾的目标进行科学、合理的选优，然后做出决策的理论和方法。它是20世纪70年代后迅速发展起来的管理科学的一个新的分支。多目标决策与只为了达到一个目标而从许多可行方案中选出最佳方案的一般决策有所不同。在多目标决策中，要同时考虑多种目标，而这些目标往往是难以比较的，甚至是彼此矛盾的；一般很难使每个目标都达到最优，做出各方面都很满意的决策。因此多目标决策实质上是在各种目标之间和各种限制之间求得一种合理的妥协，这就是多目标最优化的过程。

所谓目标（Objective），就是决策者认为可以做得更好的方向，它反映了决策者的愿望，表明了决策者想组织工作的方向。所以多目标决策问题就是找出一个选择使决策者的目标最优化或者最满意。考虑一个发展中国家的政府部门制定国家的发展计划问题，政府设计的计划必须包含以下目标：尽量做好国家的福利事业、尽量减少对外来帮助的依赖、尽量降低失业率等。

3.1.2 多属性决策

多属性决策的特点就是，通常可供选择的答案是事先确定的、并且数目是有限的（往往是可计算的，比较少的)。多目标决策的特点是存在两个以上互不相关的目标函数，需要求出符合每一个目标函数的最优解。通常多目标决策问题具有以下特点：

（1）需要建立一组目标函数。

（2）需要考虑一组约束函数。

（3）依赖于一个获取决策者明示或暗示的偏好信息的过程。

所谓的属性（Attributes)，是指可供选择的方法的特征、性质、特性等参数的集合。多属性决策问题，是要从按照事物的属性事先确定的可供选择的多个方法中，找出最好的那一个。举一个城市的扩展规划问题的例子：由于这座城市的地理原因，调查人员已经确定它的未来发展方向只有东部、东南部和西部三个，决策者只能从这三个选择中选出一个最好的拓展方向。这三个选择首先要按照一些相关属性来进行比较，这些属性就包括：是否以政府部门的扩张为代价；是否影响到城市的活力；洪水的发生概率；与相邻城市的平衡发展问题；以及尽量靠近现有的休闲娱乐设施等。

3.2 多目标决策支持方法

多目标决策是对多个相互矛盾的目标进行科学、合理的选优，然后做出决策的理论和方法，它是20世纪70年代后迅速发展起来的管理科学的一个新的分支。多目标决策与只为了达到一个目标而从许多可行方案中选出最佳方案的一般决策有所不同。

多目标最优化问题最早是由意大利经济学家帕累托在1896年提出来的，他把许多本质上是不可比较的目标化成一个单一的最优化目标。1944年，冯·诺伊曼和莫根施特恩又从对策论角度提出具有多个决策者并相互矛盾的多目标决策问题。1951年，考普曼从生产和分配活动分析中提出多目标最优化问题，并引入了帕累托优化的概念。1961年，查纳斯和库珀提出目标规划。1963年，瑞特从控制论角度提出多指标问题的一些基本概念。1976年，基奈和拉伊发利用多属性效用方法求解多目标问题。20世纪60年代以来，出现了很多解决多目标决策问题的方法。我国在20世纪70年代中期开始推广应用多目标决策方法，现在已取得了一定的成果。

线性规划是运筹学的一个重要分支，也是多目标决策中最常用的数学规划方法。作为一种最有效的决策定量分析技术，线性规划法已经广泛应用于生产计划安排、交通运输管理、工程建设、经济核算和水资源利用等许多方面的实际决策问题中。基于线性规划算法的多目标决策支持方法，一般包括交互式算法和非交互式算法两种，这是按照决策者对实际决策问题求解过程的参与程度来进行划分的。决策者的参与对于多目标线性规划问题的求解是非常重要的，尤其表现在决策者的偏好信息的表述上，如目标函数的选择对于多目标决策问题的求解就有着至关重要的作用。

3.2.1　线性规划问题的基本概念

线性规划研究的两类问题：某项任务确定后，如何统筹安排，以最少的人力、物力和财力去完成该项任务；面对一定数量的人力、物力和财力资源，如何安排使用，使得完成的任务最多，这些都属于最优规划的范畴。

例如运输问题，假设某种物资（煤炭、钢铁、石油等）有 m 个产地，n 个销地。第 i 个产地的产量为 $a_i(i=1,2,\cdots,m)$，第 j 个销地的需求量为 $b_j(j=1,2,\cdots,n)$，它们满足产销平衡条件 $\sum_{i=1}^{m} a_i = \sum_{j=1}^{n} b_j$，如果产地 i 到销地 j 的单位物资的单个运费为 c_{ij}，要使得总运费达到最小，可以按照下面的方法安排物资的调运计划：

设 x_{ij} 表示由产地 i 供给销地 j 的物资数量，则“总运费数目达到最小”的问题可以表述为求一组实值变量 $x_{ij}(i=1,2,\cdots,m;\ j=1,2,\cdots,n)$，使其满足

$$\begin{cases} \sum_{i=1}^{m} x_{ij} = b_j,\ j = 1,2,\cdots,n \\ \sum_{j=1}^{n} x_{ij} = a_i,\ i = 1,2,\cdots,m \\ x_{ij} \geqslant 0,\ i = 1,2,\cdots,m;\ j = 1,2,\cdots,n \end{cases}$$

最终使得总运费数目达到最小，即

$$\min z = \sum_{i=1}^{m} \sum_{j=1}^{n} c_{ij} x_{ij}$$

针对资源利用问题，假设某地区拥有 m 种资源，其中第 i 种资源在规划期内的限额为 $b_i(i=1,2,\cdots,m)$。这 m 种资源可用来生产 n 种产品，其中，生产单位数量的第 j 种产品需要消耗的第 i 种资源的数量为 $a_{ij}(i=1,2,\cdots,m;j=1,2,\cdots,n)$，第 j 种产品的单价为 $c_j(j=1,2,\cdots,n)$。试问如何安排这几种产品的生产计划，才能使规划期内资源利用的总产值达到最大？

设第 j 种产品的生产数量为 $x_j(j=1,2,\cdots,n)$，则上述资源问题就是求一组实数变量 $x_j(j=1,2,\cdots,n)$，使其满足。

$$\begin{cases} \sum_{j=1}^{n} a_{ij} x_j \leqslant b_i,\ i = 1,2,\cdots,m \\ x_j \geqslant 0,\ j = 1,2,\cdots,n \end{cases}$$

使得规划期内资源利用的总产值达到最大，即

$$\max z = \sum_{j=1}^{n} c_j x_j$$

以上示例表明，线性规划问题具有以下特征：

（1）每一个问题都可用一组未知变量 $x_1,x_2,\cdots,x_n$ 来表示某一规划方案，其一组定值代表一个具体的方案，通常要求这些未知变量的取值是非负的。

（2）每一个问题的都具有两个组成部分：一是目标函数，按照研究问题的不同，常常要求目标函数取最大或最小值；二是约束条件，它定义了一种求解范围，使问题的解必须在这一范围之内。

(3) 每一个问题的目标函数和约束条件都是线性的。

由此可以抽象出线性规划问题数学模型的一般形式。在线性约束条件

$$\sum_{j=1}^{n} a_{ij}x_j \leqslant (\geqslant, =) b_i, \ i = 1,2,\cdots,m$$

以及非负约束 $x_j \geqslant 0 (j=1,2,\cdots,n)$ 条件的制约下，求一组未知变量 $x_j (j=1,2,\cdots,n)$ 的值，使得

$$\min z = \sum_{j=1}^{n} c_j x_j \text{或} \max Z = \sum_{j=1}^{n} c_j x_j$$

综上所述，所谓线性规划问题，就是在一组线性的等式或不等式的约束之下，求一个线性函数的最大值或最小值的问题。线性规划的一般形式为

$$\begin{cases} \max f(x) = c_1x_1 + c_2x_2 + \cdots + c_nx_n \\ \text{s. t. } \ a_{11}x_1 + a_{12}x_2 + \cdots + a_{1n}x_n \leqslant b_1 \\ \qquad a_{21}x_1 + a_{22}x_2 + \cdots + a_{2n}x_n \leqslant b_2 \\ \qquad \qquad \vdots \\ \qquad a_{m1}x_1 + a_{m2}x_2 + \cdots + a_{mn}x_n \leqslant b_m \\ \qquad x_1, x_2, \cdots, x_n \geqslant 0 \end{cases}$$

式中，$f(x) = c_1x_1 + c_2x_2 + \cdots + c_nx_n$ 为目标函数；s. t. 指“约束条件”，令

$$\boldsymbol{A} = \begin{bmatrix} a_{11} & a_{12} & \cdots & a_{1n} \\ a_{21} & a_{22} & \cdots & a_{2n} \\ \vdots & \vdots & \ddots & \vdots \\ a_{m1} & a_{m2} & \cdots & a_{mn} \end{bmatrix}$$

式中，$c_j (j=1,2,\cdots,n)$ 为代价系数（Cost Coefficient）；$x_j (j=1,2,\cdots,n)$ 为代价系数求解的变量；系数 a_{ij} 组成的矩阵 $\boldsymbol{A}$ 为约束矩阵；条件 $x_j \geqslant 0 (1 \leqslant j \leqslant n)$ 称为非负约束。一个向量如果满足约束条件，则可以获得可行解，所有可行解组成的集合构成可行区域。

具体的线性规划问题，需要对目标函数或约束条件进行转换，化为标准形式。

1. 目标函数的标准化转换

如果其线性规划问题的目标函数为

$$\min Z = CX$$

则

$$\min Z = \max(-Z) = \max Z'$$

因此，目标函数的标准形式为

$$\max Z' = -CX$$

2. 约束方程的标准化转换

下面给出将约束方程化为标准形式的方法。

若第 k 个约束方程为不等式，即

$$a_{k1}x_1 + a_{k2}x_2 + \cdots + a_{kn}x_n \leqslant (\geqslant) b_k$$

通过引入松弛变量 $x_{n+k} \geqslant 0$，可将这 k 个方程改写为以下形式，即

$$a_{k1}x_1 + a_{k2}x_2 + \cdots + a_{kn}x_n + (-) x_{n+k} = b_k$$

则目标函数标准形式为

$$Z = \sum_{j=1}^{n} c_j x_j = \sum_{j=1}^{n} c_j x_j + o \cdot x_{n+k}$$

3.2.2　线性规划问题的解

1. 线性规划问题中解的概念

线性规划的解可分为可行解与最优解。

（1）可行解：满足约束（满足线性约束和非负约束）的一组变量为可行解，所有可行解组成的集合称为可行域。

（2）最优解：使目标函数最大或最小化的可行解称为最优解。

在线性规划问题中，将约束方程组的 $m \times n$ 阶矩阵 $\boldsymbol{A}$ 写成由 n 个列向量组成的分块矩阵，即

$$\boldsymbol{A} = [p_1, p_2, \cdots, p_n],\ \boldsymbol{P}_j = [a_{1j}, a_{2j}, \cdots, a_{mj}]^{\mathrm{T}},\ j = 1, 2, \cdots, n$$

如果 $\boldsymbol{B}$ 是 $\boldsymbol{A}$ 中的一个阶的非奇异子阵，则称 $\boldsymbol{B}$ 为该线性规划问题的一个基。不失一般性，不妨做如下假设：

$$\boldsymbol{B} = \begin{bmatrix} a_{11} & a_{12} & \cdots & a_{1m} \\ a_{21} & a_{22} & \cdots & a_{2m} \\ \vdots & \vdots & & \vdots \\ a_{m1} & a_{m2} & \cdots & a_{mm} \end{bmatrix} = [\boldsymbol{P}_1, \boldsymbol{P}_2, \cdots, \boldsymbol{P}_m]$$

则 $\boldsymbol{P}_j (j = 1, 2, \cdots, m)$ 为基向量，与基向量相对应的向量 $\boldsymbol{x}_j (j = 1, 2, \cdots, m)$ 为基变量，而其余的变量 $x_i (j = m+1, m+2, \cdots, n)$ 为非基变量。

如果 $\boldsymbol{X_B} = [x_1, x_2, \cdots, x_m]^{\mathrm{T}}$ 是方程组的解，则 $\boldsymbol{BX_B} = b$ 就是方程 $\boldsymbol{AX} = b$ 的一个解，它称为对应于基 $\boldsymbol{B}$ 的基本解，简称基解。满足非负约束条件的基本解，称为基本可行解。对应于基本可行解的基，称为可行基。

在分析线性规划解的性质时，首先介绍凸集和顶点。

（1）凸集：若连接 n 维点集 S 中的任意两点 $X^{(1)}$ 和 $X^{(2)}$ 之间的线段仍在 S 中，则 S 为凸集。

（2）顶点：若凸集 S 中的点 $X^{(0)}$ 不能成为 S 中任何线段的内点，则 $X^{(0)}$ 为 S 的顶点或极点。

下面，给出线性规划解的性质：

（1）线性规划问题的可行解集（可行域）为凸集。

（2）可行解集 S 中的点 X 是顶点的充要条件是 X 为基本可行解。

（3）若可行解集有界，则线性规划问题的最优值一定可以在其顶点上达到。

因此，线性规划的最优解只需从其可行解集的有限个顶点中去寻找。线性规划问题的几个解的关系如图 3 - 1 所示。

2. 线性规划问题中解的获得

这里主要介绍利用单纯形法来求解线性规划问题。

记基变量 $\boldsymbol{X_B} = [x_1, x_2, \cdots, x_m]^{\mathrm{T}}$ 和非基变量 $\boldsymbol{X_N} = [x_{m+1}, x_{m+2}, \cdots, x_n]^{\mathrm{T}}$。同时记 $\boldsymbol{N} = [p_{m+1}, p_{m+2}, \cdots, p_n]$，$\boldsymbol{A} = [\boldsymbol{B}, \boldsymbol{N}]$，则有下列等式成立：

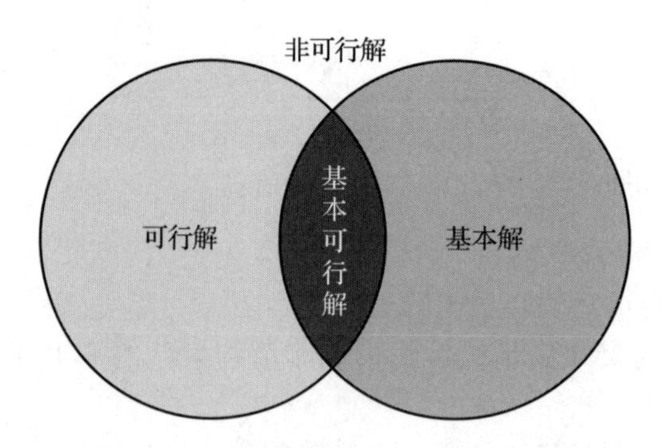

图 3－1 线性规划问题的几个解的关系

$$\boldsymbol{BX_B}+\boldsymbol{NX_N}=b$$

上式可改写为

$$\boldsymbol{X_B}=\boldsymbol{B}^{-1}b-\boldsymbol{B}^{-1}\boldsymbol{NX_N}$$

假设 $\boldsymbol{C_B}=[c_1,c_2,\cdots,c_m]$，$\boldsymbol{C_N}=[c_{m+1},c_{m2},\cdots,c_n]$，$\boldsymbol{C}=[\boldsymbol{C_B},\boldsymbol{C_N}]$；并将目标函数记为 $Z=\boldsymbol{C_B B}^{-1}b+(\boldsymbol{C_N}-\boldsymbol{C_B B}^{-1}\boldsymbol{N})\boldsymbol{X_N}$，则对应于基 $\boldsymbol{B}$ 的基本解为

$$\boldsymbol{X_B}=\boldsymbol{B}^{-1}b$$

式中，$\boldsymbol{X_N}=\boldsymbol{0}$。

3. 线性规划问题中最优解的判定

所谓最优解（Optimal Solution）是指向量极值问题的最优解，也就是使每个目标函数同时达到最大值的解。因为多目标决策问题的本质就是包含互相矛盾的目标函数，所以通常很难找到或根本无法找到一个最优解。

非劣解（Nondominated Solution），是一组解。在这一组解中，某个目标函数的取值越大时，却使得另外的某个目标函数值越小。也就是说目标函数值的变化趋势是相反的、相矛盾的。通常非劣解的数量是非常多的，所以决策者必须通过运用一些别的准则来选择出一个最满意的解作为最后的解，也就是偏好解。偏好解（Preferred Solution），是跟决策者的偏好有关的，一定是非劣解，是决策者从非劣解集合中选择出来的最终解。

当 $\boldsymbol{C_N}-\boldsymbol{C_B B}^{-1}\boldsymbol{N}\leqslant 0$ 时，则由目标函数式可看出：对应于 $\boldsymbol{B}$ 的基本可行解为最优解，这时，$\boldsymbol{B}$ 也称为最优基。由于 $\boldsymbol{C_N}-\boldsymbol{C_B B}^{-1}\boldsymbol{N}\leqslant 0$ 与 $\boldsymbol{C}-\boldsymbol{C_B B}^{-1}\boldsymbol{A}\leqslant 0$ 等价，因而可得最优解的判定定理如下。

定理 3.1 最优解判定定理 对于基 $\boldsymbol{B}$，若 $\boldsymbol{B}^{-1}b\geqslant 0$，且 $\boldsymbol{C}-\boldsymbol{C_B B}^{-1}\boldsymbol{A}\leqslant 0$，则对应于基 $\boldsymbol{B}$ 的基本解为最优解，$\boldsymbol{B}$ 为最优基。

对目标函数与约束不等式运用矩阵变形，可得

$$\begin{bmatrix} -1 & \boldsymbol{C}-\boldsymbol{C_B B}^{-1}\boldsymbol{A} \\ 0 & \boldsymbol{B}^{-1}\boldsymbol{A} \end{bmatrix}\begin{bmatrix} \boldsymbol{Z} \\ \boldsymbol{X} \end{bmatrix}=\begin{bmatrix} -\boldsymbol{C_B B}^{-1}b \\ \boldsymbol{B}^{-1}b \end{bmatrix}$$

式中，系数矩阵 $\begin{bmatrix} -\boldsymbol{C_B B}^{-1}b & -1 & \boldsymbol{C}-\boldsymbol{C_B B}^{-1}\boldsymbol{A} \\ \boldsymbol{B}^{-1}b & 0 & \boldsymbol{B}^{-1}\boldsymbol{A} \end{bmatrix}$ 或 $\begin{bmatrix} -\boldsymbol{C_B B}^{-1}b & \boldsymbol{C}-\boldsymbol{C_B B}^{-1}\boldsymbol{A} \\ \boldsymbol{B}^{-1}b & \boldsymbol{B}^{-1}\boldsymbol{A} \end{bmatrix}$ 为对应于基 $\boldsymbol{B}$ 的单纯形表，记为 $\boldsymbol{T}(\boldsymbol{B})$。

如果记

$$\begin{cases} -\boldsymbol{C}_{\boldsymbol{B}}\boldsymbol{B}^{-1}b = b_{00} \\ \boldsymbol{C}-\boldsymbol{C}_{\boldsymbol{B}}\boldsymbol{B}^{-1}\boldsymbol{A} = [b_{01}, b_{02}, \cdots, b_{0n}] \\ \boldsymbol{B}^{-1}b = [b_{10}, b_{20}, \cdots, b_{m0}]^{\mathrm{T}} \\ \boldsymbol{B}^{-1}\boldsymbol{A} = \begin{bmatrix} b_{11} & b_{12} & \cdots & b_{1n} \\ b_{21} & b_{22} & \cdots & b_{2n} \\ \vdots & \vdots & & \vdots \\ b_{m1} & b_{m2} & \cdots & b_{mn} \end{bmatrix} \end{cases}$$

则

$$\boldsymbol{T}(\boldsymbol{B}) = \begin{bmatrix} b_{00} & b_{01} & b_{02} & \cdots & b_{0n} \\ b_{10} & b_{11} & b_{12} & \cdots & b_{1n} \\ b_{20} & b_{21} & b_{22} & \cdots & b_{2n} \\ \vdots & \vdots & \vdots & & \vdots \\ b_{m0} & b_{m1} & b_{m2} & \cdots & b_{mn} \end{bmatrix}$$

综上所述，单纯形法的计算步骤可总结如下：

第 1 步：找出初始可行基，建立初始单纯形表。

第 2 步：判别检验所有的检验系数。

如果所有的检验系数 $b_{0j} \leqslant 0(j=1,2,\cdots,n)$，则由最优性判定定理知，已获最优解，即此时的基本可行解就是最优解；若检验系数中，有些为正数，但其中某一个正的检验系数所对应的列向量的各分量均非正，则线性规划问题无解；若检验系数中，有些为正数，且它们所对应的列向量中有正的分量，则需要换基、进行迭代运算。

第 3 步：选主元。在所有大于 0 的检验系数中选取最大的一个 b_{0s}，对应的非基变量为 x_s，对应的列向量为 $\boldsymbol{P}_s = [b_{1s}, b_{2s}, \cdots, b_{ms}]^{\mathrm{T}}$，若

$$\theta = \min\left\{ \frac{b_{i0}}{b_{is}} \middle| b_{is} > 0 \right\} = \frac{b_{r0}}{b_{rs}}$$

则确定 b_{rs} 为主元项。

第 4 步：在基 $\boldsymbol{B}$ 中调进 $\boldsymbol{P}_s$，换出 $\boldsymbol{P}_{jr}$，得到一个新的基，即

$$\boldsymbol{B}' = [\boldsymbol{P}_{j_1}, \boldsymbol{P}_{j_2}, \cdots, \boldsymbol{P}_{j_{r-1}}, \boldsymbol{P}_s, \boldsymbol{P}_{j_{r+1}}, \cdots, \boldsymbol{P}_{j_m}]$$

第 5 步：在单纯形表上进行初等行变换，使第 s 列向量变为单位向量，又得一张新的单纯表。

第 6 步：转入第 2 步。

对于一般的线性规划问题，目标函数包括利润、费用、产量等，其约束条件涉及经济、生产活动、资源、运输等许多方面，因此线性规划方法被广泛研究，并在经济、政治、社会活动等方面得到广泛应用。线性规划法在多目标规划的实际应用中，变量很多，导致计算复杂度上升。但是，随着计算机技术的迅速发展，复杂的线性规划问题也能够快速准确地求解。

3.2.3 利用线性规划求解多目标决策问题

数学规划问题是一个寻求最大化/最小化受约束的目标函数的问题，如果目标函数和约束都是线性的，则该问题称为线性规划问题。线性函数是一种函数，其中每个变量都以一个单独的项出现，并乘以一个常数（可以是0）。线性约束是限制为“小于或等于”“等于”或“大于或等于”常数的线性函数。针对需要解决的问题表述或建模，是将问题的口头陈述转化为数学公式表达的过程。这种建模的指导方针如下：

第1步：彻底了解待解决的问题。

第2步：写一个口头描述的目标。

第3步：写下每个约束条件的口头描述。

第4步：定义决策变量。

第5步：根据决策变量写出目标。

第6步：根据决策变量写出约束条件。

线性规划可以看作是多目标决策问题的一个特例，所有线性规划问题的目标都是某个量的最大化或最小化。可行解满足问题的所有约束条件，最优解是一个可行的解决方案，在最大化时产生最大的目标函数值（或最小值时最小），可以用图解法求解含两个变量的线性规划。下面给出一个利用线性规划求解多目标决策问题的示例。

例 3.1 有一个工厂生产两种产品 x_1 和 x_2，其中 x_1 的利润是5元，x_2 的利润是7元。试求生产多少个 x_1 和 x_2 能够获得最高利润？

解： 有两个变量 x_1 和 x_2，目标函数为

$$\begin{cases} \max f(x)=5x_1+7x_2 \\ \text{s.t.}\quad x_1\leqslant 6 \\ \qquad 2x_1+3x_2\leqslant 19 \\ \qquad x_1+x_2\leqslant 8 \\ \qquad x_1,x_2\geqslant 0 \end{cases}$$

约束 $x_1\leqslant 6$ 如图3-2所示。

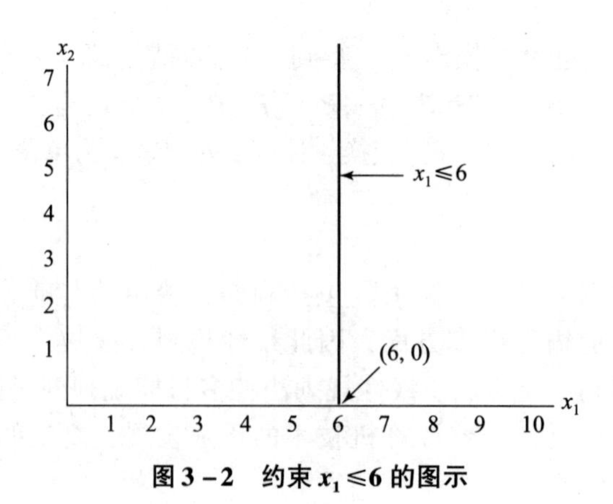

图3-2 约束 $x_1\leqslant 6$ 的图示

约束 $2x_1+3x_2\leqslant 19$ 如图3-3所示。

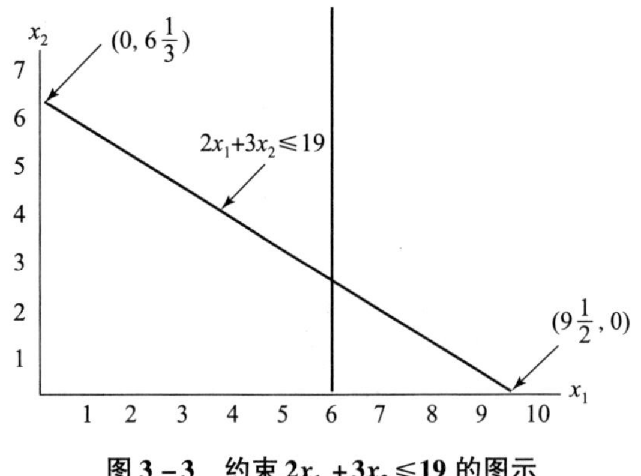

图3-3 约束 $2x_1+3x_2 \leqslant 19$ 的图示

约束 $x_1+x_2 \leqslant 8$ 如图3-4所示。

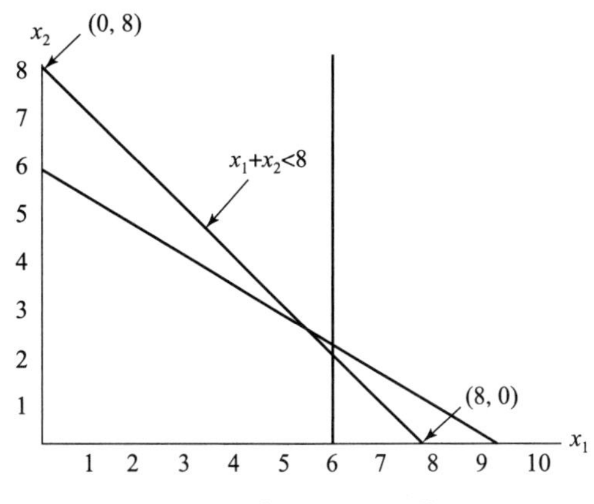

图3-4 约束 $x_1+x_2 \leqslant 8$ 的图示

总的合成约束如图3-5所示。

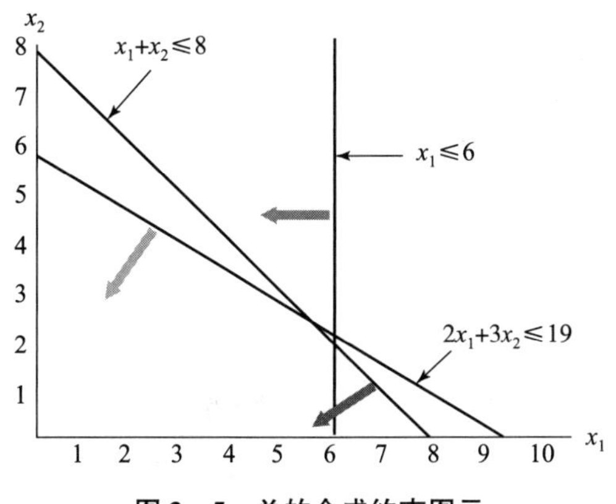

图3-5 总的合成约束图示

可行解区域如图3-6所示。

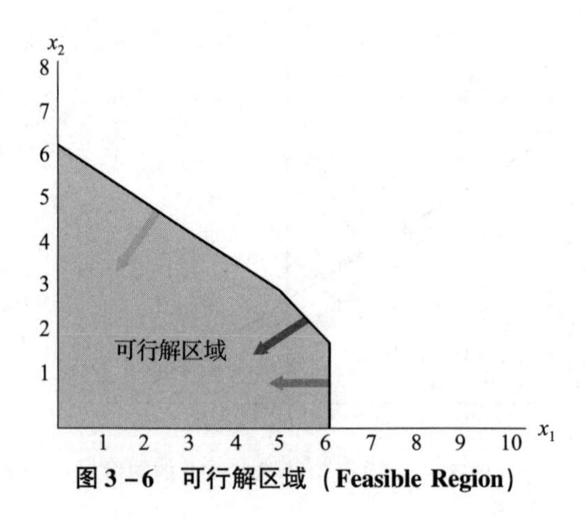

图 3－6　可行解区域（Feasible Region）

在图 3－6 上面加入目标函数线，如图 3－7 所示。

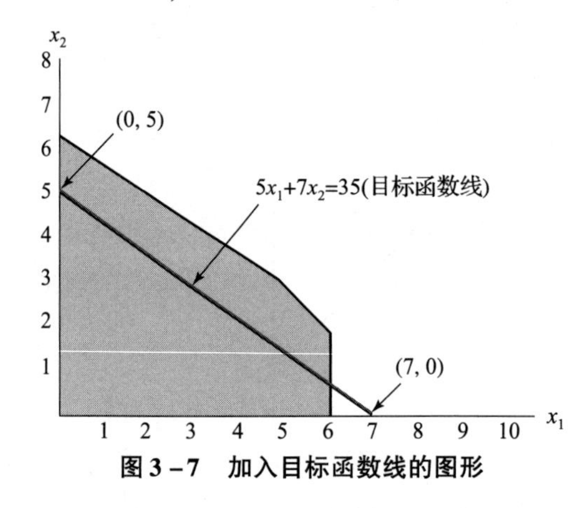

图 3－7　加入目标函数线的图形

可获得最优解如图 3－8 所示。

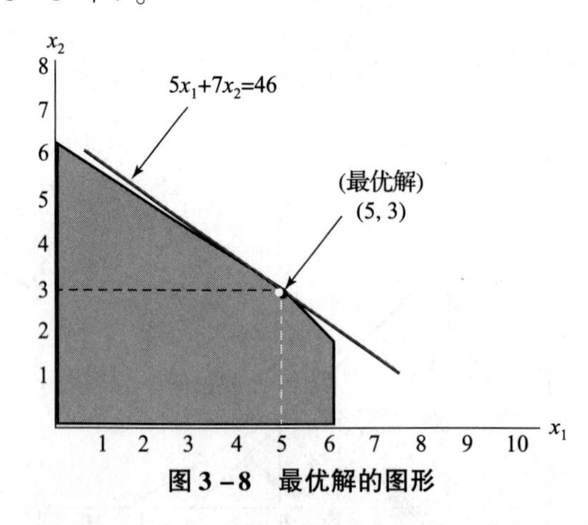

图 3－8　最优解的图形

可行域的角点或顶点称为极值点，线性规划问题的最优解可以在可行域的一个极值点找到。在寻找最优解时，不必计算所有可行解点，只需要考虑可行域的极值点。其他的角点或顶点可以看作是备用解，如图 3－9 所示，经检验仅有角点④为最优解的极值点。

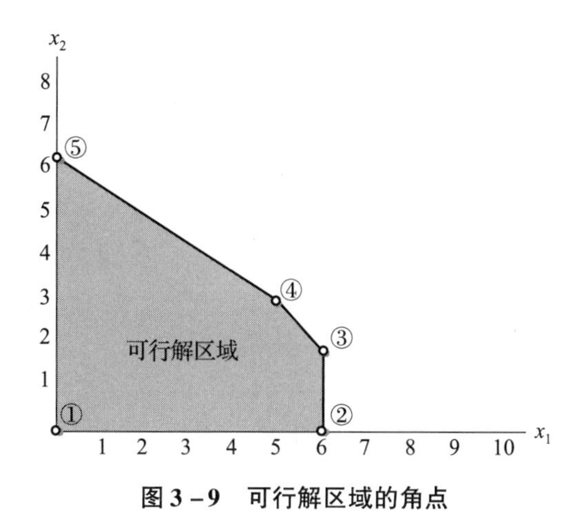

图 3 – 9　可行解区域的角点

综上所述，图解法为每个约束准备一张可行解的图，由这些图来确定同时满足所有约束条件的可行域。考虑可行域的极值点，画一条目标函数线。将平行的目标函数线移向较大的目标函数值，而不完全离开可行域。在目标函数线上具有最大值的任何可行解都是最优解。

3.2.4　线性目标规划算法

线性多目标规划要求决策者预先给每个目标定出一个理想值（期望值）。在满足现有的一组约束条件下，求出尽可能接近理想值的解，这个解称为满意解（不称为最优解，因为一般情况不，它不是使每个目标都达到最优值的解）。线性目标规划算法（LGP 算法）是美国学者查恩斯（A. Charnes）和库伯（W. W. Cooper）于 1961 年在线性规划的基础上提出的。后来，查斯基莱恩（U. Jaashelainen）和李（S. Lee）等进一步给出了求解目标规划问题的一般性方法——单纯形方法。目标规划的基本概念与特点：给定若干目标以及实现这些目标的优先顺序，在有限的资源条件下，使总的偏离目标值的偏差最小。

1. 理想值（期望值）

决策者事先对每个目标都有一个期望值。

2. 正负偏差变量 d^+、d^-

目标规划不是对每个目标求最优值，而是寻找使每个目标与各自的理想值之差尽可能小的解，为此对每个原始目标表达式（等式或不等式）的左端都加上负偏差变量 d^- 及减去正偏差变量 d^+ 后，都将变成等式。

d^- 表示当决策变量 x_1，x_2 取定一组值后，由原始目标式左端计算出来的值与理想值之偏差，即不足理想值的偏差；d^+ 表示超过理想值的偏差。当不足理想值的偏差时有 $d^+=0$；超过理想值的偏差时有 $d^-=0$；偏差相等时有 $d^-=d^+=0$；因此总有 $d^-\times d^+=0$ 成立。

3. 绝对约束与目标约束

绝对约束（硬约束）是指必须严格满足的等式或不等式约束，如线性规划问题中的所有约束条件都是绝对约束。目标约束是目标规划特有的约束，它是把要追求的目标的理想值作为右端常数项，在目标表达式左端加减正负偏差变量构成的等式约束，目标约束是由决策变量、正负偏差变量及理想值构成的软约束。

4. 优先级与权因子

一个规划问题，常常有若干个目标，决策者对各个目标的考虑往往是有主次或轻重缓急的。凡要求第一位达到的目标赋予优先因子 p_1，第二位的目标赋予优先因子 p_2，……，并规定表示 p_j 比 p_{j+1} 有更大的优先权。也就是说，首先保证 p_1 级目标的实现，这时可以不考虑第二级目标；而 p_2 级目标是在 p_1 级目标实现的基础上才考虑的；依此类推。

若要区别具有相同优先因子 p_1 的目标的差别，就可以分别赋予它们不同的权系数 $\omega_{jk}(k=1,2,\cdots,K)$。

这些优先因子和权系数都由决策者按照具体情况而定。

5. 目标规划的目标函数—准则函数

目标规划的目标函数（准则函数）是按照各目标约束的正、负偏差变量和赋予相应的优先因子而构造的。当每一个目标确定后，尽可能缩小与目标值的偏离。因此，目标规划的目标函数只能是 $\min z=f(d^+,d^-)$。

基本形式有以下三种：

（1）要求恰好达到目标值，就是正、负偏差变量都要尽可能小，即

$$\min z=f(d^+,d^-)$$

（2）要求不超过目标值，即允许达不到目标值，但是正偏差变量要尽可能小，即

$$\min z=f(d^+)$$

（3）要求超过目标值，也就是超过量不限，但负偏差变量要尽可能小，即

$$\min z=f(d^-)$$

在实际问题中，可以根据决策者的要求，引入正、负偏差变量和目标约束，并给不同目标赋予相应的优先因子和权系数，构造目标函数，建立模型。

例 3.2 某企业利用某种原材料和现有设备可生产甲、乙两种产品，其中，甲、乙两种产品的单价分别为 8 万元和 10 万元；生产单位甲、乙两种产品需要消耗的原材料分别为 2 个单位和 1 个单位，需要占用的设备分别为 1 台时和 2 台时；原材料拥有量为 11 个单位；可利用的设备总台时为 10 台时。试问：如何确定其生产方案？

解：如果决策者所追求的唯一目标是使总产值达到最大，则这个企业的生产方案可以由线性规划模型给出，试求 x_1 和 x_2，使得 $\max z=8x_1+10x_2$，而且满足

$$\begin{cases}2x_1+x_2\leqslant 11\\x_1+2x_2\leqslant 10\\x_1,x_2\geqslant 0\end{cases}$$

式中，x_1 和 x_2 为决策变量，z 为目标函数值。

将上述问题化为标准后，用单纯形方法求解可得最佳决策方案为 $x_1^*=4$，$x_2^*=3$，$z^*=62$（万元）。

例 3.3 在例 3.2 中，如果决策者在原材料供应受严格控制的基础上考虑：首先是甲种产品的产量不超过乙种产品的产量；然后是充分利用设备的有限台时，不加班；最后是产值不小于 56 万元。

分别赋予上述三个目标的优先因子为 p_1、p_2、p_3，试建立该问题的目标规划模型。

解：根据题意，这一决策问题的目标规划模型是

$$\begin{cases}\min Z = p_1 d_1^+ + p_2(d_2^- + d_2^+) + p_3 d_3^- \\ \text{s. t. } 2x_1 + x_2 \leqslant 11 \\ \quad x_1 - x_2 + d_1^- - d_1^+ = 0 \\ \quad x_1 + 2x_2 + d_2^- - d_2^+ = 10 \\ \quad 8x_1 + 10x_2 + d_3^- - d_3^+ = 56 \\ \quad x_1, x_2, d_i^-, d_i^+ \geqslant 0 (i = 1,2,3)\end{cases}$$

6. 目标规划模型的一般形式

假设有 L 个目标，K 个优先级（$K \leqslant L$），n 个变量。在同一优先级 P_k 中不同目标的正、负偏差变量的权系数分别为 ω_{kl}^+、ω_{kl}^-，则多目标规划问题可以表示为

$$\begin{cases}\min z = \sum_{k=1}^{K} P_k \sum_{l=1}^{L} (\omega_{kl}^- d_l^- + \omega_{kl}^+ d_l^+) \\ \text{s. t. } \sum_{j=1}^{n} c_j^{(l)} x_j + d_l^- - d_l^+ = g_l,\ l = 1,2,\cdots,L \\ \quad \sum_{j=1}^{n} a_{ij} x_j (=, \geqslant) = b_i,\ i = 1,2,\cdots,m \\ \quad x_j \geqslant 0,\ j = 1,2,\cdots,n \\ \quad d_l^-, d_l^+ \geqslant 0,\ l = 1,2,\cdots,L\end{cases}$$

式中，ω_{kl}^+、ω_{kl}^- 分别为位于 p_l 优先因子下的第 k 个目标的正、负偏差变量的权系数；g_k 为第 k 个目标的预期值；x_j 为决策变量；d^+，d^- 分别为第 k 个目标的正、负偏差变量。

7. 求解目标规则的单纯形方法

目标规划模型仍可以用单纯形方法求解，在求解时做以下规定：

（1）因为目标函数都是求最小值，所以最优判别准则要求检验数非负，即

$$c_j - z_j \geqslant 0,\ j = 1,2,\cdots,n$$

（2）因为非基变量的检验数中含有不同等级的优先因子，即

$$c_j - z_j = \sum_{k=1}^{K} a_{kj} P_k,\ j = 1,2,\cdots,n,\ k = 1,2\cdots,K$$

式中，$P_1 \gg P_2 \gg \cdots \gg P_K$

（3）所以检验数的正负首先取决于 p_1 的系数 a_{1j} 的正负，若 $a_{1j} = 0$，则检验数的正、负就取决于 p_2 的系数 a_{2j} 的正负，可依此类推。

据此，可总结出求解目标规划问题的单纯形方法的计算步骤如下：

①建立初始单纯形表，在表中将检验数行按优先因子个数分别排成 L 行，置 $l = 1$。

②检查该行中是否存在负数，且对应的前 $l - 1$ 行的系数是 0。若有，取其中最小者对应的变量为换入变量，转步骤③。若无负数，则转步骤⑤。

③按最小比值规则确定换出变量，当存在两个或两个以上相同的最小比值时，选取具有较高优先级别的变量为换出变量。

④按单纯形法进行基变换运算，建立新的计算表，返回步骤②。

⑤当 $l = L$ 时，计算结束，获得的解即为满意解。否则置 $l = l + 1$，返回步骤②。

例 3.4 农场种植计划。

某农场Ⅰ、Ⅱ、Ⅲ等耕地的面积分别为 100 km^2、300 km^2 和 200 km^2，计划种植水稻、大豆和玉米，要求三种农作物的最低收获量分别为 190 000 kg、130 000 kg 和 350 000 kg。Ⅰ、Ⅱ、Ⅲ等耕地种植三种农作物的单产如表 3－1 所示。若三种农作物的售价分别为水稻 1.20 元/kg，大豆 1.50 元/ kg，玉米 0.80 元/kg。

（1）如何制订种植计划，才能使总产量最大？

（2）如何制订种植计划，才能使总产值最大？

表 3－1　不同等级耕地种植不同农作物的单产（单位：kg/km²）

农作物种类	Ⅰ等耕地	Ⅱ等耕地	Ⅲ等耕地
水稻	11 000	9 500	9 000
大豆	8 000	6 800	6 000
玉米	14 000	12 000	10 000

解：对于上面的农场种植计划问题，可以用线性规划方法建立模型。

根据题意，决策变量设置如表 3－2 所示，表中 x_{ij} 表示在第 j 等级的耕地上种植第 i 种作物的面积。

表 3－2　农作物种植面积（单位：km²）

农作物种类	Ⅰ等耕地	Ⅱ等耕地	Ⅲ等耕地
水稻	x_{11}	x_{12}	x_{13}
大豆	x_{21}	x_{22}	x_{23}
玉米	x_{31}	x_{32}	x_{33}

三种农作物的产量如表 3－3 所示。

表 3－3　三种农作物的产量（单位：kg）

农作物种类	总产量
水稻	$11\ 000x_{11}+9\ 500x_{12}+9\ 000x_{13}$
大豆	$8\ 000x_{21}+6\ 800x_{22}+6\ 000x_{23}$
玉米	$14\ 000x_{31}+12\ 000x_{32}+10\ 000x_{33}$

根据题意，耕地面积约束的约束方程为

$$\begin{cases} x_{11}+x_{21}+x_{31}=100 \\ x_{12}+x_{22}+x_{32}=300 \\ x_{13}+x_{23}+x_{33}=200 \end{cases}$$

最低收获量约束为

$$\begin{cases} 11\ 000x_{11}+9\ 500x_{12}+9\ 000x_{13}\geqslant 190\ 000 \\ 8\ 000x_{21}+6\ 800x_{22}+6\ 000x_{23}\geqslant 130\ 000 \\ 14\ 000x_{31}+12\ 000x_{32}+10\ 000x_{33}\geqslant 350\ 000 \end{cases}$$

非负约束为

$$x_{ij}\geqslant 0(i=1,2,3;\ j=1,2,3)$$

(1) 追求最大总产量的目标函数为

$$\begin{aligned} \max z=&11\ 000x_{11}+9\ 500x_{12}+9\ 000x_{13}+ \\ &8\ 000x_{21}+6\ 800x_{22}+6\ 000x_{23}+ \\ &14\ 000x_{31}+12\ 000x_{32}+10\ 000x_{33} \end{aligned}$$

进行求解运算，可以得到一个最优解（表 3 - 4）。在该方案下，最优值即最大总产量为 6 892 200 kg。从表 3 - 4 中可以看出，如果以追求总产量最大为种植计划目标。那么，玉米的种植面积在Ⅰ、Ⅱ、Ⅲ等耕地上都占绝对优势。

表 3 - 4　追求总产量最大的种植计划方案（单位：km^2）

农作物种类	Ⅰ等耕地	Ⅱ等耕地	Ⅲ等耕地
水稻	0	0	21. 111 1
大豆	0	0	21. 666 7
玉米	100	300	157. 222 2

(2) 追求最大总产值的目标函数为

$$\begin{aligned} \max z=&1.20\times(11\ 000x_{11}+9\ 500x_{12}+9\ 000x_{13})+ \\ &1.50\times(8\ 000x_{21}+6\ 800x_{22}+6\ 000x_{23})+ \\ &0.80\times(14\ 000x_{31}+12\ 000x_{32}+10\ 000x_{33}) \\ =&13\ 200x_{11}+11\ 400x_{12}+10\ 800x_{13}+ \\ &12\ 000x_{21}+10\ 200x_{22}+9\ 000x_{23}+ \\ &11\ 200x_{31}+9\ 600x_{32}+8\ 000x_{33} \end{aligned}$$

进行求解运算，可得到一个最优解（表 3 - 5）。在该方案下，最优值即最大总产值为 6 830 500 元。从表中可以看出，如果以追求总产值最大为种植计划目标，那么，水稻的种植面积在Ⅰ、Ⅱ、Ⅲ等耕地上都占绝对优势。

表 3 - 5　追求总产量最大的种植计划方案（单位：km^2）

农作物种类	Ⅰ等耕地	Ⅱ等耕地	Ⅲ等耕地
水稻	58. 75	300	200
大豆	16. 25	0	0
玉米	25	0	0

(3) 为了兼顾总产量和总产值双重目标，我们可以运用目标规划方法进行求解。

首先，对总产量$f_1(X)$和总产值$f_2(X)$，分别提出一个期望目标值$f_1^* = 6\ 100\ 000$ kg，$f_2^* = 6\ 600\ 000$元，并赋予两个目标的优先级分别为P_1和P_2；然后用d_1^+、d_1^-分别表示对应第一个目标期望值的正、负偏差变量，用d_1^+、d_1^-分别表示对应于第二个目标期望值的正、负偏差变量，并将每一个目标的正、负偏差变量同等看待（可将它们的权系数都赋为1）。那么，该目标规划问题的目标函数为

$$\min z = P_1(d_1^- + d_1^+) + P_2(d_2^- + d_2^+)$$

对应的两个目标约束为

$$f_1(x) + d_1^- - d_1^+ = 6\ 100\ 000$$

$$f_2(x) + d_1^- - d_1^+ = 6\ 600\ 000$$

即

$$11\ 000x_{11} + 9\ 500x_{12} + 9\ 000x_{13} + 8\ 000x_{21} + 6\ 800x_{22} + 6\ 000x_{23} +$$

$$14\ 000x_{31} + 12\ 000x_{32} + 10\ 000x_{33} + d_1^- - d_1^+ = 6\ 100\ 000$$

$$13\ 200x_{11} + 11\ 400x_{12} + 10\ 800x_{13} + 12\ 000x_{21} + 10\ 200x_{22} + 9\ 000x_{23} +$$

$$11\ 200x_{31} + 9\ 600x_{32} + 8\ 000x_{33} + d_2^- - d_2^+ = 6\ 600\ 000$$

除目标约束以外，该模型的约束条件还包括硬约束和非负约束的限制。其中，硬约束包括耕地面积约束和最低收获量约束；非负约束，不但包括决策变量的非负约束，还包括正、负偏差变量的非负约束为

$$d_1^- \geqslant 0,\quad d_1^+ \geqslant 0,\quad d_2^- \geqslant 0,\quad d_2^+ \geqslant 0$$

求解上述目标规划问题，可以得到一个非劣解方案，如表3-6所示。在此非劣解方案下，两个目标的正、负偏差变量分别为$d_1^+ = 2\ 114.181$，$d_1^- = 0$；$d_2^+ = 122.032\ 4$，$d_2^- = 0$。

表3-6　目标规划的非劣解方案（单位：km²）

农作物种类	Ⅰ等耕地	Ⅱ等耕地	Ⅲ等耕地
水稻	4.538 102	233.422 6	199.221 2
大豆	13.609 35	3.324 99	0.528 958
玉米	81.821 69	63.252 45	0.249 813

3.3　多属性决策支持方法

复杂不确定环境下的决策问题通常存在相互矛盾的准则，由于准则间的不可公度性和矛盾性，使得多准则决策在复杂决策问题中面临着严峻考验。所谓准则间不可公度性是指各个准则没有统一的度量标准，故难以比较。准则间的矛盾性是指准则之间往往存在矛盾和冲突，很难用单一准则决策的方法对方案进行遴选。围绕多准则的度量、平衡和信息结果的集结成为多准则决策理论的主要研究问题。

多属性决策是在考虑多个属性或指标的情况下，对有限个备选方案进行排序或选择最佳方案的决策问题。多属性决策通常由决策信息的收集和择优两部分组成，在针对实际问题时主要解决属性值的获取、属性权重的确定，以及用何种方法进行方案的排序。由于很多实际

涉及的问题都是具有不确定信息的多属性决策问题——例如决策属性为难以量化的定性属性、决策数据不完整、决策值模糊、决策者的水平受限等情况——对于不确定信息的多属性 DSS 的研究，更具有实际和现实意义。在社会、经济、军事等不同的实际应用领域中，还大量存在着某些特殊的不确定型多属性群决策问题：在实际的投资项目评优中，需要考虑各选项目的建设周期、投资金额、预期的收益额、市场环境风险、政策风险等因素，这几个属性指标和因素需用不同的数据信息类型来刻画或描述才能更加显得合理，也就是说属性的偏好信息值将以多种不同的数据信息类型（如实数、区间数、区间直觉模糊数、区间语言变量、二元语义等）出现在决策者所提供的决策信息矩阵中，导致更为复杂的混合不确定型多属性群决策问题的产生。在此类群决策问题中，由于决策信息矩阵包含了多种不同类型的数据偏好信息，在实际决策的过程中将会涉及各种不同类型的数据信息处理问题，造成备选方案的选择和排序更加复杂，从而为有效、科学的决策带来困难。

目前，虽然许多国内外专家学者已经就不确定型多属性群决策问题提出了各种不同的解决方法，但很多方法都需要将偏好信息进行转换，这会造成信息丢失或扭曲，对决策结果的准确性有很大的影响，因此对不确定型多属性群决策问题进行系统、深入的探讨，有着重要的理论意义和价值。

3.3.1　多属性决策的基本方法

多属性决策一般包括两部分内容。

（1）获取决策信息，一般包括属性权重和属性值，其中属性权重的确定是多属性决策的一个重要内容。

（2）通过一定的方式对决策信息进行集结并对方案进行排序和择优。

多属性问题可以用矩阵 $\boldsymbol{D}=(f_{ij})_{m\times n}$ 表示，其中 f_{ij} 表示方案 i 在第 j 个属性下的评价值，$i\in \boldsymbol{I}=\{1,2,\cdots,m\}$ 为方案的指标集，$j\in \boldsymbol{J}=\{1,2,\cdots,n\}$ 为属性的指标集。行向量 $\boldsymbol{f}_i=(f_{i1},f_{i2},\cdots,f_{im})$ 表示方案 i 在各个属性下的评价值，列向量 $\boldsymbol{f}_j=(f_{1j},f_{2j},\cdots,f_{mj})^{\mathrm{T}}$ 表示决策方案相对属性 j 的比较值。

多属性决策问题是一个较成熟的领域，目前已有许多较好的方法，其中包括简单加权（Simple Additivity Weighted，SAW）法、逼近理想解的排序方法（Technique for Order Preference by Similarity to Ideal Solution，TOPSIS）、ELECTRE 法、PROMETHEE 法、层次分析法（Analytic Hierarchy Process，AHP）以及基于粗糙集（Rough Sets）理论的方法等。下面对这些多属性决策的基本方法进行介绍。

3.3.2　简单加权法

SAW 法是最基本也是最常用的一种多属性决策方法，其算法步骤如下：

（1）决定属性权重，设权向量为 $\boldsymbol{w}=(w_1,w_2,\cdots,w_n)^{\mathrm{T}}$，并且满足 $\sum_{i=1}^{n}w_i=1$，$w_i\geqslant 0$；

（2）将决策矩阵 $\boldsymbol{D}$ 归一化，设归一化后的矩阵为 $\boldsymbol{D}'=(r_{ij})_{m\times n}$，其中 r_{ij} 为规范化的属性值；

（3）求出每个方案的线性加权值 U_i，即

$$U_i=\sum_{j=1}^{n}w_jr_{ij}(i\in I=\{1,2,\cdots,m\})$$

（4）根据 U_i 在 $i \in I = \{1,2,\cdots,m\}$ 范围内的大小值，对方案进行排序，选择最优值。

简单加权法的优点在于简单易用，其缺点是其前提已经假设各个属性是偏好独立的。当实际情况中各个属性并不是偏好独立时，简单加权法的使用便受到了限制。

3.3.3 逼近理想解的排序方法（TOPSIS）

TOPSIS 法是借助多属性问题的正理想解和负理想解对方案进行排序的方法。正理想解是方案集中并不存在的虚拟最佳方案，它的每个属性都是决策矩阵中该属性的最佳值；而负理想解是虚拟的最差方案，它的每个属性值都是决策矩阵中该属性的最差值。在 n 维空间中，将方案集中各备选方案与正理想解和负理想解的距离进行比较，靠近正理想解且远离负理想解的方案是方案集中的最佳方案。

正理想解的集合为 $A^* = (x_1^*,\cdots,x_j^*,\cdots,x_n^*)$，$x_j^*$ 是所有可用备选方案中第 j 个属性的最佳值。负理想解的集合为 $A^- = (x_1^-,\cdots,x_j^-,\cdots,x_n^-)$，$x_j^-$ 是所有可用备选方案中第 j 个属性的最差值。

TOPSIS 法的步骤如下：

（1）用向量规范化的方法求得规范矩阵。

设多属性问题的决策矩阵为 $\boldsymbol{D} = (x_{ij})_{m\times n}$，规范化的决策矩阵为 $\boldsymbol{D}' = (r_{ij})_{m\times n}$，其中，

$$r_{ij} = \frac{x_{ij}}{\sqrt{\sum_{i=1}^{m} x_{ij}^2}},\ i = 1,2,\cdots,m;\ j = 1,2,\cdots,n$$

（2）计算加权规范矩阵 $\boldsymbol{V} = (v_{ij})_{m\times n}$，其中，

$$v_{ij} = w_j r_{ij},\ i = 1,2,\cdots,m,\ j = 1,2,\cdots,n$$

式中，$\boldsymbol{W} = (w_{ij})_{m\times n}$为决策人给定的权系数。

（3）确定正理想解 A^* 和负理想解 A^-，即

$$A^* = (v_1^*,\cdots,v_j^*,\cdots,v_n^*) = \{(\max v_{ij} \mid j = 1,2,\cdots,n) \mid i = 1,2,\cdots,m\}$$

$$A^- = (v_1^-,\cdots,v_j^-,\cdots,v_n^-) = \{(\max v_{ij} \mid j = 1,2,\cdots,n) \mid i = 1,2,\cdots,m\}$$

（4）计算各方案到理想解与负理想解的距离。

方案到正理想解的距离为

$$S_i^* = \sqrt{\sum_{j=1}^{n} (v_{ij} - v_j^*)^2},\ i = 1,2,\cdots,m$$

方案到负理想解的距离为

$$S_i^- = \sqrt{\sum_{j=1}^{n} (v_{ij} - v_j^-)^2},\ i = 1,2,\cdots,m$$

（5）按下式计算与正理想解的相似度：

$$C_i^* = \frac{S_i^-}{S_i^* + S_i^-},\ i = 1,2,\cdots,m$$

（6）按 C_i^* 由大到小排列方案的优劣次序。

用理想解求多属性问题的概念简单，只要在属性空间定义适当的距离测度就能计算被选方案与理想解，并且在几何图形中非常直观。但是，由于需要定义距离测度，不同的距离测度定义可能得到不同的排序结果。

3.3.4 ELECTRE 法

ELECTRE 法（法文 Elimination et Choice Translating Reality 缩写）是由法国人 Roy 于 1971 年提出的，以后相继出现了 ELECTRE－Ⅰ法，ELECTRE－Ⅱ法，ELECTRE－Ⅲ法，ELECTRE－Ⅳ法，ELECTRE－TRI 法，这里主要介绍 ELECTRE－Ⅰ法。

定义 3.1 级别高于关系 给定方案集 X，$\{x_i, x_k\} \in X$，给定决策人的偏好次序和属性矩阵 $\boldsymbol{D} = (y_{ij})_{m \times n}$，当人们有理由相信 $x_i > x_k$，则 x_i 的级别高于 x_k，记为 $x_i O x_k$。

定义 3.2 级别无差异关系 给定方案集 X，$\{x_i, x_k\} \in X$，当且仅当存在 $u_1, u_2, \cdots, u_r$；$v_1, v_2, \cdots, v_s$；$r \geqslant 1$，$s \geqslant 1$；使得 $x_i O x_k$，或 $x_i O u_1, u_1 O u_2, \cdots, u_r O x_k$；且 $x_k O x_i$，或 $x_k O v_1, v_1 O v_2, \cdots, v_s O x_i$，则 x_k 与 x_i 的级别无差异，记为 $x_k I x_i$。

ELECTRE－Ⅰ法求解多属性决策问题主要包括两部分：一是构造级别高于关系；二是利用所构造的级别高于关系对方案集中的方案进行排序。

ELECTRE－Ⅰ算法如下：

（1）建立适当方法属性的权系数 $\boldsymbol{w} = (w_1, w_2, \cdots, w_n)$。

（2）进行和谐性检验。

（3）进行非不和谐性检验。假设决策人为每个属性 j 设定阈值 $d_j (j = 1, 2, \cdots, n)$。若对任意 j，存在不等式 $y_j(x_k) - y_j(k_j) \geqslant d_j$，则不管其他属性的值如何，都不接受其他属性补偿，即决策人不再承认 $x_i O x_k$。

（4）确定级别高于关系。对方案集中的每一对方案 x_i 和 x_k，若 $\hat{I}_{ik} > 1$，$I_{ik} > \alpha$，且对所有的 j 有 $y_j(x_k) - y_j(k_j) \geqslant d_j$ 成立，则承认 $x_i O x_k$。

（5）根据所得结果对方案进行排序，算法结束。

在 ELECTRE－I 算法的步骤（2）中，和谐性检验的具体步骤如下：

假设每个属性 $y_j (j = 1, 2, \cdots, n)$ 的值越大越好。

①对属性的序号进行分类。

若根据属性 j，方案 x_i 优于 x_k，记为 $x_{i >j} x_k$；把所有满足 $x_{i >j} x_k$ 的属性 j 的集合记作 $J^+(x_i, x_k)$，即 $J^+(x_i, x_k) = \{j \mid 1 \leqslant j \leqslant n, y_j(x_i) > y_j(x_k)\}$。

若根据属性 j，方案 x_k 优于 x_i，记为 $x_{i <j} x_k$；把所有满足 $x_{i <j} x_k$ 的属性 j 的集合记作 $J^-(x_i, x_k)$，即 $J^-(x_i, x_k) = \{j \mid 1 \leqslant j \leqslant n, y_j(x_i) > y_j(x_k)\}$。

若根据属性 j，方案 x_i 等于 x_k，记为 $x_{i =j} x_k$；把所有满足 $x_{i =j} x_k$ 的属性 j 的集合记作 $J^=(x_i, x_k)$，即 $J^=(x_i, x_k) = \{j \mid 1 \leqslant j \leqslant n, y_j(x_i) > y_j(x_k)\}$。

②计算和谐性指数。

定义 I_{ik} 为 x_i 不劣于 x_k 的那些属性的权重之和在所有属性权重的综合种所占的比例，即

$$I_{ik} = \frac{\sum\limits_{j \in J^+(x_i, x_j)} w_j + \sum\limits_{j \in J^*(x_i, x_k)} w_j}{\sum\limits_{j=1}^{n} w_j}$$

定义 $\hat{I}_{ik}$ 为 x_i 优于 x_k 的那些属性的权重之和与在 x_i 劣于 x_k 的那些属性的权重之和的比值，即

$$I_{ik} = \frac{\sum_{j \in J^{+}(x_i, x_j)} w_j}{\sum_{j \in J^{-}(x_i, x_j)} w_j}$$

③选定 $0.5 < \alpha < 1$，若 $\hat{I}_{ik} > 1$，$I_{ik} > \alpha$，则通过和谐性检验。α 越大，级别高于关系的要求越高，也就是承认 $x_i > x_k$ 所产生的风险越小。

ELECTRE 法的优点是决策人很容易理解其原理，并在决策过程中承担相应的责任。虽然步骤多但是计算并不复杂且可以程序化，一旦有决策人根据问题本身的特点和决策矩阵中的数据设定权 α 和 d_j，就可以编程计算。其缺点是对决策矩阵所提供的信息利用不够充分。

3.3.5 层次分析法

AHP 法是由萨蒂教授于20 世纪70 年代提出的。它是一种将定性与定量相结合的决策分析方法，具有适用性、简洁性、实用性和系统性等特点，多用于计划目标的体系层次结构分析，也用于系统问题诊断中方案重要性的排序。该方法首先把复杂的决策系统层次化，然后通过逐层比较各种关联因素的重要程度建立模型判断矩阵，并通过定量计算方法为决策过程提供依据。

AHP 法的优点是能够利用人们的主观经验，使决策过程更加科学化和民主化。其缺点是由于它的权重的确定比较困难，而且集结过程中是好的属性值对差的属性值进行了补偿，因而会丢失一部分信息。下面针对层次分析法的几个重点内容进行阐述。

1. 判断矩阵的构造与一致性检验

设 m 个因素（方案或准则）对上一层的某因素（准则或目标）存在相对重要性，根据特定的标度法则，第 i 个因素（$i=1,2,\cdots,m$）与第 j 个因素（$j=1,2,\cdots,m$）比较判断，其相对重要程度为 a_{ij}。这种矩阵称为权重解析判断矩阵，也称为比较矩阵，记为 $\boldsymbol{A}=(a_{ij})_{m \times n}$。

要确定矩阵中个元素的值，首先要设计一种特定的比较准则，使任意两个因素的相对重要程度可以定量测量。萨蒂教授给出了一种“1 -9 标度方法”，将差异划分在 1 ~9 的范围内，如表3 -7 所示。

表3 -7 “1 -2 标度方法”各级标度的含义

标度	定义	含义
1	同样重要	两因素对某属性，一个因素和另一因素同样重要
3	稍微重要	两因素对某属性，一个因素比另一因素稍微重要
5	明显重要	两因素对某属性，一个因素比另一因素明显重要
7	强烈重要	两因素对某属性，一个因素和另一因素强烈重要
9	极端重要	两因素对某属性，一个因素和另一因素极端重要
2、4、6、8	相邻标度中值	表示相邻两标度之间折中时的标度
上列标度倒数	反比较	若因素 i 和 j 比较的标度为 a_{ij}，则因 j 和 i 比较的标度为 $a_{ji}=1/a_{ij}$

假设有 m 个因素 $A_1, A_2, \cdots, A_m$，现在构造关于上一层的准则 C_r 的判断矩阵，如表 3－8 所示。

表 3－8　判断矩阵

C_r	A_1	A_2	$\cdots$	A_j	$\cdots$	A_m
A_1	a_{11}	a_{12}	$\cdots$	a_{1j}	$\cdots$	a_{1m}
A_2	a_{21}	a_{22}	$\cdots$	a_{2j}	$\cdots$	a_{2m}
$\vdots$	$\vdots$	$\vdots$	$\ddots$	$\vdots$	$\vdots$	$\vdots$
A_j	a_{j1}	a_{j2}	$\cdots$	a_{jj}	$\cdots$	a_{jm}
$\vdots$	$\vdots$	$\vdots$	$\cdots$	$\vdots$	$\ddots$	$\vdots$
A_m	a_{m1}	a_{m2}	$\cdots$	a_{mj}	$\cdots$	a_{mm}

判断矩阵可以直接用矩阵来表示，如下面的矩阵：

$$\boldsymbol{A}=\begin{bmatrix} 1 & 3 & 1/4 \\ 1/3 & 1 & 5 \\ 4 & 1/5 & 1 \end{bmatrix}$$

在准则 C_r 下，标度 $a_{12}=3$ 表示第一个因素比第二个因素稍微重要；$a_{31}=4$ 表示第三个因素比第一个因素介于稍微重要和明显重要之间；$a_{23}=5$ 表示第二个因素比第三个因素明显重要。

假设 m 个物体 $A_1, A_2, \cdots, A_m$，它们的重量分别记为 $w_1, w_2, \cdots, w_m$，现将每个物体的重量两两进行比较，结果如表 3－9 所示。

表 3－9　两两比较每个物体的重量

C_r	A_1	A_2	$\cdots$	A_m
A_1	w_1/w_1	w_1/w_2	$\cdots$	w_1/w_m
A_2	w_2/w_1	w_2/w_2	$\cdots$	w_2/w_m
$\vdots$	$\vdots$	$\vdots$	$\ddots$	$\vdots$
A_m	w_m/w_1	w_m/w_2	$\cdots$	w_m/w_m

若以矩阵来表示个物体之间的重量关系，可以得到重量比较矩阵，即

$$\boldsymbol{A}=\begin{bmatrix} w_1/w_1 & w_1/w_2 & \cdots & w_1/w_m \\ w_2/w_1 & w_2/w_2 & \cdots & w_2/w_m \\ \vdots & \vdots & \ddots & \vdots \\ w_m/w_1 & w_m/w_2 & \cdots & w_m/w_m \end{bmatrix}$$

若取重量向量 $\boldsymbol{w}=(w_1, w_2, \cdots, w_n)^{\mathrm{T}}$，则有 $\boldsymbol{Aw}=m\boldsymbol{w}$。$m$ 为矩阵 $\boldsymbol{A}$ 的特征值，$\boldsymbol{w}$ 为矩阵 $\boldsymbol{A}$ 对应的特征向量。通过计算判断矩阵的最大特征值 $\lambda_{\max}$ 和与其对应的特征向量 $\boldsymbol{w}$，以特征向量各分量表示该层次因素相邻的上一层某因素的优先权重，沿着层次结构，自上而下逐层

进行。最后计算出方案层关于整个目标准则体系的优先权重，完成层次权重总排序过程。

根据式（3.1），令 $a_{ij}=w_i/w_j$，满足下面的条件：

（1）$a_{ij}>0$，$i, j=1,2,\cdots,m$；

（2）$a_{ii}=1$，$i=1,2,\cdots,m$；

（3）$a_{ij}=1/a_{ji}$，$i, j=1,2,\cdots,m$；

（4）$a_{ij}=a_{ik}/a_{jk}$，$i, j=1,2,\cdots,m$。

满足前三个条件的矩阵称为正互反矩阵，满足上述全部条件的矩阵称为一致性正互反矩阵。

按照“1－9 标度方法”构造的判断矩阵显然满足条件（1）～(3)，因此判断矩阵 $\boldsymbol{A}=(a_{ij})_{m\times n}$为正互反矩阵。由于客观事物的复杂性与主观判断的多样性，一般而言，判断矩阵不一定满足条件（4）。根据一致性正互反矩阵的性质，只有判断矩阵 $\boldsymbol{A}=(a_{ij})_{m\times m}$具有完全一致性时，才有唯一非零的最大特征值，其余的特征值为 0，层次排序才能归结为计算判断矩阵的最大特征值 $\lambda_{\max}=m$，及其特征向量 $\boldsymbol{w}=(w_1, w_2, \cdots, w_m)^{\mathrm{T}}$，则

$$a_{ij}=\frac{w_i}{w_j}(i, j=1,2,\cdots,m)$$

由于判断矩阵不一定满足一致性条件，$\boldsymbol{A}=(a_{ij})_{m\times m}$的特征值仅仅为正互反矩阵，其最大特征值 $\lambda_{\max}\geqslant m$，其余特征值也并非全为0，而且判断值与计算值的 w_i/w_j 并非一致。尽管判断矩阵不具有完全的一致性，但仍然希望其最大特征值 $\lambda_{\max}$略大于阶数 m，其余特征值接近于0，称为“满意一致性”，此时计算出来的层次排序结果可认为是合理的。因此，需要对判断矩阵的一致性进行检验，使之达到满意的一致性标准。

假设判断矩阵 $\boldsymbol{A}=(a_{ij})_{m\times m}$的所有特征值为 $\lambda_{\max},\lambda_2,\cdots,\lambda_m$。由于 $\boldsymbol{A}=(a_{ij})_{m\times m}$是互正反矩阵，$a_{ii}=1(i=1,2,\cdots,m)$；判断矩阵 $\boldsymbol{A}=(a_{ij})_{m\times m}$的迹为 $\mathrm{tr}(\boldsymbol{A})=\sum_{i=1}^{m}a_{ii}=m$。于是 $\boldsymbol{A}=(a_{ij})_{m\times m}$的全部特征值之和为 $\lambda_{\max}+\lambda_2+\cdots+\lambda_m=\mathrm{tr}(\boldsymbol{A})=m$。除了最大特征值之外的所有特征值之和为 $\left|\sum_{i=2}^{m}\lambda_i\right|=\lambda_{\max}-m$。为了达到满意的一致性，使除了 $\lambda_{\max}$之外的其他特征值尽量接近于0。取其余 $m-1$ 个特征值的绝对平均值作为检验矩阵一致性的指标，即

$$\frac{\left|\sum_{i=2}^{m}\lambda_i\right|}{m-1}=\frac{\lambda_{\max}-m}{m-1}$$

上式称为判断矩阵的一致性指标，可表示为

$$\mathrm{CI}=\frac{\lambda_{\max}-m}{m-1}$$

一般来说，CI 越大，偏离一致性越大；反之，偏离一致性越小。判断矩阵的阶数 m 越大，判断的主观因素造成的偏差越大，偏离一致性也就越大；反之，偏离一致性越小。当阶数 $m\leqslant 2$ 时，判断矩阵具有完全一致性。

引入随机一致性指标 RI，其数值随着判断矩阵的阶数变化而变化，具体数值如表 3－10 所示，其中列出了 1～15 阶判断矩阵的 RI 指标值。这些 RI 值是随机方法构造判断矩阵，经过 500 次以上的重复计算，求出一致性指标，并加以平均而得到。

表 3-10　随机一致性指标

阶数	1	2	3	4	5	6	7	8
RI	0	0	0.52	0.98	1.12	1.26	1.36	1.41
阶数	9	10	11	12	13	14	15	
RI	1.46	1.49	1.52	1.54	1.56	1.58	1.59	

一致性指标 CI 与同阶的随机一致性指标 RI 的比值 CR，称为一致性比率，即

$$CR = \frac{CI}{RI}$$

可以用一致性比率来检验判定矩阵的一致性，当 CR 越小时，判断矩阵的一致性越好。一般认为 CR≤0.1 时，判断矩阵符合一致性标准，层次单排序的结果是可以接受的；否则就需要修正判断矩阵，直到检验通过。

综上所述，判断矩阵的一致性检验步骤如下：

（1）求取一致性指标 $CI = (\lambda_{max} - m)/(m - 1)$。

（2）查表得随机一致性指标 RI。

（3）计算一致性比率 CR = CI/RI，当 CR≤0.1 时，接受判断矩阵；否则，修正判断矩阵。

2. 层次结构权重排序

用 AHP 法对一般非序列型目标准则体系问题进行决策的过程，称为层次结构权重排序过程。权重层次结构如图 3-10 所示，最上层为总目标 G，中间为 n 层子目标。第一层子目标记为 $g_1^{(1)}, g_2^{(1)}, \cdots, g_{n1}^{(1)}$；第二层子目标记为 $g_1^{(2)}, g_2^{(2)}, \cdots, g_{n2}^{(2)}$；第 n 层子目标记为 $g_1^{(n)}$，$g_2^{(n)}, \cdots, g_{nn}^{(n)}$；倒数第二层为准测层 $c_1, c_2, \cdots, c_n$；最低一层为方案层，记为 $a_1, a_2, \cdots, a_n$。相邻两层之间存在关系，则用连线表明作用线，无作用线则表明无关系。如图 3-10 中，关于准则 c_2 与方案层中的 a_1 不存在关系，构造判断矩阵时应将 a_1 去掉，得到 $m-1$ 阶

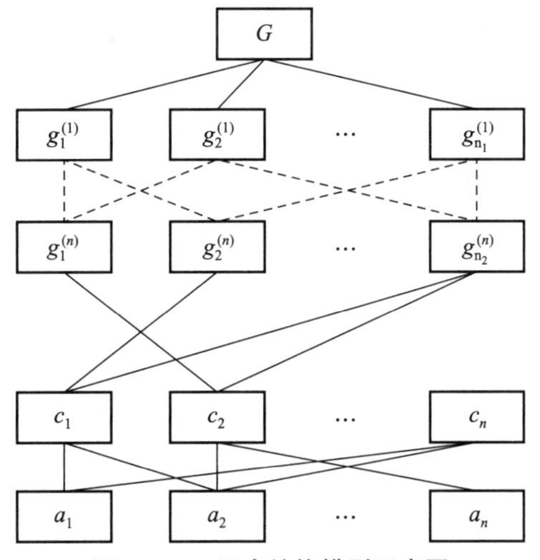

图 3-10　层次结构模型示意图

矩阵，解得 $m-1$ 维特征向量。在权重排序过程中，方案 a_1 应将关于准则 c_2 的权重置为 0，在方案层关于准则 c_2 的优先权重向量，再将权重 0 补充进去之后，仍为 m 维向量。对一般不完全的层次关系，均应做类似处理。

AHP 法的层次结构权重排序过程分为两类：层次单排序和层次总排序。

所谓层次单排序，就是求某一层所有因素对上层某一因素的优先权中排序的过程。这一过程通过构造该层所有因素对上层某因素的判断矩阵求其最大特征值及相应的特征向量，该特征向量经过归一化后就是相应的优先权重向量。

层次总排序，是指对各层次单排序的结果综合，从上到下逐层进行，故称为层次总排序。

设已经计算出 $k-1$ 准测层各因素关于总目标 G 的优先权重向量为

$$\boldsymbol{w}^{(k-1)}=(w_1^{(k-1)},w_2^{(k-1)},\cdots,w_{n_{k-1}}^{(k-1)})^{\mathrm{T}}$$

设第 k 准则层的 n_k 个因素关于第 $k-1$ 准则层的第 j 个因素为准则的优先权重向量为

$$\boldsymbol{p}_j^{(k)}=(p_{1j}^{(k)},p_{2j}^{(k)},\cdots,p_{n_{kj}}^{(k)})^{\mathrm{T}}$$

令

$$\boldsymbol{p}^{(k)}=(p_1^{(k)},p_2^{(k)},\cdots,p_{n_{k-1}}^{(k)})^{\mathrm{T}}$$

式中，$\boldsymbol{p}^{(k)}$ 为 $n\times n_{k-1}$ 阶矩阵，表示第 k 准则层的 n_k 个因素关于第 $k-1$ 准则层各因素的 n_{k-1} 个优先权重向量所构成的矩阵。

于是，第 k 准则层的各因素关于总目标 G 的优先权重向量为

$$\boldsymbol{w}^{(k)}=\boldsymbol{p}^{(k)}\boldsymbol{w}^{(k-1)}=(w_1^{(k)},w_2^{(k)},\cdots,w_{n_k}^{(B)})^{\mathrm{T}}$$

式中，$w_i^{(k)}=\sum_{j=1}^{n_{k-1}}p_{ij}^{(k)}w_j^{(k-1)}$，$i=1,2,\cdots,n_k$。

依次类推，从上到下推导出第 n 准测层关于总目标 G 的组合优先权重向量为

$$\boldsymbol{w}^{(n)}=(w_1^{(n)},w_2^{(n)},\cdots,w_{n_n}^{(n)})^{\mathrm{T}}$$

最后方案层对第 n 准则层第 j 个因素为准则的优先权重向量为

$$\boldsymbol{p}_j^{(a)}=(p_{1j}^{(a)},p_{2j}^{(a)},\cdots,p_{nj}^{(a)})^{\mathrm{T}}$$

令 $\boldsymbol{p}_j=(p_1^{(a)},p_2^{(a)},\cdots,p_{n_n}^{(a)})^{\mathrm{T}}$，从而得到方案层关于总目标 G 的组合优先权重向量为

$$\boldsymbol{w}^{(a)}=\boldsymbol{p}^{(a)}\boldsymbol{w}^{(n)}=(w_1^{(a)},w_2^{(a)},\cdots,w_m^{(a)})^{\mathrm{T}}$$

式中，$w_i^{(a)}=\sum_{j=1}^{n_n}p_{ij}^{(a)}w_j^{(k-1)}$，$i=1,2,\cdots,m$，则

$$\boldsymbol{w}^{(a)}=\boldsymbol{p}^{(a)}\boldsymbol{p}^{(n)}\cdots\boldsymbol{p}^{(2)}\boldsymbol{w}^{(1)}$$

上式仅仅是层次结构总排序的理论公式，在实际计算中一般利用判断矩阵的表格形式，自上到下逐层计算。

3. AHP 法的步骤

层次分析法的具体算法步骤如下：

（1）明确问题，建立层次结构。

将复杂问题分解为若干组成部分（或称为元素），把这些元素按属性不同分成若干组，以形成不同层次；同一层的元素作为准则，对下一层次的某些元素起支配作用。同时它又受到上一层次元素的支配，这种自上而下的支配关系形成了一个递阶层次，处于上面的层次通常分析问题的预定目标，或理想结果，下层一般是准则或子准则。

（2）构造两两比较判断矩阵。

在建立递阶层次结构以后，上、下层次之间元素的隶属关系就被确定了，假设上一层次的元素 C_k（C_k 可为准则层上的任意元素）作为准则，对下一层次的元素 A_1，A_2，…，A_n 有支配关系，研究的目的是在准则 C_k 之中按照它们的相对重要性赋予 A_1，A_2，…，A_n 相应的权重。通过传统比例标度或改进的比例标度来表示，得到两两比较的互反判断矩阵或互补判断矩阵。

（3）计算各元素的相对权重及一致性检验。

计算排序权重常用的方法有精确的特征根法、近似和法及根法，得出权重后常常要进行一致性检验，这里的一致性包括绝对一致性和次序一致性。计算判断矩阵的最大特征根 $\lambda_{\max}$，用 $CI=(\lambda_{\max}-m)/(m-1)$ 检验一致性，用 CI 与同阶平均随机一致性指标 RI 的比值表示次序一致性指标，记为 CR，如果 $CR\leqslant 0.1$，则认为判断矩阵具有满意的一致性，否则需要调整判断矩阵，使之具有满意的一致性。

（4）计算各层元素的组合权重。

为了得到递阶层次结构中每一层次中所有元素相对于总目标的相对权重，需要把步骤（3）的结果进行适当组合，并进行总的判断一致性检验。这一步骤是由下而上逐层进行的，最终计算结果得到最低层次的元素，即决策方案优先顺序的相对权重和整个递阶层次模型的判断一致性检验。计算权重的方法如表3－11所示。

表3－11　权重计算对照表

层次 A	A_1　A_2　…　A_m	层次 B 的总排序权重值
权重 w	w_1　w_2　…　w_m	
B_1	p_{11}　p_{12}　…　p_{1m}	$\sum_{j=1}^{m} w_j p_{1j}$
B_2	p_{21}　p_{22}　…　p_{2m}	$\sum_{j=1}^{m} w_j p_{2j}$
⋮	⋮	⋮
B_3	p_{n1}　p_{n2}　…　p_{nm}	$\sum_{j=1}^{m} w_j p_{nj}$

层次总排序的一致性检验也是从上到下逐层进行，设层次 A 关于动目标的一致性比率为 $CR(A)$，层次 B 关于层次 A 的因素 A_j 的单排序检验一致性指标为 CI_j，随机一致性指标为 RI_j，则层次 B 总排序检验的一致性指标、随机一致性指标、层次 B 关于总目标的一致性比率指标分别为

$$CI=\sum_{j=1}^{m} w_j\,CI_j$$

$$RI=\sum_{j=1}^{m} w_j\,RI_j$$

$$CR^{(B)}=CR^{(A)}+\frac{CI}{RI}$$

4. 判断矩阵特征值与特征向量的近似计算

在 AHP 法中，一致性矩阵的每一列向量都属于最大特征值的特征向量，故具有较好一

致性的正互反矩阵的列向量都可认为是近似特征向量。取各列向量的平均值（算术平均值）作为矩阵的特征向量，针对正互反矩阵 $\boldsymbol{G}$，设

$$\boldsymbol{G}=\begin{bmatrix} c_{11} & c_{12} & \cdots & c_{1n} \\ c_{21} & c_{22} & \cdots & c_{2n} \\ \vdots & \vdots & \ddots & \vdots \\ c_{n1} & c_{n2} & \cdots & c_{nn} \end{bmatrix}$$

将 $\boldsymbol{G}$ 矩阵的每个列向量归一化，得到归一化后的矩阵为

$$\overline{\boldsymbol{G}}=\begin{bmatrix} d_{11} & d_{12} & \cdots & d_{1n} \\ d_{21} & d_{22} & \cdots & d_{2n} \\ \vdots & \vdots & \ddots & \vdots \\ d_{n1} & d_{n2} & \cdots & d_{nn} \end{bmatrix}$$

式中，$d_{ij}=c_{ij}/\sum_{k=1}^{j}c_{kj}$，$i,j=1,2,\cdots,n$。

取矩阵 $\overline{\boldsymbol{G}}$ 各列向量的算数平均，得到 $\boldsymbol{G}$ 的近似特征向量，记为

$$\boldsymbol{w}=(w_1 \quad w_2 \quad \cdots \quad w_n)^{\mathrm{T}}=\frac{1}{n}\begin{bmatrix} \sum_{j=1}^{n}c_{1j} \\ \sum_{j=1}^{n}c_{2j} \\ \vdots \\ \sum_{j=1}^{n}c_{nj} \end{bmatrix}$$

做 $\boldsymbol{G}$ 和 $\boldsymbol{w}$ 的乘积，记为

$$\boldsymbol{H}=\boldsymbol{G}\boldsymbol{w}=\frac{1}{n}\begin{pmatrix} h_1 \\ h_2 \\ \vdots \\ h_n \end{pmatrix}$$

根据 $\boldsymbol{G}\boldsymbol{w}=\lambda\boldsymbol{w}$，可知 $\lambda\boldsymbol{w}=\boldsymbol{H}$。由于 $\boldsymbol{H}$ 和 $\boldsymbol{w}$ 的各分量之比不一定完全相等，因此取各分量之比的算术平均作为 $\boldsymbol{G}$ 的特征值，即

$$\lambda=\frac{1}{n}\left(\frac{h_1}{w_1}+\frac{h_2}{w_2}+\cdots+\frac{h_n}{w_n}\right)$$

例 3.5 校园交通问题决策分析。

某大学被三环立交桥路隔成两个校园，即校园 1 和校园 2，给每天师生过马路的安全带来重大隐患，也经常造成交通拥堵。政府部门为了解决这个问题，经过有关专家讨论会商研究，制定出三个可行方案：

(1) 在两个校园间架设立交桥；

(2) 在两个校园间修地下隧道；

(4) 校园 2 搬迁到校园 1，与校园 1 合并。

决策的总目标是改善交通环境，根据实际条件和有关情况，专家组拟定五个目标作为可

行方案的评价标准：

（1）通车能力；

（2）方便师生通过；

（3）基建费用不宜过高；

（4）交通安全；

（5）市容美观。

试用 AHP 法对该问题进行决策分析。

解：（1）构建层次结构模型。

根据专家意见，建立层次结构模型如图 3－11 所示。该模型共分为三个层次，三层次之间均为完全层次关系。

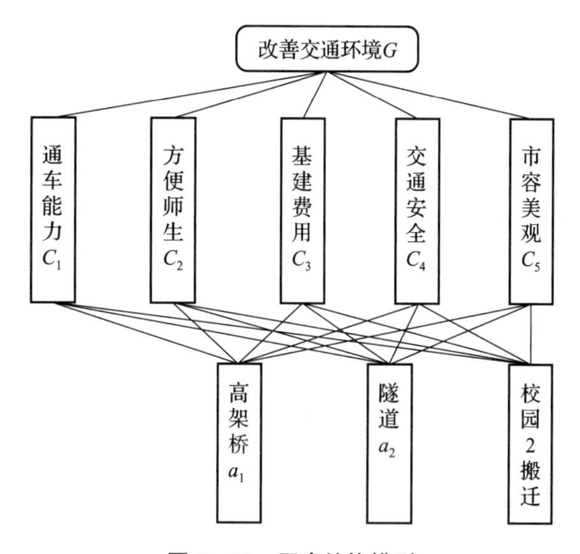

图 3－11　层次结构模型

（2）层次单排序及其一致性检验。对于总目标 G，对准则层各因素构造判断矩阵 $\boldsymbol{G}$，求解最大特征值 $\lambda_{\max}^{(C)}$ 及其对应的特征向量 $\boldsymbol{w}^{(C)}$，并进行一致性检验，即

$\boldsymbol{G}$	C_1	C_2	C_3	C_4	C_5
C_1	1	3	5	3	5
C_2	1/3	1	3	1	3
C_3	1/5	1/3	1	1/3	3
C_4	1/3	1	3	1	3
C_5	1/5	1/3	1/3	1/3	1

此时，$\boldsymbol{w}^{(C)}=(0.46,0.19,0.09,0.19,0.05)^{\mathrm{T}}$，$\lambda_{\max}^{(0)}=5.2$，$\mathrm{CR}=0.046<0.1$。

对于各个准则，构造方案层各个方案的判断矩阵 $\boldsymbol{C}_j^{(a)}(j=1,2,3,4,5)$，求出优先权重向量 $\boldsymbol{p}_j^{(a)}(j=1,2,3,4,5)$，并进行一致性检验。

对于准则 C_1（通车能力），判断矩阵 $\boldsymbol{C}_1^{(a)}$ 求解结果如下：

C_1	a_1	a_2	a_3
a_1	1	1	5
a_2	1	1	5
a_3	1/5	1/5	1

此时，$\boldsymbol{p}_{=}^{(a)}(0.455,0.455,0.091)^{\mathrm{T}}$，$\lambda_{\max}^{(1)}=3$，$CR=0<0.1$。

对于准则 C_2（方便群众），判断矩阵 $\boldsymbol{C}_2^{(a)}$ 求解结果如下：

C_2	a_1	a_2	a_3
a_1	1	3	5
a_2	1/3	1	2
a_3	1/5	1/2	1

此时，$\boldsymbol{p}_{=}^{(a)}(0.648,0.230,0.122)^{\mathrm{T}}$，$\lambda_{\max}^{(2)}=3$，$\mathrm{CR}=0.004<0.1$。

对于准则 C_3（基建费用），判断矩阵 $\boldsymbol{C}_3^{(a)}$ 求解结果如下：

C_2	a_1	a_2	a_3
a_1	1	4	7
a_2	1/4	1	4
a_3	1/7	1/4	1

此时，$\boldsymbol{p}_3^{(a)}=(0.690,0.230,0.075)^{\mathrm{T}}$，$\lambda_{\max}^{(3)}=3.079$，$\mathrm{CR}=0.068<0.1$。

对于准则 C_4（交通安全），判断矩阵 $\boldsymbol{C}_4^{(a)}$ 求解结果如下：

C_2	a_1	a_2	a_3
a_1	1	1/2	1/3
a_2	2	1	1
a_3	3	1	1

此时，$\boldsymbol{p}_{=}^{(a)}(0.169,0.387,0.443)^{\mathrm{T}}$，$\lambda_{\max}^{(4)}=3.018$，$\mathrm{CR}=0.016<0.1$。

对于准则 C_5（市容美观），判断矩阵 $\boldsymbol{C}_5^{(a)}$ 求解结果如下：

C_2	a_1	a_2	a_3
a_1	1	1/2	1/3
a_2	2	1	1
a_3	3	1	1

此时，$\boldsymbol{p}_5^{(a)}=(0.169,0.387,0.443)^{\mathrm{T}}$，$\lambda_{\max}^{(5)}=3.018$，$\mathrm{CR}=0.016<0.1$。

（3）层次总排序。方案层三个可行方案对准则层个准则的优先权向量 $\boldsymbol{p}_j^{(a)}(j=1,2,3,4,5)$ 所构成的矩阵为 $\boldsymbol{p}^{(a)}=(\boldsymbol{p}_1^{(a)},\boldsymbol{p}_2^{(a)},\boldsymbol{p}_3^{(a)},\boldsymbol{p}_4^{(a)},\boldsymbol{p}_5^{(a)})$，求得方案层关于总目标的权重为

$$\boldsymbol{w}^{(a)}=\boldsymbol{p}^{(a)}\boldsymbol{w}^{(B)}=(0.442,0.374,0.185)^{\mathrm{T}} \tag{3.1}$$

即 $w_1=0.442$，$w_2=0.374$，$w_3=0.185$；有 $w_1>w_2>w_3=0.185$。

因此，修建高架桥为最满意方案，其次是修建地下隧道，最次是搬迁校园 2 与校园 1 合并。

习　题

1. 举例说明什么是目标准则，如何构建多目标准则体系？

2. 什么是评价准则？如何选取效用函数？

3. 用单纯形法，求解下列目标规划问题：

$$\begin{cases} \min \\ \\ \\ \end{cases}$$

$$\begin{cases} \min\ z = P_1 d_1^- + P_2 d_2^+ + P_3 d_3^+ \\ \text{s. t.}\ \ 6x_1 + 4x_2 + d_1^- - d_1^+ = 280 \\ \qquad 2x_1 + 3x_2 + d_2^- - d_2^+ = 100 \\ \qquad 4x_1 + 2x_2 + d_3^- - d_3^+ = 120 \\ \qquad x_1, x_2 \geqslant 0, d_i^-, d_i^+ \geqslant 0 (i = 1, 2, 3) \end{cases}$$

4. 某工厂生产 A、B 两种型号的电冰箱，市场预测每周最大销售量分别是 90 台、80 台；单位利润分别是 300 元、200 元；电动机从其他工厂按照合同购置，每周供给量定额为 150 台，超过定额则只能供给二等品。电冰箱厂家的经营目标如下：

（1）一级目标：尽可能用完合同供给的 150 台电动机。

（2）二级目标：多购的电动机数目不超过 10 只。

（3）三级目标：尽量生产 A 型冰箱 90 台、B 型冰箱 80 台，使权重系数与单位利润成正比。

（4）四级目标：保证质量，尽量减少二等品的电动机数量。

试对该厂的生产安排做出决策分析。

5. 某市中心有一座商场，由于街道狭窄，人员、车辆流量过大，经常造成交通阻塞。市政府决定解决这个问题，经过专家会商研究，提出三个可行方案：

（1）在商场附近修建一座环形天桥。

（2）在商场附近修建地下人行通道。

（3）搬迁商场。

决策的总目标是改善交通环境。根据当地的具体条件，专家拟定了 4 个目标作为可行方案的评价准则：

（1）通车能力。

（2）方便群众。

（3）基建费用不宜太高。

（4）市容美观。

试用 AHP 法对该市改善市中心交通环境问题做出决策分析。

第 4 章

基于启发式搜索方法和仿真的决策

启发式搜索，又称为有信息搜索，它是利用问题拥有的启发信息来引导搜索，达到减少搜索范围、降低问题复杂度的目的，这种利用启发信息的搜索过程称为启发式搜索。仿真（或模拟），泛指基于实验或训练为目的，将原本的系统、事务或流程，建立一个模型以表征其关键特性或者行为/功能，予以系统化与公式化，以便进行可对关键特征做出模拟。

4.1 搜索方法

在解决问题的选择阶段涉及寻找一个合适的已在设计阶段制定的方案来解决这个问题。根据选择标准和使用建模方法的类型判断，几种主要的搜索方法如图 4－1 所示。对于规范模型，如基于数学规划的数学模型，可以使用解析方法形成改善的解决方法或者直接得到最优解；对于描述性模型，可以采用盲搜索或启发式搜索方法。例如，使用忙搜索方法，既可以使用比较所有方案结果的枚举方法，也可以利用局部搜索，在被搜索的部分中选择最优。与盲搜索相比较，启发式搜索只考虑有前途的解决方案，并对方案进行持续改进，直到足够好时停止搜索。

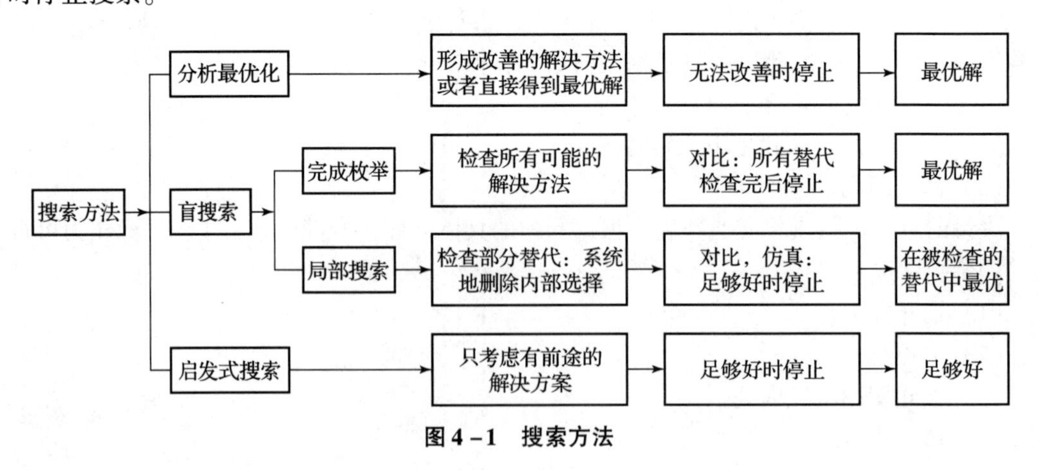

图 4－1 搜索方法

4.1.1 分析技术

分析技术使用数学公式直接获得一个最优的解决方案，或者预测一个特定的结果。分析技术主要在资源分配和库存管理等领域用于解决结构化问题，通常是战术层面或操作性质的问题，而盲搜索或启发式搜索方法则通常用来解决更复杂的问题。

4.1.2　算法

一般来说，在分析技术中，可以使用算法来提高搜索的效率。一个算法是逐步获得最优解搜索的过程。如图 4－2 所示（需要注意的是，有时可能会有多个最优解，所以我们说是最佳的解决方案之一，而不是唯一），生成和检测可能的改进解决方案，尽可能地改进，基于目标函数值的选择原则，来接受一个新的解决方案。这个过程将一直继续，直到没有进一步改善的可能。大多数的数学规划问题都是通过使用有效的算法来解决的。

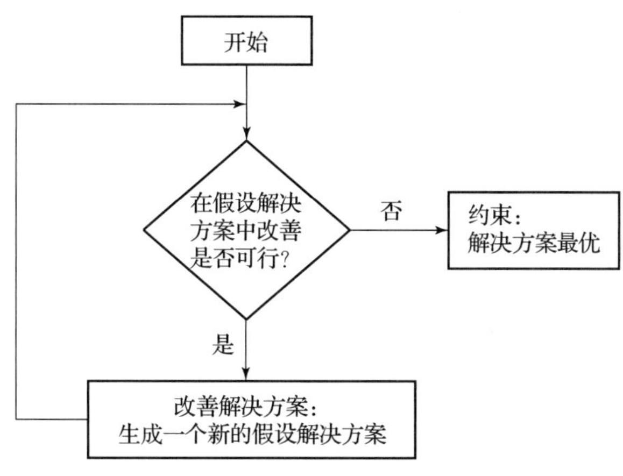

图 4－2　算法流程

4.1.3　盲搜索

盲搜索方法又称非启发式搜索，是一种无信息搜索，一般只适用于求解比较简单的问题。盲搜索通常是按预定的搜索策略进行搜索，而不会考虑到问题本身的特性。在进行搜索时，给出一个所需解决方案的描述，也称为一个目标。一组从初始条件到目标可行的措施称为搜索步骤，通过寻找可能的解决方案来完成的解决问题的目标。

盲搜索技术是一种没有指导的随意搜索方法，有两种类型的盲搜索：一种是完整枚举，即探究所有选择，并从中发现最优解；另一种是不完整搜索或部分搜索，即当找到一个足够好的解决方案时停止搜索。

盲搜索有实际时间和计算机存储的限制，原则上，在大多数搜索的情况下搜索的范围可以是有限的，盲搜索方法可以最终找到最优的解决方案。然而，在解决很大规模的问题时，这种方法并不实际，因为在找到最优解之前，有太多的解决方案需要被检验，而由于时间和资源的限制，要检验所有方案往往不切实际。

4.1.4　启发式搜索

启发式策略可以通过指导搜索向最有希望的方向前进，从而降低了模型复杂性和搜索盲目性。通过删除某些状态及其延伸，启发式算法可以消除潜在解决方案数量过大的问题，并得到令人能接受的解（通常并不一定是最佳解）。

然而，启发式策略是比较容易出错的。在解决问题的过程中启发仅仅是下一步将要采取措施的一个猜想，常常根据经验和直觉来判断。由于启发式搜索只有有限的信息（比如当前状态的描述），要想预测进一步搜索过程中状态空间的具体行为则很难。一个启发式搜索可能得到一个次优解，也可能一无所获，这是启发式搜索固有的局限性。一般来说，启发信息越强，扩展的无用节点就越少。引入强的启发信息，有可能大大降低搜索工作量，但不能保证找到最佳路径。

下面提供了一个使用启发式搜索解决决策支持系统模型的示例。

例 4.1 免费的午餐。

The Junta Nacional de Auxilio Escolary Becas（JUNAEB）是智利政府学校系统的一个机构，它在社会学校系统中促进弱势儿童的整合和收容。JUNAEB 的学校供餐计划要为大约 10 000 所学校提供免费午餐。政府通过一个组合拍卖的年度招标来选择饮食供应者，食品行业公司基于一系列称为区域单位（TU）的不相交且紧凑的地理区域投标供应合同。这些区域单位由跨越这个国家的所有地区组成。

当智利经济低迷时，许多就餐服务提供商停止了运作。因此，参与组合拍卖的供应商数量就会减少。从而导致整个学校的用餐政策遭到广泛质疑，实际上核心问题是在定义区域单位上。JUNAEB 将智利划分为 13 个官方区域，这些官方区域由几个地区组成，再根据地理条件划分出 136 个 TU，这种划分试图平衡每个 TU 膳食的数量。而这个过程导致了严重的地区差异，因为需要大量食物的城中地区被分配到一个 TU，剩下要求相似数量膳食的分区则被合并到多个 TU，在有些分区可能拥有更大的地理区域和学校数量。

为了实现 TU 的重新配置，需要完成 TU 的特点同质化，基于每个组成地区的四个特点：膳食数量、学校数量、地理区城和可达性，应用一系列的运筹学方法来满足 TU 的同质化目标。

首先应用层次分析法为每个地区中的每个 TU 来确定每个特征的相对权重；然后为每个 TU 计算总分；最后使用局部启发式搜索在每个地区找到一组具有相同吸引力的 TU。使用层次分析法中每个特点的值来计算 TU 的吸引力，从而在每个区域进行局部启发式搜索中，评估计算 TU 的标准权重。用标准差来衡量同质化程度，即通过量化每个 TU 吸引力和区域平均水平的发散程度来衡量。基于专家意见，定义在该地区 TU 的初始设置，然后应用启发式搜索进行改善，将一个地区从某个 TU 转移到另一个 TU，通过搜索局部最小值来逐步得到最佳解决方案。最终，使得地区组合满足所有 TU 具有最低标准差。

新的配置首先为每个 TU 限定了最少和最多数量的食物，整数线性规划模型通过集群枚举算法应用于结果的生成中。该算法通过集合相邻的地区和子地区形成 TU 集群，对于每个地区的模型选择一组集群构成一个分区，基于使用标准权重计算的分数，最小化具有最高和最低吸引力集群之间的差异。最后，结合使用线性整数规划和启发式搜索，即整数线性规划用于结果获取，启发式搜索用于获得初始解决方案，从而进一步减少 TU 吸引力得分的标准差。

4.2 遗传算法

遗传算法（Genetic Algorithm，GA）是由美国学者 John holland 于 20 世纪 70 年代根据大自然中生物体进化规律而设计提出的，是模拟达尔文生物进化论的自然选择和遗传学机理的生物进化过程的计算模型，是一种通过模拟自然进化过程搜索最优解的方法。该算法通过数学的方式，利用计算机仿真运算，将问题的求解过程转换成类似生物进化中染色体基因的交叉、变异等过程。在求解较为复杂的组合优化问题时，相对一些常规的优化算法，遗传算法通常能够较快地获得较好的优化结果。遗传算法已被广泛应用于组合优化、机器学习、信号处理、自适应控制和人工生命等领域。

4.2.1　遗传算法概述

遗传算法是全局搜索技术的一部分，也是人工智能领域中机器学习方法的一部分。遗传算法通常认为是一种启发式方法，从上一代的解决方案不断发展成越来越好的解决方案，直到获得一个最优或近似最优的解决方案。

1. 遗传算法的术语

遗传算法是一种迭代算法，用基因串（染色体）来描述备选的解决方案，通过适应度函数衡量其可行性。适应度函数是一种目标衡量。在生物系统中，备选解决方案在每次算法迭代时结合产生子代，子代自身变成备选方案。在父母和孩子的生成过程中，一系列具有高适应度的子代又变成父母产生下一代。遗传算法中，通常还会应用一个特定的基因繁殖过程来产生子代，包括交叉和突变的应用。沿着子代，有时最优解中的某些部分被迁移到下一代（精英主义的概念），从而使得最好的解决方案得以保存到之后的迭代。下面给出这些关键词的定义。

（1）**繁殖**。通过繁殖，遗传算法产生拥有潜在改进解决方案的新一代，通过选择适应性较高的父母或通过让父母具有更大概率被选中来为繁殖过程做贡献。

（2）**交叉**。许多遗传算法使用一串二进制符号（每个对应一个决策变量）来表示染色体（可能的解决方案）。交叉意味着在字符串中选择一个随机位置与另一个字符串在相同位置向右或向左交换来产生两个新的后代。

（3）**突变**。突变是一个在染色体中任意的变化。它通常是用来防止算法陷入局部最优的。程序随机选择一个染色体（提供更多可能性给那些具有更好适应性的染色体）和随机确定染色体中的基因，倒转其值（0～1 或 1～0），从而为下一代创造一个新的染色体。通常，设定突变发生的概率为一个很低的数值。

（4）**精英主义**。遗传算法的一个重要方面是保存最好的解决方案的部分内容进化到子代，这样能够保证应用当前的算法程序会得到最好的解决方案。在实践中，一些最好的解决方案的部分内容也总是会迁移到下一代。

2. 遗传算法如何工作

图 4-3 所示一个典型的遗传算法流程。首先，要解决的问题必须能够描述并以一种适合遗传算法的方式来表示。通常情况下，一串 1 和 0 被用于表示决策变量，代表潜在解决问题办法的集合。然后，基于决策变量，生成一个适应度函数（目标函数）。适应度函数有两种类型：最大化（越多越好，如利润）或最小化（越少越好，如成本）。应用适应度函数和所有决策变量的约束，可以计算一个解决方案是否是可行的。需要注意的是，可行的解决方案是解决方案集合的一部分。不可行的解决方案在最终确定最优解之前的迭代过程中会被剔除。基于生成的一组初始的解决方案（初始种群），在每次迭代过程中，消除所有不可行的解决方案，并利用适应函数计算可行方案，再基于适应函数值进行排序。而在随机选择过程

中，那些具有更好适应性的方案被赋予更大选中的概率（往往与它们的相对适应价值成正比）。

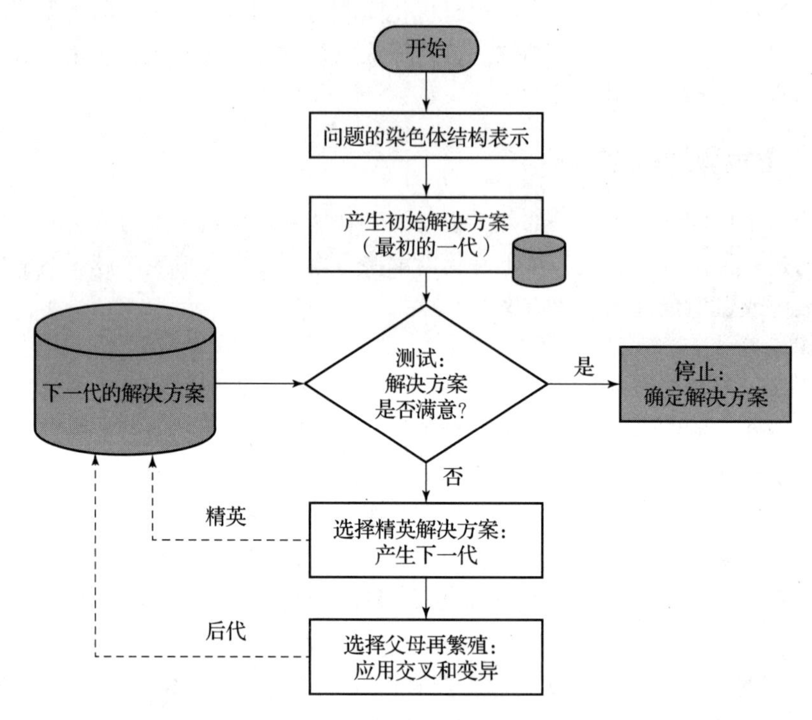

图 4-3　一种典型的遗传算法流程

最好的解决方案中的一部分被迁移保留到下一代，再通过随机选择，一些父母被确定来参与繁殖下一代，并通过使用随机选择父母和遗传算子（交叉和变异）生成后代。同时，可能生成的解决方案的数量取决于人口规模，这是进化之前的解决方案需要确定的一个任意参数。一旦构造下一代，解决方案通过多次迭代开始进化和生成子代。这个迭代过程一直持续到一个足够好的解（不能保证最优），或通过几代后没有改进再发生，或时间/迭代达到极限而终止。

正如前面提到的，有几个参数必须在遗传算法执行前进行设置。它们的值对于问题的解决非常重要，通常通过试错法来决定。这些参数包括以下几种：

（1）生成初步的解决方案的数量（初始种群）。

（2）生成后代数量（人口规模）。

（3）为了产生子代父母的数量（精英主义）。

（4）突变概率（通常是一个非常低的数字，如 0.1%）。

（5）交叉点发生的概率分布（通常等值加权）。

（6）停止标准（基于时间/阈值）。

（7）迭代的最大数量（如果停止标准是基于迭代次数的）。

有时这些参数是预先设置并且固定不变的，而为了获得系统更好的性能，在算法运行时也可以发生变化。

4.2.2　遗传算法的局限与应用

1. 遗传算法的限制

下面介绍了一些遗传算法重要的限制：

（1）并不是所有的问题都可以遗传算法需求的数学方式来表达。

（2）遗传算法的开发和结果解释往往需要一个具有在使用遗传算法所要求的统计/编程和数学技能方面的专家。

（3）众所周知，在少数情况下，来自几个相对高度适合（但不是最优的）个体“基因”可能会主导人口，导致其收敛到局部最大。当人口聚集时，遗传算法继续寻找更好解决方案的能力实际被消除。

（4）大多数遗传算法依赖于随机数发生器，每次运行模型产生不同的结果。尽管在运行时可能有高度的一致性，但是它们可能会变化。

（5）为一个特定的问题定位好变量是困难的工作，同样需要获得数据来填充变量。

（6）选择方法，以其进化系统需要进行思考和评价。如果可能的解决方案的范围小，遗传算法会迅速收敛到一个解决方案。若进化速度太快，从而过快改变良好的解决方案，结果可能就会错过最佳的解决方案。

2. 遗传算法的应用

遗传算法是用来表示和解决复杂问题的机器学习的一种。它们提供一套高效、特定领域搜索启发式广泛的应用程序，包括：动态过程控制，最优化标准引入，发现新的连接拓扑（如神经计算连接、神经网络设计），模拟生物的行为和进化模型，复杂工程结构设计，模式识别，调度，运输和路径，布局和电路设计，电信等。遗传算法解释信息，它拒绝劣质解决方案，只积累好的部分，因此它了解全局，也适用于并行处理。因为传算法的内核非常简单，因此编写计算机代码来实现它们并不难。

4.3　仿真

仿真是利用模型复现实际系统中发生的本质过程，并通过对系统模型的实验来研究存在的或设计中的系统，也称模拟。这里所指的模型包括物理的和数学的，静态的和动态的，连续的和离散的等各种模型。所指的系统也很广泛，包括电气、机械、化工、水力、热力等系统，也包括社会、经济、生态、管理等系统。当所研究的系统造价昂贵、实验的危险性大或需要很长的时间才能了解系统参数变化所引起的后果时，仿真是一种特别有效的研究手段。仿真的重要工具是计算机，仿真与数值计算、求解方法的区别在于它首先是一种实验技术。仿真的过程包括建立仿真模型和进行仿真实验两个主要步骤。

4.3.1　仿真的特点

仿真技术得以发展的主要原因，是它所带来的巨大社会经济效益。20 世纪五六十年代仿真主要应用于航空、航天、电力、化工以及其他工业过程控制等工程技术领域。在航空工业方面，采用仿真技术使大型客机的设计和研制周期缩短 20%。利用飞行仿真器在地面训练飞行员，不仅节省大量燃料和经费（其经费仅为空中飞行训练的 1/10），而且不受气象条件和场地的限制。此外，在飞行仿真器上可以设置一些在空中训练时无法设置的故障，培养飞行员应付故障的能力。训练仿真器所特有的安全性也是仿真技术的一个重要优点。在航天工业方面，采用仿真实验代替实弹试验可使实弹试验的次数减少80%。在电力工业方面采用仿真系统对核电站进行调试、维护和排除故障，一年即可收回建造仿真系统的成本。现代仿真技术不仅应用于传统的工程领域，而且日益广泛地应用于社会、经济、生物等领域，如交通控制、城市规划、资源利用、环境污染防治、生产管理、市场预测、世界经济的分析和预测、人口控制等。对于社会经济等系统，很难在真实的系统上进行实验。因此，利用仿真技术来研究这些系统就具有更为重要的意义。

例4.2 某国空军通过仿真改善维修决策。

某国空军为了保持尽可能多的飞机在训练和执行任务时安全可用，想要提高其维护系统的效率。开发人员必须考虑飞机的可用性、国际业务的资源需求以及定期维修计划。在正常情况和冲突情况下的信息也会被输入仿真程序中。

由于保密开发人员必须估计一些信息，尤其是关于冲突场景的，因为没有可用的战斗损伤概率数据。他们用几种方法来获取和保护数据，如征求各级飞机维修领域的专家意见，或设计一个允许输入机密数据的系统模型。

维修决策分为三个层次。

(1) 组织层次：战斗机中队在主空军基地负责起飞前的检查，周转检查（这发生在当一架飞机返回时）和在正常条件下其他一些小的维修。

(2) 中级层次：在正常条件下，主空军基地进行更复杂的周期性维护和故障维修。

(3) 持久层次：在主空军基地外进行所有主要的周期性维修。

在冲突情况下，系统与主空军基地分散。维护层次仅仅描述可能继续做同样的维修，周期维护可能被取消。此外，在冲突情况下，根据需要、物资和能力，可能随时需要所有层次的维护和维修。

仿真模型是基于Arena软件和使用图形用户界面来实现。输入数据包括仿真参数和初始系统状态：维护需求和飞行操作，累计飞行时间，每架飞机的位置等。此外，输入数据的参数是根据统计数据或专家信息估计的，其中包括故障间隔时间概率、单飞任务伤害承受、每种类型的定期维护持续时间、故障维修、损伤修复、飞行任务时间、任务的持续时间等。

例4.3 乙型肝炎干预措施仿真。

目前，尽管美国已经进行了意义重大的医疗投资，但仍然存在一些问题。例如，相当大比例的亚洲人口在美国更容易患乙型肝炎疾病。除了与疾病相关的社会问题（如隔离）外，如果得不到有效治疗，那么1/4慢性感染者有患肝癌或肝硬化的风险。控制这种疾病的成本非常昂贵，控制措施包括筛选、接种疫苗和治疗程序。政府不愿意把钱花在那些不划算的和不能被证明确实有效的控制方法上，治疗这种疾病的最好方法或方法组合尚未明确。

由包括医学、管理科学和工程背景的多学科专家组成的团队开发了一个数学模型，运用运筹学方法，确定正确的组合控制措施用来对抗乙肝病毒在亚洲和太平洋岛屿的扩散。在医学领通常用临床试验确定最佳疾病治疗和预防的方法。如果按照这样的办法，治疗乙肝这种疾病需要相当长的时间。因为临床试验在这种情况下成本很高，所以选择了运筹学模型和方法。通过使用马尔可夫和决策模型提供了一个更具成本效益的方式，确定在任何时间点使用控制措施的组合。决策模型可以帮助衡量筛查、治疗和疫苗接种的各种可能性的经济与健康收益。马尔可夫模型用于模拟乙型肝炎的发展。

该模型对比分析了美国和中国现存的控制措施，相比于现存的政策，我国提出四项政策：

（1）所有人需要接种疫苗。

（2）所有人需要一次筛选来确定他们是否有慢性感染。如果是，则被治疗。

（3）所有人需要一次筛选来确定他们是否有慢性感染。如果是，则被治疗。另外，感染者接触过的人也需要被筛查和接种疫苗。

（4）所有人需要一次筛选来确定他们是否有慢性感染，或者需要接种疫苗。如果感染，则被治疗。如果需要接种疫苗，则接种疫苗。

仿真结果表明，进行血液测试来确定慢性感染和接种感染者同伴是划算的。

在中国，该模型帮助设计了一个为儿童和青少年接种疫苗的政策。这种政策与目前乙肝疫苗接种水平对比分析，得出的结论是，当个人在19岁以下接种疫苗时，从长期来看健康结果得到了明显的改善。

1. 仿真的主要特征

仿真并不是严格意义上的一种模型，模型通常表示现实，而仿真通常是模仿它。在实际意义上，相比其他模型，仿真模型有更少的对现实的简化。此外，仿真是一种进行实验的技术。因此，它涉及测试决策或不可控变量的特定值，观察其对输出变量的影响。

仿真是描述性的，而不是一种规范的方法。它不能自动寻找最优的解决方案。相反，一个仿真模型可以在不同条件下描述或预测给定系统的特点。根据计算的特征值，选择最好的几个选项。仿真过程通常多次重复实验获得某些行为的总体效果的估计。在大多数情况下，计算机仿真是合适的，但也有一些著名的手工模拟（如一个城市警察部门模拟狂欢节巡逻车调度）。

仿真通常使用在一个问题太复杂而不能使用数值优化技术时。在这种情况下复杂性问题意味着不能被计算优化（如因为并不具备的假设条件），或者计算量太大，有太多变量之间的交互，或者问题在本质上是随机的。

2. 仿真的优势

在决策支持模型中使用仿真的原因如下：

（1）理论相对简单。

（2）可以压缩大量时间，迅速给管理者一些长期（1～10年）政策的影响。

（3）仿真是描述性的而非规范性的。这允许管理者提出假设的问题，使用试错的方法来解决问题，这样做可以更快、更省钱、更准确、风险更少。

（4）管理者可以通过试验来确定决策变量和环境的哪些部分是非常重要的，从而进行不同的选择。

（5）一个精确的仿真模型需要充分掌握问题，这对决策支持系统的开发是重要的，因为开发人员和管理者都能更好地了解问题与潜在的决策。

（6）模型是从管理者的角度建立的。

（7）为一个特定的问题建立仿真模型，通常不能解决其他问题。因此，管理者并不需要广义理解，模型中的每个组件对应真实系统的一部分。

（8）仿真可以处理一个非常广泛的问题类型，如库存和人员配备，以及高级管理功能，如远程计划。

(9) 仿真通常可以包括问题的真正复杂性，简化并不是必要的。例如，仿真可以使用真正的概率分布，而不是近似的理论分布。

(10) 仿真自动产生许多重要的绩效指标。

(11) 仿真通常是可以很容易地处理相对非结构化问题的唯一决策支持系统建模方法。

3. 仿真的劣势

仿真的主要劣势如下：

(1) 无法保证一个最优解，但可以发现相对好的一般解。

(2) 仿真模型构建是一个缓慢而昂贵的过程，尽管新的模型系统比以往任何时候的都更容易使用。

(3) 解决方案和仿真研究的推论通常不转移到其他问题，因为模型包含独特的问题因素。

(4) 仿真有时很容易向项目经理解释，以至于分析方法常常被忽视。

4.3.2 仿真的方法

仿真包括设置一个真实系统的模型并在其中进行重复实验，这个方法包括以下步骤，如图 4－4 所示。

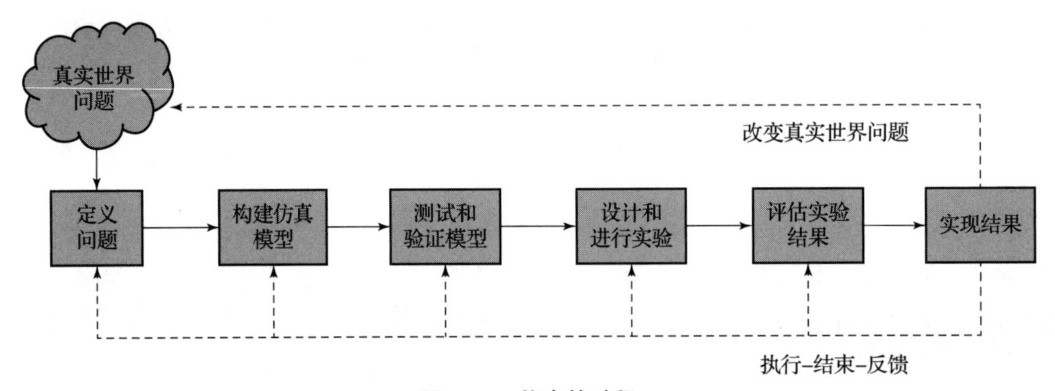

图 4－4　仿真的过程

(1) **定义问题：**检查和分类实际问题，说明为什么一个仿真方法是合适的。对系统的边界、环境等方面的问题进行处理。

(2) **构建仿真模型：**这个步骤包括确定变量及其关系，以及数据收集。通常描述的过程是首先使用流程图；然后编写一个计算机程序。

(3) **测试和验证模型，**仿真模型必须正确地代表研究系统，测试和验证能确保这一点。

(4) **设计实验：**当模型已经被证明是有效的，必须设计一个实验。确定多长时间运行仿真是这个步骤的一部分。有两个重要的和相互矛盾的目标：精度和成本，也需要谨慎识别典型的（如随机变量的均值和中位数）、最好的（如低成本、高收益）和最坏的（如高成本、低收益）场景。这些目标可以帮助建立决策变量的范围和工作环境，并协助测试仿真模型。

(5) **进行实验：**进行实验涉及的问题包括从随机数中生成结果报告。

(6) **评估实验结果：**结果必须被解释。除了标准的统计工具外，敏感度分析也可以使用。

（7）**实现结果**：仿真结果的实现涉及和其他实现结果相同的问题。然而，成功的机会更好，因为管理者通常比与其他参与模拟过程的模型更加投入。较高层次的管理层参与通常导致更高水平结果的成功实现。

4.3.3　仿真的类型

正如我们所见，当使用试点研究和实际系统实验很昂贵，或者有时是不可能的时候，仿真和建模被使用。仿真模型允许我们在做任何投资之前调查各种有趣的场景。事实上，模拟、实际操作映射到仿真模型，由关系、结果、包括所有真实世界操作的方程式组成模型。因此，仿真模型的结果取决于作为输入给模型设置的一系列参数。

有各种各样的模拟范例，如蒙特卡罗仿真、离散事件、基于代理的模型或系统动力学。确定仿真类型选择的因素之一是抽象层次的问题。离散事件和基于代理模型通常用于中等或低水平的抽象，它们通常考虑个体元素，如人或产品，而系统动力学更适合聚合分析。

下面，我们将介绍几个主要类型的仿真。

1. 概率仿真

在概率仿真中，一个或多个自变量（如库存问题）是概率性的。它们遵循一定的概率分布，可以是离散概率分布或连续概率分布。离散概率分布涉及事件（或变量）数量有限的情况；连续概率分布适用于可能事件数量无限多的情况，遵循密度函数，如正态分布。

2. 时间依赖/独立仿真

时间独立是指不必确切知道事件发生时间的情况。例如，我们可能知道对某种产品的需求是每天 3 个单位，但是我们不在乎是一天中的何时需要。在某些情况下，仿真时间可能不是一个因素，比如在稳态设备控制设计中。然而，在电子商务的排队问题中，需要知道精确的到达时间，这便是一种依赖时间的情况。

3. 蒙特卡罗仿真

蒙特卡罗（Monte Carlo）方法又称随机抽样或统计试验方法，属于计算数学的一个分支，它是在 20 世纪 40 年代中期为了适应当时原子能事业的发展而发展起来的。传统的经验方法由于不能逼近真实的物理过程，很难得到满意的结果，而蒙特卡罗方法由于能够真实地模拟实际物理过程，故解决问题与实际非常符合，可以得到很圆满的结果。这也是以概率和统计理论方法为基础的一种计算方法，是使用随机数（或更常见的伪随机数）来解决很多计算问题的方法。将所求解的问题同一定的概率模型相联系，用电子计算机实现统计模拟或抽样，以获得问题的近似解。

蒙特卡罗仿真方法通常始于建立决策问题的模型，而不必考虑任何变量的不确定性。由于意识到某些参数或变量是不确定的或遵循一个假设的或估计的概率分布，我们开始进行抽样实验，运行抽样实验包括生成不确定参数的随机值，并且计算这些参数或变量影响变量的值。这些抽样实验解决数量相同的模型成百上千次，然后可以通过检查它们的统计分布分析这些依赖的行为或性能指标，该方法被广泛应用于物理仿真及商务系统。蒙特卡罗仿真模型已经在许多商业应用中使用。

4. 离散事件仿真

离散事件仿真是指建立一个系统模型，研究不同实体之间的交互。最简单的例子是一个由服务者和顾客组成的商店服务系统，通过对顾客和服务者进行建模，可以估计系统的平均表现、等待时间、等待客户的数量等。在工程和商务等领域，有大量离散事件仿真模型的应用。

5. 视觉仿真

视觉仿真是一种基于可计算信息的沉浸式交互环境。具体地说，就是采用以计算机技术为核心的现代高科技生成逼真的视、听、触觉一体化的特定范围的虚拟环境，用户借助必要的设备以自然的方式与虚拟环境中的对象进行交互作用、相互影响，从而产生“沉浸”于等同真实环境的感受和体验。作为计算机技术中最为前沿的应用领域之一，视觉仿真已经广泛应用于虚拟现实、模拟驾驶、场景再现、城市规划及其他应用领域。作为计算机仿真的组成部分，视景仿真采用计算机图形图像技术，根据仿真的目的，构造仿真对象的三维模型并再现真实的环境，达到非常逼真的仿真效果。

视景仿真技术在我国已广泛应用于各种研究领域，包括军事演练、城市规划仿真、大型工程漫游、名胜古迹虚拟旅游、模拟训练以及交互式娱乐仿真等。

4.4 系统动力学建模

系统动力学出现于 1956 年，创始人为美国麻省理工学院的福瑞斯特教授。系统动力学是福瑞斯特教授于 1958 年为分析生产管理及库存管理等企业问题而提出的系统仿真方法，最初称为工业动态学。福瑞斯特教授后来扩展了他的工作，使用系统动力学模型，模拟一个典型的供应链。从那时起，系统动力学开始为理论建设、解决问题和研究方法做出贡献。系统动力学是一门分析研究信息反馈系统的学科，也是一门认识系统问题和解决系统问题的交叉综合学科。从系统方法论来说，系统动力学是结构化的方法、功能的方法和历史的方法的统一。它基于系统论，吸收了控制论、信息论的精髓，是一门综合自然科学和社会科学的横向学科。

系统动力学模型是宏观水平的仿真模型，其目标是研究一个系统随着时间推移的整体行为，而不是系统中每个参与者的个体行为。其他主要关键维度是随着时间系统中各个组件的进化和组件之间的相互作用的结果。系统动力学运用于运筹学和管理科学方法中，运筹学被认为是互补技术。系统动力学可以为理解一个系统提供更定性的分析，同时运筹学技术可以构建问题的分析模型。系统动力学广泛应用在信息技术领域，通常改变一个组织的业务流程和行为。使用系统动力学通过概念模型和模拟分析预计可能使组织发生变化。

创建一个系统动力学模型，需要为所有进程画出因果循环图。这是一个定性的步骤，其中概念模型的过程、变量和关系被识别。这些因果循环图之后被转换为数学方程，表示变量之间的关系。方程和存量与流量图被用来模拟不同的实践及理论场景。因果循环图显示系统中变量之间的关系。两个元素之间的连线表明，一个元素的变化会引起另一个的变化。连接显示的方向表示两个元素之间影响的方向，每个箭头的符号表示每一对元素之间变化的方向，正号意味着元素变化方向相同，负号则意味着元素变化的方向相反。因果循环中的反馈过程是关键组件，一个变量通过一连串的因果关系随着时间再次影响其本身。

系统动力学将组织中的运作以 6 种流来加以表示，包括订单流、人员流、资金流、设备流、物料流与信息流，这 6 种流归纳了组织运作所包含的基本结构。积量表示真实世界中可随时间推移而累积或减少的事物，其中包含可见的（如存货水平、人员数）与不可见的

（如认知负荷的水平或压力等），它代表了某一时点环境变量的状态，是模式中资讯的来源；率量表示某一个积量在单位时间内量的变化速率，它可以是单纯地表示增加、减少或是净增加率，是资讯处理与转换成行动的地方；辅助变量在模式中有三种含义，即资讯处理的中间过程、参数值、模式的输入测试函数，其中，前两种含义都可视为率量变量的一部分。系统动力学的建模基本单位是资讯回馈环路。环路是由现况、目标以及现况（积量）与目标间差距所产生的调节行动（率量）所构成，环路行为的特性是降低目标与现况间的差距，例如存货的调节环路。除了目标追寻的负反馈环外，还有一种具有自我增强的正回馈环路，即因果彼此相互增强的影响关系，系统的行为则是环路间彼此力量消长的过程。但是，除此之外结构还须包括时间滞延的过程，如组织中不论是实体的过程例如生产、运输、传递等，或是无形的过程例如决策过程，以及认知的过程等都存在着或长或短的时间延迟。系统动力学的建模过程，主要就是通过观察系统内6种流的交互运作过程，讨论不同流里，其积量的变化与影响积量的各种率量行为。

因为本节的目标是引入一些系统动力学仿真的概念，所以我们不会对技术的所有细节进行时论。一旦建立了因果循环图，就可以建立存量和流量图，开展数学方程进行系统行为仿真研究，结果可以提供重要的系统不断增长的行为洞察。例如，研究在零售商店引入无线射频识别标签的影响。通过建立系统动力学模型来识别该技术在零售店的影响，增加关于货架上商品信息的可视性，可以减少库存不准确的问题，从而进行更好的定价管理等。

例4.4　系统动力学帮助公司更好地计划和管理。

某公司是一个拥有分布在全球多个国家、雇员超过36 000名的工程建筑公司。公司的净利润在2009年达到约6.8亿美元，总营收为220亿美元。作为其业务的一部分，该公司管理大小不同的项目，这些项目受到范围变更、设计更改和时间表变化的制约。

该公司估计各类变化占收入的20%～30%。大多数变化是由于二次影响，像涟漪效应、中断和生产力损失等造成的。以前，变化是在后期被整理和报告的，负担的成本分配给各利益相关者。在某些情况下，后期成本和项目进度的突然改变被归咎于客户，导致客户和该公司之间的摩擦，最终影响未来的商业合作。当很难采取预防措施时，就会影响成本。该公司决定提高其效率，减少与客户之间的法律分歧，保持客户的满意度，就必须审视其对于项目改变的处理方法。该公司面临的一个挑战是变化产生与批准这个变化的局面相当遥远。在这种情况下，很难确定一个变化的原因，以及其他后续措施来处理相关的变化问题。

当然，该公司知道解决这个问题的途径之一是预见和避免可能导致变化的事件。然而，这并不足以解决问题。公司需要了解保证项目计划变化的不同情境的动态性。系统动力学作为一种基础方法被应用在一个三步分析法中，帮助理解引起改变发生的不同因素之间的动态性。系统动力学是一种使用因果原理、反馈循环和时滞非线性效应分析复杂系统的方法与仿真建模技术。为快速裁剪一种答案到不同情况下构建工具形成三步分析法中的下一部分。在本部分中，行业标准和公司参考被嵌入，项目计划作为输入也被嵌入。然后，模型被聚合来模拟其他因素的正确数量和时机，如人员、项目进展、生产能力和对生产能力的影响。分析解决法的最后一部分是配置项目模型。基本上，系统需要输入某个项目运行的特定因素及其工作环境因素，如劳动力市场。一些其他的输入参数被转换成数字数据，与进度曲线、费用、劳动法和约束相关。这个合成系统提供项目影响，以及帮助执行因果诊断的报告。利用该系统，可以在项目开始之前执行“假设分析”，测量项目表现。通过诊断分析，系统也可以帮助解释特定效果发生的原因。

项目计划和进度时间变更是一个重要的增加项目初期预算的因素。在此案例中，该公司依靠系统动力学理解变化是什么，为什么，何时及如何在项目计划中发生。该模型甚至可以帮助在项目开始之前确定项目的成本。该案例证明，系统动力学在理解商务过程和创造假设分析项目计划中的那些知晓与未知变化的影响方面，是一种值得信赖和稳健的方法。

习　题

1. 比较人工神经网络（ANN）和生物神经网络。生物神经网络的哪些方面是 ANN 所不具备的？哪些方面是相似的？

2. ANN 的表现很大程度上依赖于求和函数和转换函数。解释这两个函数的作用，以及它们与统计回归分析的区别。

3. ANN 既可以是有监督学习，也可以是无监督学习，分别解释这两种学习模式下 ANN 是如何学习的。

4. 解释训练集和测试集之间的区别。为什么需要区分它们？能否使用同一个数据集？为什么？

第 5 章

马尔可夫决策

5.1 马尔可夫链

马尔可夫决策方法是根据某些变量的当前状态及其变化趋向，来预测它在未来某一特定期间可能出现的状态，从而提供某种决策的依据。马尔可夫决策基本方法是用转移概率矩阵进行预测和决策。

5.1.1 转移概率矩阵及其特征

转移概率矩阵模型为

$$
\boldsymbol{P}^{(k)}=\begin{bmatrix} P_{11}^{k} & P_{12}^{k} & \cdots & P_{1n}^{k} \\ P_{21}^{k} & P_{22}^{k} & \cdots & P_{2n}^{k} \\ \vdots & \vdots & \ddots & \vdots \\ P_{m1}^{k} & P_{m2}^{k} & \cdots & P_{mn}^{k} \end{bmatrix} \tag{5.1}
$$

转移概率矩阵的特点：

（1）转移矩阵中的元素非负，即 $P_{ij}\geqslant 0$。

（2）矩阵各行元素之和等于 1，即 $\sum\limits_{j=1}^{n}P_{ij}=1$ 。

$k=1$ 为一步转移概率矩阵，$k>1$ 时，有

$$
\boldsymbol{P}^{(k)}=\boldsymbol{P}^{(k-1)}\boldsymbol{P} \tag{5.2}
$$

$$
\boldsymbol{P}^{(k)}=\boldsymbol{P}^{k} \tag{5.3}
$$

例 5.1 假设有三朵花，将其编号为 1、2、3。有一只蝴蝶随机地在花朵上飞来飞去。假设初始时刻记为 t_0，蝴蝶在第 1 朵花上。在下一时刻 t_1，蝴蝶可能飞到第 2 朵花或第 3 朵花上，或原地不动还在第 1 朵花上面。蝴蝶在任何一个时间点上只能在一朵花上面。将蝴蝶某个时刻所处于花朵的位置称为蝴蝶所处的状态。蝴蝶在未来的 t_1 时刻所处的状态，只与它当前 t_0 时刻的状态有关，而与 t_0 以前所处的状态无关。试分析蝴蝶在某一时刻所处的状态。

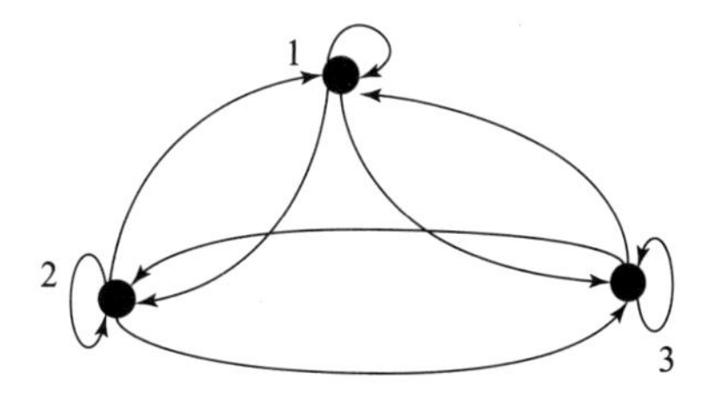

图 5-1 蝴蝶状态转换图

解： 蝴蝶状态转换如图 5-1 所示。

蝴蝶的初始状态是 $\boldsymbol{p}^{(0)}=(1,0,0)$，状态转移概率矩阵为

$$\boldsymbol{A}=\begin{bmatrix}0.2 & 0.5 & 0.3\\0.3 & 0.1 & 0.6\\0.4 & 0.4 & 0.2\end{bmatrix}$$

在 t_1 时刻状态概率向量

$$\boldsymbol{p}^{(1)}=\boldsymbol{p}^{(0)}\boldsymbol{P}=(1,0,0)\begin{bmatrix}0.2 & 0.5 & 0.3\\0.3 & 0.1 & 0.6\\0.4 & 0.4 & 0.2\end{bmatrix}=(0.2,0.5,0.3)$$

蝴蝶在第 1 朵花上的概率是 0.2，在第二朵花上的概率是 0.5，在第 3 朵花上的概率是 0.3。

在 t_2 时刻状态概率向量为

$$\boldsymbol{p}^{(2)}=\boldsymbol{p}^{(1)}\boldsymbol{P}=(0.2,0.5,0.3)\begin{bmatrix}0.2 & 0.5 & 0.3\\0.3 & 0.1 & 0.6\\0.4 & 0.4 & 0.2\end{bmatrix}=(0.31,0.27,0.42)$$

表 5－1 中所列为 $t_1\sim t_{10}$ 状态概率向量。

表 5－1　$t_1\sim t_{10}$ 状态概率向量

t	0	1	2	3	4	5	6	7	8	9	10
1	1	0.2	0.31	0.31	0.30	0.31	0.31	0.31	0.31	0.31	0.31
2	0	0.5	0.27	0.35	0.33	0.33	0.33	0.33	0.33	0.33	0.33
3	0	0.3	0.42	0.34	0.37	0.36	0.36	0.36	0.36	0.36	0.36

用马尔可夫决策方法进行决策具有以下特点：

(1) 转移概率矩阵中的元素是根据已有数据确定的。

(2) 下一期的概率只与上一期的预测结果有关，不取决于更早期的概率。

(3) 利用转移概率矩阵进行决策，其最后结果取决于转移矩阵的组成，不取决于原始条件，即最初占有率。

5.1.2　转移概率矩阵的平衡状态

如果系统的状态在很多时段不发生变化，那么系统就达到了平衡状态。当系统达到了平衡状态时，当前时段和下一个时段的状态概率一定相同。可用下式表示这一关系，即

$$\pi(n+1)=\pi(n)\boldsymbol{P} \tag{5.4}$$

在平衡状态下，有

$$\pi(n+1)=\pi(n) \tag{5.5}$$

例 5.2　蝴蝶随机地在花朵上的状态概率，从 t_4 时刻开始，后面的状态概率相同。试分析蝴蝶的平衡状态。

解：

$$(\pi_1,\pi_2,\pi_3)=(\pi_1,\pi_2,\pi_3)\begin{bmatrix}0.2 & 0.5 & 0.3\\0.3 & 0.1 & 0.6\\0.4 & 0.4 & 0.2\end{bmatrix}$$

$$\begin{cases}\pi_1=\pi_1 0.2+\pi_2 0.3+\pi_3 0.4\\\pi_2=\pi_1 0.5+\pi_2 0.1+\pi_3 0.4\\\pi_3=\pi_1 0.3+\pi_2 0.6+\pi_3 0.2\\\pi_1+\pi_2+\pi_3=1\end{cases}$$

在处理平衡状态的问题时，得到的方程个数比未知数的个数多一个，需要去掉一个方程，剩下的方程个数等于未知数的个数。本例中，前三个方程是等价的，可以去掉一个，第四个方程是必须使用的。

例如，去掉第三个方程，解方程组可得

$$\begin{cases}\pi_1=0.305\ 7\\\pi_2=0.331\ 2\\\pi_3=0.363\ 1\end{cases}$$

当系统达到平衡时，处于状态 1 的概率是 0.305 7，处于状态 2 的概率是 0.331 2，处于状态 3 的率是 0.363 1，与表 5－1 观察到的结果是一致的。

通过分析可以看出，知道系统的转移概率矩阵，就可以计算出系统的平衡状态，系统的状态概率的初始值对最终的结果没有影响。

5.1.3　马尔可夫链的应用

应用转移概率矩阵进行决策的具体步骤如下：

（1）建立转移概率矩阵；

（2）利用转移概率矩阵进行模拟预测；

（3）求出转移概率矩阵的平衡状态，即稳定状态；

（4）应用转移概率矩阵进行决策。

例 5.3　手机销售状态预测。

某品牌手机投放市场后，产生了滞销、一般、畅销三种状态。“0”表示滞销、“1”表示一般、“2”表示畅销。经统计过去 20 周的销售状况如表 5－2 所示，预测第 21 周的销售状态。

表 5－2　过去 20 周的销售状况

周	1	2	3	4	5	6	7	8	9	10
状态	0	0	1	2	2	0	0	0	1	1
周	11	12	13	14	15	16	17	18	19	20
状态	2	2	2	2	0	1	0	1	2	2

解：在统计表 5－2 中，滞销状态出现过 7 次，一般状态出现过 5 次，畅销状态出现过 7 次（除去第 20 周的状态）。从一种状态转移到另一种状态的次数统计如表 5－3 所示。

表 5-3 状态转移次数统计

状态	滞销	一般	畅销
滞销	3	4	0
一般	1	1	3
畅销	2	0	5

状态转移概率矩阵为

$$\boldsymbol{P}=\begin{bmatrix}\frac{3}{7} & \frac{4}{7} & \frac{0}{7}\\ \frac{1}{5} & \frac{1}{5} & \frac{3}{5}\\ \frac{2}{7} & \frac{0}{7} & \frac{5}{7}\end{bmatrix}=\begin{bmatrix}0.43 & 0.57 & 0\\ 0.20 & 0.20 & 0.60\\ 0.29 & 0 & 0.71\end{bmatrix}$$

第 20 周是畅销，其状态概率向量是 (0,0,1)。

第 21 周的状态概率向量预测为

$$\boldsymbol{p}^{(21)}=\boldsymbol{p}^{(20)}\boldsymbol{P}=(0,0,1)\begin{bmatrix}0.43 & 0.57 & 0\\ 0.20 & 0.20 & 0.60\\ 0.29 & 0 & 0.71\end{bmatrix}=(029,0,071)$$

预测第 21 周滞销处于 29%，畅销处于 71%。

例 5.4 公司人力资源预测。

某公司截至 2020 年 12 月共有 360 名员工，其中管理人员 12 名，销售人员 60 名，生产人员 288 名。该企业每年招聘员工 35 名，其中管理人员 5 名，销售人员 10 名，生产人员 20 名。根据企业数据统计，员工变动情况如表 5-4 所示。试预测 2021—2023 年的员工结构。

表 5-4 员工变动情况

员工	管理人员	销售人员	生产人员	离开人员
管理人员	0.75	0	0	0.25
销售人员	0.05	0.75	0.05	0.15
生产人员	0	0.042	0.9	0.058
离开人员	0	0	0	1

解：2020 年企业的员工结构为 $n^0=(12,60,288,0)$。2021 年企业的员工结构为

$$n^1=n^0\boldsymbol{P}=(12,60,288,0)\begin{bmatrix}0.75 & 0 & 0 & 0.25\\ 0.05 & 0.75 & 0.05 & 0.15\\ 0 & 0.042 & 0.9 & 0.058\\ 0 & 0 & 0 & 1\end{bmatrix}=(12,57,262,29)$$

离职人数是 29 人。每年招聘员工 35 人，补充到不同岗位上，员工结构为 $n_*^1=(17,67,282,0)$。

2021—2023 年的员工结构预测如表 5－5 所示。

表 5－5　2021—2023 年的员工结构预测（单位：人）

年份	管理员工	销售员工	生产员工	总人数
2021	17	67	282	366
2022	22	72	278	372
2023	26	76	274	376

5.2　有限马尔可夫决策过程

本节我们将介绍有限马尔可夫决策过程（有限 MDP）。这个问题既涉及“评估性反馈”，又涉及“发散联想”，即在不同情境下选择不同的动作。MDP 是序列决策的经典形式化表达，其动作不仅影响当前的即时收益，还影响后续的情境（又称状态）以及未来的收益。

5.2.1　多臂赌博机

考虑如下一个学习问题：重复地在 k 个选项或动作中进行选择。每次做出选择之后，都会得到一定数值的收益，收益由选择的动作决定的平稳概率分布产生。目标是在某一段时间内最大化总收益的期望。

这是“k 臂赌博机”问题的原始形式。这个名字源于“老虎机”（或者称“单臂赌博机”），不同之处是它有 k 个控制杆而不是一个。每一次动作选择就是拉动“老虎机”的一个控制杆，而收益就是得到的奖金。通过多次的重复动作选择，要学会将动作集中到最好的控制杆上，从而最大化奖金。另一个类比是医生在一系列针对重病患者的实验性疗法之间进行选择。每次动作选择就是选择一种疗法，每次的收益是患者是否存活或者他因为治疗得到的愉悦舒适感。在我们的“k 臂赌博机”问题中，k 个动作中的每一个在被选择时都有一个期望或者平均收益，则称为这个动作的“价值”。我们将在时刻 t 时选择的动作记为 A_t，并将对应的收益记为 R_t。任意动作 a 对应的价值，记为 $q^*(a)$，给定动作 a 时收益的期望为

$$q^*(a)=E[R_t \mid A_t=a]$$

如果你知道每个动作的价值，则解决“k 臂赌博机”问题就很简单：每次都选择价值最高的动作。我们假设你不能确切地知道动作的价值，但是你可以进行估计。我们将对动作 a 在时刻 t 时的价值的估计记为 $Q_t(a)$，我们希望它接近 $q^*(a)$。

如果持续对动作的价值进行估计，那么在任意时刻都会至少有一个动作的估计价值是最高的，将这些对应最高估计价值的动作称为“贪心”的动作。当从这些动作中选择时，称为“开发”当前所知道的关于动作的价值的知识。如果不是如此，而是选择“非贪心”的动作，则称为“试探”，因为这可以改善对非贪心动作的价值的估计。“开发”对于最大化当前这一时刻的期望收益是正确的做法，但是“试探”从长远来看可能会带来总体收益的最大化。例如，假设一个贪心动作的价值是确切知道的，而另外几个动作的估计价值与之差

不多但是有很大的不确定性。这种不确定性足够使得至少一个动作实际上会好于贪心动作，但是不知道是哪一个。如果还有很多时刻可以用来做选择，那么对非贪心的动作进行试探并且发现哪一个动作好于贪心动作也许会更好。在试探的过程中短期内收益较低，但是从长远来看收益更高，因为在发现了更好的动作后，可以很多次地利用它。值得一提的是，在同一次动作选择中，开发和试探是不可能同时进行的，这种情况就是我们常常提到的开发和试探之间的冲突。

在一个具体案例中，到底选择“试探”还是“开发”一种复杂的方式依赖于得到的函数估计、不确定性和剩余时刻的精确数值。在“k 臂赌博机”及其相关的问题中，对于不同的数学建模，有很多复杂方法可以用来平衡开发和试探。然而，这些方法中有很多都对平稳情况和先验知识做出了很强的假设。而在实际应用中，这些假设要么难以满足，要么无法被验证。而在理论假设不成立的情况下，这些方法的最优性或有界损失性是缺乏保证的。

在赌博机问题中，我们估计了每个动作 a 的价值 $q^*(a)$；而在 MDP 中，我们估计每个动作 a 在每个状态 s 中的价值 $q^*(s,a)$，或者估计给定最优动作下每个状态的价值 $v^*(s)$。

5.2.2 “智能体 - 环境”交互接口

MDP 就是一种通过交互式学习来实现目标的理论框架。进行学习及实施决策的机器称为智能体，智能体之外所有与其相互作用的事物都称为环境。这些事物之间持续进行交互，智能体选择动作，环境对这些动作做出相应的响应，并向智能体呈现出新的状态。环境也会产生一个收益，通常是特定的数值，这就是智能体在动作选择过程中想要最大化的目标，如图 5 - 2 所示。

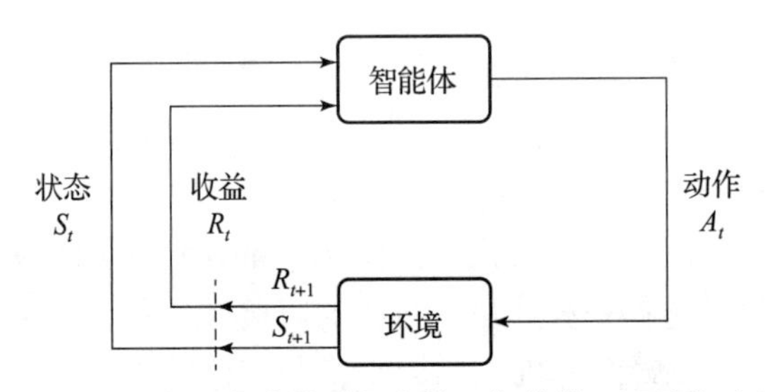

图 5 - 2　马尔可夫决策过程中的“智能体 - 环境”交互

更具体地说，在每个离散时刻 $t=0,1,2,3,\cdots$ 智能体和环境都发生了交互。在每个时刻 t，智能体观察到所在的环境状态的某种特征表达，$S_t \in \boldsymbol{S}$，并且在此基础上选择一个动作，$A_t \in \boldsymbol{A}(s)$。下一个时刻，作为其动作的结果，智能体接收到一个数值化的收益，$R_{(t+1)} \in \mathbb{R}$，并进入一个新的状态 $S_{(t+1)}$。从而，MDP 和智能体共同给出了一个序列或轨迹，类似这样，则

$$S_0, A_0, R_1, S_1, A_1, R_2, S_2, A_2, R_3, \cdots \tag{5.6}$$

在有限 MDP 中，状态、动作和收益的集合（$\boldsymbol{S}$、$\boldsymbol{A}$ 和 $\boldsymbol{R}$）都只有有限个元素。在这种情况下，随机变量 R_t 和 S_t 具有明确定义的离散概率分布，并且只依赖于前继状态和动作。也就是说，给定前继状态和动作的值时，这些随机变量的特定值，$s' \in \boldsymbol{S}$ 和 $r \in \boldsymbol{R}$，在 t 时刻出现的概率为

$$p(s',r \mid s,a) = \Pr\{S_t = s', R_t = r \mid S_{t-1} = s, A_{t-1} = a\} \tag{5.7}$$

对于任意 $s' \in \boldsymbol{S}$，$s \in \boldsymbol{S}$，$r \in \boldsymbol{R}$，以及 $a \in \boldsymbol{A}(s)$。函数 p 定义了 MDP 的动态特性。动态函数 p：$\boldsymbol{S} \times \boldsymbol{R} \times \boldsymbol{S} \times \boldsymbol{A} \to [0,1]$ 是有四个参数的普通的确定性函数。中间的“|”是表示条件概率的符号，函数 p 为每个 s 和 a 的选择都指定一个概率分布，即

$$\sum_{s' \in S} \sum_{r \in R} p(s', r \mid s, a) = 1, \quad \forall s \in \boldsymbol{S},\ a \in \boldsymbol{A}(s) \tag{5.8}$$

在 MDP 过程中，由 p 给出的概率完全刻画了环境的动态特性。也就是说，S_t 和 R_t 的每个可能的值出现的概率只取决于前一个状态 S_{t-1} 和前一个动作 A_{t-1}，并且与更早之前的状态和动作完全无关。这个限制并不是针对决策过程，而是针对状态的。状态必须包括过去智能体和环境交互的方方面面的信息，这些信息会对未来产生一定影响。这样，状态就是具有马尔可夫性的。

从四参数动态函数 p 中，我们可以计算出关于环境的任何其他信息，如状态转移概率（我们将其表示为一个三参数函数 p：$\boldsymbol{S} \times \boldsymbol{S} \times \boldsymbol{A} \to [0,1]$），即

$$p(s' \mid s, a) = \Pr\{S_t = s' \mid S_{t-1} = s, A_{t-1} = a\} = \sum_{r \in R} p(s', r \mid s, a) \tag{5.9}$$

我们还可以定义“状态－动作”二元组的期望收益，并将其表示为一个双参数函数 r：$\boldsymbol{S} \times \boldsymbol{A} \to \mathbb{R}$：

$$r(s, a) = E\{R_t \mid S_{t-1} = s, A_{t-1} = a\} = \sum_{r \in R} r \sum_{s' \in S} p(s', r \mid s, a) \tag{5.10}$$

我们还可以定义“状态－动作－后继状态”三元组的期望收益，并将其表示为一个三参数函数 r：$\boldsymbol{S} \times \boldsymbol{A} \times \boldsymbol{S} \to \mathbb{R}$：

$$r(s, a, s') = E\{R_t \mid S_{t-1} = s, A_{t-1} = a, S_t = s'\} = \sum_{r \in R} r \frac{p(s', r \mid s, a)}{p(s' \mid s, a)} \tag{5.11}$$

MDP 框架非常抽象与灵活，状态可以采取多种表述形式。状态的一些组成成分可以是基于过去感知的记忆，甚至也可以是完全主观的。类似地，一些动作可能是完全主观的或完全可计算的。一般来说，动作可以是任何我们想要做的决策，而状态则可以是任何对决策有所帮助的事情。

特别地，智能体和环境之间的界限通常与机器人或动物身体的物理边界不同。一般情况下，这个界限离智能体更近。我们遵循的一般规则是，智能体不能改变的事物都被认为是在外部的，即是环境的一部分。但是，我们并不是假定智能体对环境一无所知。例如，智能体通常会知道如何通过一个动作和状态的函数来计算所得到的收益。但是，我们通常认为收益的计算在智能体的外部，因为它定义了智能体所面临的任务，因此智能体必然无法随意改变它。智能体和环境的界限划分仅仅决定了智能体进行绝对控制的边界，而并不是其知识的边界。

出于不同的目的，智能体－环境的界限可以被放在不同的位置。在一个复杂的机器人里，多个智能体可能会同时工作，但它们各自有各自的界限。例如，一个智能体可能负责高级决策，而对于执行高级决策的低级智能体来说，这些决策可能就是其状态的一部分。在实践中，一旦选择了特定的状态、动作和收益，智能体－环境的界限就已经被确定了，从而定义了一个特定决策任务。

MDP 框架是目标导向的交互式学习问题的一个高度抽象。它提出，无论感官、记忆和控制设备细节如何，无论要实现何种目标，任何目标导向的行为的学习问题都可以概括为智能体及其环境之间来回传递的三个信号：一个信号用来表示智能体做出的选择（行动）；另

一个信号用来表示做出该选择的基础（状态）；还有一个信号用来定义智能体的目标（收益）。这个框架也许不能有效地表示所有决策学习问题，但它已被证明其普遍适用性和有效性。

例 5.5 空罐回收机器人。

一个空罐回收机器人可以完成在办公环境中收集废弃易拉罐的工作。它具有用于检测易拉罐的传感器，以及可以拿起易拉罐并放入机载箱中的臂和夹具，并由可充电电池供能。机器人的控制系统包括用于传感信息解释、导航和控制手臂与夹具的组件。智能体基于当前电池电量，做出如何搜索易拉罐的高级决策。

解：假设只有两个可区分的充电水平，并组成一个很小的状态集合 $S=\{高,低\}$。在每个状态中，智能体可以决定是否应该：

(1) 在某段特定时间内主动搜索易拉罐。

(2) 保持静止并等待易拉罐。

(3) 直接回到基地充电。

当能量水平高时，不需要进行充电，所以我们不会把它加入这个状态对应的动作集合中。于是可以把动作集合表示为 $A(高)=\{搜索,等待\}$ 和 $A(低)=\{搜索,等待,充电\}$。

在大多数情况下，收益为零；但当机器人捡到一个空罐子时，收益就为正；或当电池完全耗尽时，收益就是一个非常大的负值。寻找罐子的最好方法是主动搜索，但这会耗尽机器人的电池，而等待则不会。每当机器人进行搜索时，电池都有被耗尽的可能。耗尽时，机器人必须关闭系统并等待救援（产生低收益）。如果能水平高，那么总是可以完成一段时间的主动搜索，而不用担心没电。以高能级开始进行一段时间的搜索后，其能量水平仍是高的概率为 α，下降为低的概率为 $1-\alpha$。另外，以低能级开始进行一段时间的搜索后，其能量水平仍是低（low）的概率为 β，耗尽电池能量的概率为 $1-\beta$。在后一种情况下，机器人需要人工救援，然后将电池重新充电至高水平。机器人收集的每个罐子都可作为一个单位收益，而每当机器人需要被救援时，收益为 -3。用 r_{search} 和 r_{wait}（$r_{search}>r_{wait}$）分别表示机器人在搜索和等待期间收集的期望数量（也就是期望收益）。最后，假设机器人在充电时不能收集罐子，并且在电池耗尽时也不能收集罐子。这个系统就是一个有限 MDP，可以写出其转移概率和期望收益，其动态变化如表 5-6 所示。

表 5-6 回收机器人系统动态变化表

s	a	s'	$p(s' \mid s, a)$	$r(s, a, s')$
高	搜索	高	α	r_{search}
高	搜索	低	$1-\alpha$	r_{search}
低	搜索	高	$1-\beta$	-3
低	搜索	低	β	r_{search}
高	等待	高	1	r_{wait}
高	等待	低	0	r_{wait}
低	等待	高	0	r_{wait}

续表

s	a	s'	$p(s' \mid s, a)$	$r(s, a, s')$
低	等待	低	1	r_{wait}
低	充电	高	1	0
低	充电	低	0	0

注意，当前状态s、动作$a \in \boldsymbol{A}(s)$和后继状态s'的每一个可能的组合都在表中有对应的一行表示。另一种归纳有限MDP的有效方法就是转移图，如图5-3所示。图中有两种类型的节点：状态节点和动作节点。每个可能的状态都有一个状态节点（以状态命名的一个大空心圆），而每个“状态-动作”二元组都有一个动作节点（以动作命名的一个小实心圆和指向状态节点的连线）。首先，从状态s开始并执行动作a，将顺着连线从状态节点s到达动作节点(s,a)；然后环境做出响应，通过一个离开动作节点(s,a)的箭头，转移到下一个状态节点。每个箭头都对应着一个三元组(s,s',a)，其中s'是下一个状态。我们把每个箭头都标上一个转移概率$p(s' \mid s,a)$和转移的期望收益$r(s,a,s')$。需要注意的是，离开一个动作节点的转移概率之和为1。

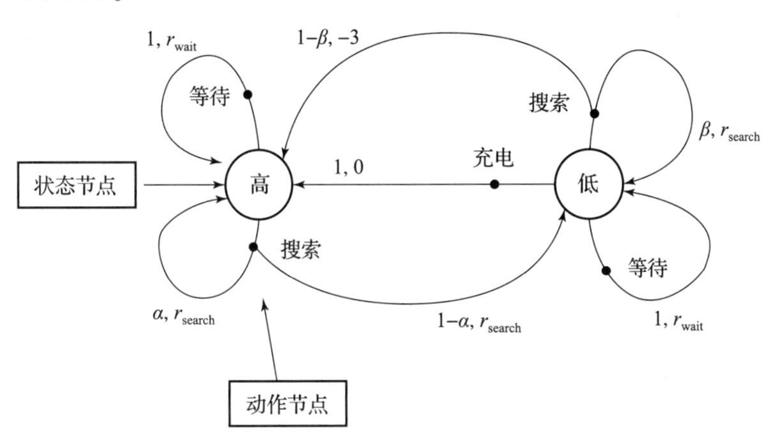

图5-3 回收机器人状态变化图

5.2.3 强化学习

1. 目标和收益

在强化学习中，智能体的目标被形式化表征为一种特殊信号，称为收益，它通过环境传递给智能体。在每个时刻，收益都是一个单一标量数值，$R_t \in \mathbb{R}$。智能体的目标是最大化其收到的总收益。这意味着需要最大化的不是当前收益，而是长期的累积收益。

例如，为了使机器人学习走路，研究人员在每个时刻都提供了与机器人向前运动成比例的收益。在训练机器人学习（如逃脱迷宫）的过程中，成功逃脱前每个时刻的收益都是-1，这会鼓励智能体尽快逃脱。为了训练机器人学习寻找和回收利用空易拉罐，我们可以在大多数时候都不给予收益，只在收集到罐子时给予收益+1。当它撞到东西或被人制止时，我们也可以给负收益。为了训练智能体学会下棋，可以设定胜利时收益为+1，失败时收益为-1，平局或非终局收益为0。

在以上例子中，我们可以发现智能体总是学习如何最大化收益。如果想要它为我们做某件事，提供收益的方式必须要使得智能体在最大化收益的同时也实现我们的目标。因此，至关重要的一点就是，我们设立收益的方式要能真正表明我们的目标。特别地，收益信号并不是传授智能体如何实现目标的先验知识。例如，国际象棋智能体只有当最终获胜时才能获得收益，而并非达到某个子目标，如吃掉对方的子或者控制中心区域。

2. 回报和分幕

我们知道智能体的目标就是最大限度地提高长期收益。那么应该怎样正式定义呢？如果把时刻 t 后接收的收益序列表示为 R_{t+1}，R_{t+2}，R_{t+3}，…，那么我们希望最大化这个序列的哪一方面呢？一般来说，我们寻求的是最大化期望回报，记为 G_t，它被定义为收益序列的一些特定函数。在最简单的情况下，回报是收益的总和，即

$$G_t = R_{t+1} + R_{t+2} + R_{t+3} + \cdots + R_T \tag{5.12}$$

式中，T 为最终时刻。

这种方法在有“最终时刻”这种概念的应用中是有意义的。在这类应用中，智能体和环境的交互能被自然地分成一系列子序列（每个序列都存在最终时刻），每个子序列称为幕。每幕都以一种特殊状态结束，称为终结状态。随后会重新从某个标准的起始状态或起始状态的分布中的某个状态样本开始。即使结束的方式不同，下一幕的开始状态与上一幕的结束方式完全无关。因此，这些幕可以被认为在同样的终结状态下结束，只是对不同的结果有不同的收益。具有这种分幕重复特性的任务称为分幕式任务。在分幕式任务中，我们有时需要区分非终结状态集，记为 S，以及包含终结与非终结状态的所有状态集，记为 S^+。终结的时间 T 是一个随机变量，通常随着幕的不同而不同。

另外，在许多情况下，智能体-环境交互不一定能被自然地分为单独的幕，而是持续不断地发生。例如，很自然地想到一个连续的过程控制任务或者长期运行机器人的应用。回报公式用于描述持续性任务时会出现问题，因为最终时刻 $T=\infty$，并且我们试图最大化的回报也很容易趋于无穷（假设智能体在每个时刻都收到 +1 的收益）。因此，通常使用一种在概念上稍显复杂但在数学上更为简单的回报定义。

引入一个概念，即“折扣”。根据这种方法，智能体尝试选择动作，在未来收到的经过折扣系数加权后的（称为“折后”）收益总和是最大化的。特别地，它选择 A_t 来最大化期望折后回报，即

$$G_t = R_{t+1} + \gamma R_{t+2} + \gamma^2 R_{t+3} + \cdots = \sum_{k=0}^{\infty} \gamma^k R_{t+k+1} \tag{5.13}$$

式中，γ（$0 \leqslant \gamma \leqslant 1$）称折扣率。

折扣率决定了未来收益的现值：未来时刻 k 的收益值只有它的当前值的 γ^{k-1} 倍。如果 $\gamma<1$，那么只要收益序列 R_k 有界，式中的无限序列总和就是一个有限值。如果 $\gamma=0$，那么智能体是“目光短浅的”，即只关心最大化当前收益。在这种情况下，其目标是学习如何选择 A_t 来最大化 R_{t+1}。如果每个智能体的行为都碰巧只影响当前收益，而不是未来的回报，那么目光短浅的智能体可以通过单独最大化每个当前收益来最大化式子。但一般来说，最大化当前收益会减少未来的收益，以至于实际上的收益变少了。随着 γ 接近 1，折后回报将更多地考虑未来的收益，也就是说智能体变得有远见了。

邻接时刻的回报可以用如下递归方式相互联系起来，这对于强化学习的理论和算法来说

至关重要，即

$$\begin{aligned} G_t &= R_{t+1} + \gamma R_{t+2} + \gamma^2 R_{t+3} + \gamma^3 R_{t+4} + \cdots \\ &= R_{t+1} + \gamma(R_{t+2} + \gamma^1 R_{t+3} + \gamma^2 R_{t+4} + \cdots) \\ &= R_{t+1} + \gamma G_{t+1} \end{aligned} \tag{5.14}$$

如果定义 $G_t = 0$，那么上式会适用于任意时刻 $t < T$，即使最终时刻出现在 $t+1$ 也不例外。这通常会使我们从收益序列中计算回报的过程变得简单。

尽管式中定义的回报是对无限个收益子项求和，但只要收益是一个非零常数且 $\gamma < 1$，那么这个回报仍是有限的。例如，如果收益是一个常数 +1，则回报为

$$G_t = \sum_{k=0}^{\infty} \gamma^k = \frac{1}{1-\gamma} \tag{5.15}$$

3. 分幕式和持续性任务的统一表示法

要精确地描述分幕式任务，需要使用一些额外的符号。与考虑一个单独的长时甚至无限长的序列不同，需要考虑一系列的“幕序列”，每一幕都由有限的时刻组成。对每一幕的时刻，都需要从0开始重新标号。因此，不能简单地将时刻 t 的状态表示为 S_t，而是要区分它所在的幕，要使用 $S_{t,i}$ 来表示幕 i 中时刻 t 的状态（对于 $A_{t,i}$、$R_{t,i}$、$\pi_{t,i}$、T_i 等也是一样的）。然而，事实证明，当讨论分幕式任务时，不必区分不同的幕。

需要使用另一个约定来获得一个统一符号，它可以同时适用于分幕式和持续性任务。在一种情况中，将回报定义为有限项的总和；而在另一种情况中，将回报定义为无限项的总和。这两者可以通过一个方法进行统一，即把幕的终止当作一个特殊的吸收状态的入口，它只会转移到自己并且只产生零收益。例如，状态转移如图5-4所示。

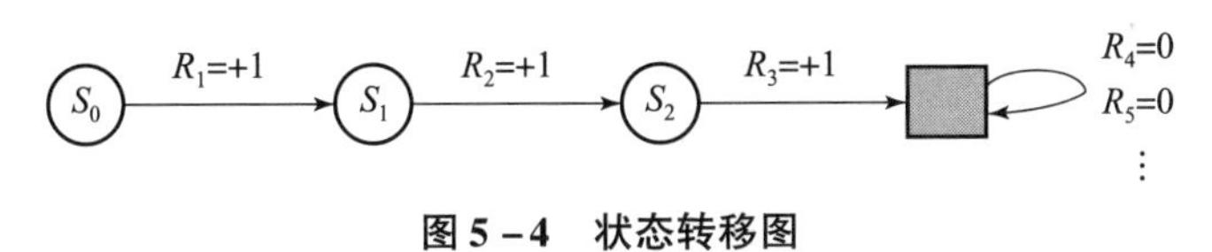

图5-4 状态转移图

图5-4中的方块“□”表示与幕结束对应的吸收状态。从 S_0 开始，就会得到收益序列 +1，+1，+1，0，0，0，…。总之，无论是计算前 T 个收益（这 $T=3$）的总和，还是计算无限序列的全部总和，都能得到相同的回报。即使引入折扣，这也仍然成立。因此，一般来说，可以根据式5.15来定义回报。这个定义符合省略幕编号的简化写法，并且考虑了 $\gamma = 1$ 且加和依然存在的情况（在分幕式任务中，所有幕都会在有限时长终止）。或者，也可以把回报表示为

$$G_t = \sum_{k=t+1}^{T} \gamma^{k-t-1} R_k \tag{5.16}$$

并允许上式包括 $T = \infty$ 或 $\gamma = 1$（但不是二者同时）的可能性。

4. 策略和价值函数

几乎所有的强化学习算法都涉及价值函数的计算。价值函数是状态（或状态与动作二元组）的函数，用来评估当前智能体在给定状态（或给定状态与动作）下有多好。当然，智能体期望未来能得到的收益取决于智能体所选择的动作。因此，价值函数是与特定的行为方式相关的，称为策略。

严格来说，策略是从状态到每个动作的选择概率之间的映射。如果智能体在时刻 t 选择

了算略 π，那么 $\pi(a \mid s)$ 就是当 $S_t = s$ 时 $A_t = a$ 的概率。就像 p 一样，π 就是一个普通的函数；$\pi(a \mid s)$ 中间的“|”只是提醒我们它为每个 $s \in \boldsymbol{S}$ 都定义了一个在 $a \in \boldsymbol{A}$ 上的概率分布。

把策略 π 下状态 s 的价值函数记为 $v_\pi(s)$，即从状态 s 开始，智能体按照策略 π 进行决策所获得的回报的概率期望值。对于 MDP，v_π 可以定义为

$$v_\pi(s) = E_\pi[G_t \mid S_t = s] = E_\pi\left[\sum_{k=0}^{\infty} \gamma^k R_{t+k+1} \mid S_t = s\right](\forall s \in S) \tag{5.17}$$

式中，$E_\pi[\cdot]$ 表示在给定策略 π 时一个随机变量的期望值；t 可以是任意时刻。把函数 v_π 称为策略 π 的状态价值函数。

类似地，把策略 π 下在状态 s 时采取动作 a 的价值记为 $q_\pi(s,a)$。这就是根据策略 π，从状态 s 开始，执行动作 a 之后，所有可能的决策序列的期望回报为

$$q_\pi(s,a) = E_\pi[G_t \mid S_t = s, A_t = a] = E_\pi\left[\sum_{k=0}^{\infty} \gamma^k R_{t+k+1} \mid S_t = s, A_t = a\right] \tag{5.18}$$

式中，q_π 为策略 π 的动作价值函数。

价值函数 v_π 和 q_π 都能从经验中估算得到。例如，如果一个智能体遵循策略 π，并且对每个遇到的状态都记录该状态后实际回报的平均值，那么，随着状态出现的次数接近无穷大，这个平均值会收敛到状态价值 $v_\pi(s)$。如果为每个状态的每个动作都保留单独的平均值，这些平均值也会收敛到动作价值 $q_\pi(s,a)$。将这种估算方法称为蒙特卡罗方法，因为该方法涉及从真实回报的多个随机样本中求平均值。当然，当环境中有很多状态时，独立地估算每个状态的平均值是不切实际的。在这种情况下，首先可以将价值函数 v_π 和 q_π 进行参数化（参数的数量要远少于状态的数量），然后通过调整价值函数的参数来更好地计算回报值。将价值函数参数化也有可能得到精确的估计，但是这取决于参数化的近似函数的特性。

价值函数有一个基本特性，就是它们满足某种递归关系。对于任何策略 π 和任何状态 s，s 的价值与其可能的后继状态的价值之间存在以下关系：

$$\begin{aligned} v_\pi(s) &= E_\pi[G_t \mid S_t = s] \\ &= E_\pi[R_{t+1} + \gamma G_{t+1} \mid S_t = s] \\ &= \sum_a \pi(a \mid s) \sum_{s'} \sum_r p(s', r \mid s, a)[r + \gamma E_\pi[G_{t+1} \mid S_{t+1} = s']] \\ &= \sum_a \pi(a \mid s) \sum_{s', r} p(s', r \mid s, a)[r + \gamma v_\pi(s')], \forall s \in S \end{aligned} \tag{5.19}$$

式中，动作 a 取自集合 $\boldsymbol{A}(s)$，下一个时刻状态 s' 取自集合 S（在分幕式的问题中，取自集合 S^+），收益值 r 取自集合 R。可以看到，在最后一个等式中我们是如何结合两个变量的，其中一个是在 s 的所有可能值上求和，另一个就是在 r 的所有可能值上求和。将用这种合并起来的求和写法来简化公式。可以很清楚地看出上面表达式的最后一项是一个期望值。实际上，上面的等式就是在三个变量 a、s' 和 r 中的一种求和形式。对于每个三元组，首先计算 $\pi(a \mid s)$ 的概率值，并用该概率对括号内的数值进行加权；然后对所有可能取值求和得到最终的期望值。

式（5.19）称为 v_π 的贝尔曼方程。它用等式表达了状态价值和后继状态价值之间的关系。贝尔曼方程对所有可能性采用其出现概率进行了加权平均。这也就说明了起始状态的价值一定等于后继状态的（折扣）期望值加上对应的收益的期望值。

5. 最优策略和最优价值函数

解决一个强化学习任务就意味着要找出一个策略，使其能够在长期过程中获得大量收益。对于有限 MDP，可以通过比较价值函数精确地定义一个最优策略。在本质上，价值函数定义了策略上的一个偏序关系。即如果要说一个策略 $\boldsymbol{\pi}$ 与另一个策略 $\boldsymbol{\pi}'$ 相差不多甚至其更好，那么其所有状态上的期望回报都应该等于或大于 $\boldsymbol{\pi}'$ 的期望回报。也就是说，若对于所有的 $s \in \boldsymbol{S}$，$\boldsymbol{\pi} > \boldsymbol{\pi}'$，那么应当 $v_{\pi}(s) > v_{\pi'}(s)$。总会存在至少一个策略不劣于其他所有的策略，这就是最优策略。尽管最优策略可能不止一个，我们还是用 $\boldsymbol{\pi}^*$ 来表示所有这些最优策略。它们共享相同的状态价值函数，称为最优状态价值函数，记为 v^*，其定义为：对于任意 $s \in \boldsymbol{S}$，$v^*(s) = \max\limits_{\pi} v_{\pi}(s)$。

最优的策略也共享相同的最优动作价值函数，记为 q^*，其定义为：对于任意 $s \in \boldsymbol{S}$，$a \in \boldsymbol{A}$，$q^*(s,a) = \max\limits_{\pi} q_{\pi}(s,a)$。

对于“状态 - 动作”二元组 (s,a)，这个函数给出了在状态 s 下，先采取动作 a，再按照最优策略去决策的期望回报。因此，可以用 v^* 来表示 q^*，即

$$q^*(s,a) = E[R_{t+1} + \gamma v^*(S_{t+1}) \mid S_t = s, A_t = a] \tag{5.20}$$

5.3　动态规划

动态规划（Dynamic Programming，DP）是一类优化方法，在给定一个用 MDP 描述的完备环境模型的情况下，其可以计算最优的策略。对于强化学习问题，传统的 DP 算法的作用有限。其原因有两个：一是完备的环境模型只是一个假设；二是计算复杂度极高。但是，它依然是一个非常重要的理论。

假设环境是一个有限 MDP，也就是说，假设状态集合 S、动作集合 A 和收益集合 R 是有限的，并且整个系统的动态特性由对于任意 $s \in S$、$a \in A(s)$、$r \in R$ 和 $s \in S^+$（S^+ 表示在分幕式任务下 S 加上一个终止状态）的四参数概率分布 $p(s',r \mid s,a)$ 给出。尽管 DP 的思想也可以用在具有连续状态和动作的问题上，但是只有在某些特殊情况下才会存在精确解。一种常见的近似方法是将连续的状态和动作量化为离散集合，然后再使用有限状态下的 DP 算法。

在强化学习中，DP 的核心思想是使用价值函数来结构化地组织对最优策略的搜索。本节讨论如何使用 DP 来计算价值函数。如前所述，一旦我们得到了满足贝尔曼最优方程的价值函数 v^* 或 q^*，得到最优策略就很容易了。对于任意 $s \in S$、$a \in A(s)$、$r \in R$ 和 $s \in S^+$，有

$$\begin{aligned} v^*(s) &= \max_a E[R_{t+1} + \gamma v^*(S_{t+1}) \mid S_t = s, A_t = a] \\ &= \max_a \sum_{s',r} p(s',r \mid s,a)[r + \gamma v^*(s')] \end{aligned} \tag{5.21}$$

或

$$\begin{aligned} q^*(s,a) &= E[R_{t+1} + \gamma \max_{a'} q^*(S_{t+1},a) \mid S_t = s, A_t = a] \\ &= \sum_{s',r} p(s',r \mid s,a)[r + \gamma \max_{a'} x^*(s',a')] \end{aligned} \tag{5.22}$$

由以上分析可见，通过将贝尔曼方程转化成为近似逼近理想价值函数的递归更新公式，就得到了 DP 算法。

5.3.1 策略评估（预测）

首先考虑对于任意一个策略 π，如何计算其状态价值函数 v_π，称为策略评估。对于任意 $s \in S$，有

$$
\begin{aligned}
v_\pi(s) &= E_\pi[G_t \mid S_t = s] \\
&= E_\pi[R_{t+1} + \gamma G_{t+1} \mid S_t = s] \\
&= E_\pi[R_{t+1} + \gamma v_\pi(S_{t+1}) \mid S_t = s] \\
&= \sum_a \pi(a \mid s) \sum_{s',r} p(s',r \mid s,a)[r + \gamma v_\pi(s')]
\end{aligned} \tag{5.23}
$$

式中，$\pi(a \mid s)$ 指的是处于环境状态 s 时，智能体在策略 π 下采取动作 a 的概率。期望的下标 π 表明期望的计算是以遵循策略 π 为条件的。只要 $\gamma < 1$ 或者在任何状态 π 下都能保证最后终止，那么 v_π 唯一存在。

如果环境的动态特性完全已知，那么式（5.23）就是一个有着 $|S|$ 个未知数（$v_\pi(s)$，$s \in S$）以及 $|S|$ 个等式的联立线性方程组。理论上，这个方程的解可以直接解出，但是计算过程有些烦琐。所以使用迭代法来解决此问题。考虑一个近似的价值函数序列，v_0，v_1，v_2，…，从 S^+ 映射到$\mathbb{R}$（实数集），初始的近似值 v_0 可以任意选取（除了终止状态值必须为 0 外）。然后下一轮迭代的近似使用 v_π 的贝尔曼方程进行更新，对于任意 $s \in S$，有

$$
\begin{aligned}
v_{k+1}(s) &= E_\pi[R_{t+1} + \gamma v_k(S_{t+1}) \mid S_t = s] \\
&= \sum_a \pi(a \mid s) \sum_{s',r} p(s',r \mid s,a)[r + \gamma v_k(s')]
\end{aligned} \tag{5.24}
$$

显然，$v_k = v_\pi$ 是这个更新规则的一个不动点，因为 v_π 的贝尔曼方程已经保证了这种情况下的等式成立。事实上，在保证存 v_π 存在的条件下，序列 $\{v_k\}$ 在 $k \to \infty$时将会收敛到 v_π。这个算法称为迭代策略评估算法，如图 5－5 所示。

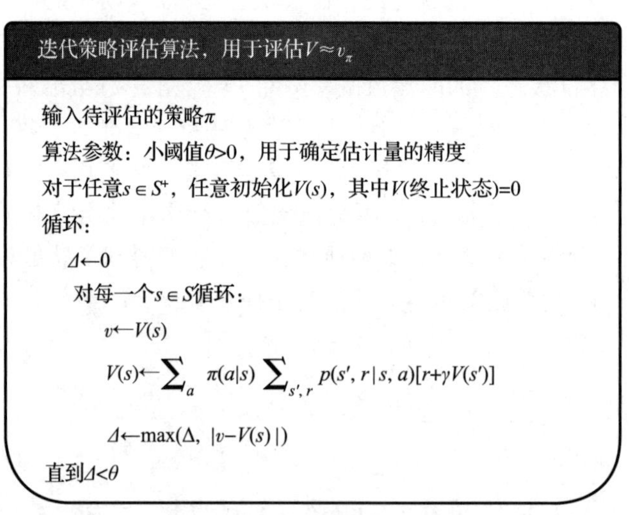

图 5－5　迭代策略评估算法

为了从 v_k 得到下一个近似 v_{k+1}，迭代策略评估对于每个状态 s 采用相同的操作：根据给定的策略，得到所有可能的单步转移之后的即时收益和 s 的每个后继状态的旧的价值函数，利用这二者的期望值来更新 s 的新的价值函数。这种方法称为期望更新。迭代策略评估的每

一轮迭代都更新一次所有状态的价值函数，以产生新的近似价值函数 v_{k+1}。期望更新可以有很多种不同的形式，具体取决于使用状态还是“状态－动作”二元组来进行更新，或者取决于后继状态的价值函数的具体组合方式。在 DP 中，这些方法都称为期望更新，这是因为这些方法是基于所有可能后继状态的期望值的，而不是仅仅基于后继状态的一个样本。

为了用顺序执行的计算机程序实现迭代策略评估，需要使用两个数组：一个用于存储旧的价值函数 $v_k(s)$；另一个存储新的价值函数 $v_{k+1}(s)$。这样，在旧的价值函数不变的情况下，新的价值函数可以一个接一个地计算出来。同样，也可以简单地使用一个数组来进行“就地”更新，即每次直接用新的价值函数替换旧的价值函数。在这种情况下，根据状态更新的顺序，式子的右端有时会使用新的价值函数，而不是旧的价值函数。这种就地更新的算法依然能够收敛到 v_π。事实上，由于采用单数组的就地更新算法，一旦获得了新数据就可以马上使用，它反而比双数组的传统更新算法收敛得更快。一般来说，一次更新是对整个状态空间的一次遍历。对于就地更新的算法，遍历的顺序对收敛的速率有着很大影响。

下面使用伪代码显示了一个迭代策略评估的完整就地更新的版本。从形式上来说，迭代策略评估只能在极限意义下收敛，但实际上它必须在此之前停止。伪代码在每次遍历之后会测试 $\max\limits_{s\in S}|v_{k+1}(s)-v_k(s)|$，并在它足够小时停止。

5.3.2　策略改进

之所以计算一个给定策略下的价值函数，就是为了寻找更好的策略。假设对于任意一个确定的策略 π，已经确定了它的价值函数 v_π。对于某个状态 s，想知道是否应该选择一个不同于给定策略的动作 $\alpha\neq\pi(s)$。如果从状态 s 继续使用现有策略，那么最后的结果就是 $v_\pi(s)$。但不知道换成一个新策略的话，会得到更好的还是更坏的结果。一种解决方法是在状态 s 选择动作 a 后，继续遵循现有的策略 π。这种方法的值为

$$\begin{aligned} q_\pi(s,a) &= E[R_{t+1}+\gamma v_\pi(S_{t+1})\mid S_t=s,A_t=a] \\ &= \sum_{s',r}p(s',r\mid s,a)[r+\gamma v_\pi(s')] \end{aligned} \tag{5.25}$$

一个关键的准则就是这个值是大于还是小于 $v_\pi(s)$。如果这个值更大，则说明在状态 s 选择一次动作 a，然后继续使用策略 π 会比始终使用策略 π 更优。事实上，期望的是在每次遇到状态 s 时，选择动作 a 总可以达到更好的结果。这时，就认为这个新的策略总体来说更好。

上述情况是策略改进定理的一个特例。一般来说，如果 π 和 π' 是任意的两个确定的策略，对于任意 $s\in S$，有

$$q_\pi(s,\pi'(s))v_\pi(s) \tag{5.26}$$

那么称策略 π' 相比于 π 一样好或者更好。也就是说，对任意状态 $s\in S$，这样肯定能得到一样或更好的期望回报，即

$$v_{\pi'}(s)v_\pi(s) \tag{5.27}$$

到目前为止已经看到，给定一个策略及其价值函数，可以很容易评估一个状态中某个特定动作的改变会产生怎样的后果。可以很自然地延伸到所有的状态和所有可能的动作，即在每个状态下根据 $q_\pi(s,a)$ 选择一个最优的。换言之，考虑一个新的贪心策略 π'，满足

$$\begin{aligned}\pi'(s) &= \arg\max_a q_\pi(s,a)\\ &= \arg\max_a E[R_{t+1} + \gamma v^*(S_{t+1}) \mid S_t = s, A_t = a]\\ &= \arg\max_a \sum_{s',r} p(s',r \mid s,a)[r + \gamma v^*(s')]\end{aligned} \tag{5.28}$$

式中，$\arg\max\limits_a$表示能够使得表达式的值最大化的 a（如果相等则任取一个）。

这个贪心策略采取在短期内看上去最优的动作，即根据 v_π 向前单步搜索。这样构造出的贪心策略满足策略改进定理的条件，所以它和原策略相比一样好，甚至更好。这种根据原策略的价值函数执行贪心算法来构造一个更好策略的过程，称为策略改进。

假设新的贪心策略 π'和原有的策略 π 一样好，但不是更好。那么一定有 $v_\pi = v_{\pi'}$，再通过上式可以得到，对于任意 $s \in S$，有

$$\begin{aligned}v_{\pi'}(s) &= \max_a E[R_{t+1} + \gamma v_{\pi'}(S_{t+1}) \mid S_t = s, A_t = a]\\ &= \max_a \sum_{s',r} p(s',r \mid s,a)[r + \gamma v_{\pi'}(s')]\end{aligned} \tag{5.29}$$

但是，这和贝尔曼最优方程完全相同。因此 $v_{\pi'}$一定与 v^* 相同，而且 π 和 π'均必须为最优策略。因此，在除了原策略即为最优策略的情况下，策略改进一定会给出一个更优的结果。

5.3.3 策略迭代

一旦一个策略 π 根据 v_π 产生了一个更好的策略 π'，就可以通过计算 $v_{\pi'}$来得到一个更优的策略 π''。这样一个链式的方法可以得到一个不断改进的策略和价值函数的序列，即

$$\pi_0 \xrightarrow{E} v_{\pi_0} \xrightarrow{I} \pi_1 \xrightarrow{E} v_{\pi_1} \xrightarrow{I} \pi_2 \xrightarrow{E} \cdots \xrightarrow{I} \pi_* \xrightarrow{E} v_* \tag{5.30}$$

式中，$\xrightarrow{E}$代表策略评估，$\xrightarrow{I}$表示策略改进。

每一个策略都能保证比前一个更优（除非前一个已经是最优的）。由于一个有限 MDP 必然只有有限种策略，所以在有限次的迭代后，这种方法一定收敛到一个最优的策略与最优价值函数。

这种寻找最优策略的方法叫作策略迭代，下面给出了完整的算法描述。注意，每一次策略评估都是一个迭代计算过程，需要基于前一个策略的价值函数开始计算。这通常会使得策略改进的收敛速度大大提高（很可能是因为从一个策略到另一个策略时，价值函数的改变比较小）。

5.3.4 价值迭代

策略迭代算法的一个缺点是每一次迭代都涉及了策略评估，这本身就是一个需要多次遍历状态集合的迭代过程。如果策略评估是迭代进行的，那么收敛到 v_π 理论上在极限处才成立。事实上我们并非必须等到其完全收敛，可以提前截断策略评估过程。如图 5－6 所示。

有多种方式可以截断策略迭代中的策略评估步骤，并且不影响其收敛。一种重要的特殊情况是，在一次遍历后即刻停止策略评估（对每个状态进行一次更新），该算法称为价值迭代，可以将此表示为结合了策略改进与截断策略评估的简单更新公式。对于任意 $s \in S$，有

$$\begin{aligned}v_{k+1}(s) &= \max_a \quad [R_{t+1} + \gamma v_k(S_{t+1}) \mid S_t = s, A_t = a]\\ &= \max_a \sum_{s',r} p(s',r \mid s,a)[r + \gamma v_k(s')]\end{aligned} \tag{5.31}$$

算法（使用迭代策略评估），用于估计$\pi \approx \pi^*$

1.初始化

对$s \in S$，任意设定$V(s) \in \mathbb{R}$以及$\pi(s) \in A(s)$

2.策略评估

循环：

$\Delta \leftarrow 0$

对每一个$s \in S$循环：

$v \leftarrow V(s)$

$V(s) \leftarrow \sum_{s', r} p(s', r | s, \pi(s))[r + \gamma V(s')]$

$\Delta \leftarrow \max(\Delta, |v - V(s)|)$

直到$\Delta < \theta$

2.策略评估

policy stable←true

对每一个$s \in S$：

old action←$\pi(s)$

$\pi(s) \leftarrow \arg\max_a \sum_{s', r} p(s', r | s, a)[r + \gamma V(s')]$

如果old action$\neq \pi(s)$，那么policy stable←false

如果policy stable为true，那么停止并返回$V \approx v^*$以及$\pi \approx \pi^*$；否则跳转到2

图 5－6　策略迭代

可以证明，对于任意 v_0，在 v^* 存在的条件下，序列 $\{v_k\}$ 都可以收敛到 v^*。

最后，考虑价值迭代如何终止。与策略评估一样，理论上价值迭代需要迭代无限次才能收敛到 v^*。事实上，如果一次遍历中价值函数仅仅有细微的变化，那么就可以停止。下面给出了一个使用该终止条件的完整算法，如图 5－7 所示。

价值迭代算法，用于评估$\pi \approx \pi^*$

算法参数：小阈值$\theta > 0$，用于确定估计量的精度

对于任意$s \in S^+$，任意初始化$V(s)$，其中V(终止状态)=0

循环：

$\Delta \leftarrow 0$

对每一个$s \in S$循环：

$v \leftarrow V(s)$

$V(s) \leftarrow \max_a \sum_{s', r} p(s', r | s, a)[r + \gamma V(s')]$

$\Delta \leftarrow \max(\Delta, |v - V(s)|)$

直到$\Delta < \theta$

输出一个确定的$\pi \approx \pi^*$，使得

$\pi(s) \leftarrow \arg\max_a \sum_{s', r} p(s', r | s, a)[r + \gamma V(s')]$

图 5－7　价值迭代

在每一次遍历中，价值迭代都有效结合了策略评估的遍历和策略改进的遍历。在每次策略改进遍历的迭代中间进行多次策略评估遍历经常收敛得更快。一般来说，可以将截断策略迭代算法看作一系列的遍历序列，其中某些进行策略评估更新，而另一些则进行价值迭代更新。

5.4 蒙特卡罗算法

蒙特卡罗（MC）算法仅仅需要经验，即从真实或者模拟的环境交互中采样得到的状态、动作、收益的序列。从真实经验中进行学习是非常好的，因为它不需要关于环境动态变化规律的先验知识，却依然能够达到最优的行为。从模拟经验中学习也是同样有效的，尽管这时需要一个模型，但这个模型只需要能够生成状态转移的一些样本，而不需要像 DP 算法那样生成所有可能转移的概率分布。在绝大多数情况下，虽然很难得到显式的分布，但从希望得到的分布进行采样却很容易。

蒙特卡罗算法通过平均样本的回报来解决强化学习问题。为了保证能够得到有良好定义的回报，这里只定义用于分幕式任务的蒙特卡罗算法。在分幕式任务中，假设一段经验可以被分为若干个幕，并且无论选取怎样的动作整个幕一定会终止。价值估计以及策略改进在整个幕结束时才进行。因此蒙特卡罗算法是逐幕做出改进的，而非在每一步（在线）都有改进。

赌博机算法采样并平均每个动作的收益，蒙特卡罗算法与之类似，采样并平均每一个“状态－动作”二元组的回报。这里主要的区别在于，现在有多个状态，每一个状态都类似于一个不同的赌博机问题（如关联搜索或者上、下文相关的赌博机），并且这些不同的赌博机问题是相互关联的。换言之，在某个状态采取动作之后的回报取决于在同一个幕内后来的状态中采取的动作。

5.4.1 蒙特卡罗预测

我们首先考虑如何在给定一个策略的情况下，用蒙特卡罗算法来学习其状态价值函数。已经知道一个状态的价值是从该状态开始的期望回报，即未来的折扣收益累积值的期望。那么一个显而易见的方法是根据经验进行估计，即对所有经过这个状态之后产生的回报进行平均。随着越来越多的回报被观察到，平均值就会收敛于期望值。这一想法是所有蒙特卡罗算法的基础。

特别是，假设给定在策略 π 下途经状态的多幕数据，想估计策略 π 下状态 s 的价值函数 $v_\pi(s)$。在给定的某一幕中，每次状态 s 的出现都称为对 s 的一次访问。当然，在同一幕中，s 可能会被多次访问到。在这种情况下，第一次访问称为 s 的首次访问。首次访问型 MC 算法用 s 的所有首次访问的回报的平均值估计 $v_\pi(s)$，而每次访问型 MC 算法则使用所有访问的回报的平均值。这两种蒙特卡罗算法十分相似但却有着不同的理论基础。

当 s 的访问次数（或首次访问次数）趋于无穷时，首次访问型蒙特卡罗和每次访问型蒙特卡罗均会收敛到 $v_\pi(s)$。对于首次访问型 MC 来说，这个结论是显然的。算法中的每个回报值都是对 $v_\pi(s)$ 的一个独立同分布的估计，且估计的方差是有限的。根据大数定理，这一平均值的序列会收敛到它们的期望值。每次平均都是一个无偏估计，其误差的标准差以

$1/\sqrt{n}$衰减，这里的 n 是被平均的回报值的个数。在每次访问型蒙特卡罗中，这个结论就没有这么显然，但它也会二次收敛到 $v_\pi(s)$。

5.4.2　动作价值的蒙特卡罗估计

如果无法得到环境的模型，那么计算动作的价值（“状态 - 动作”二元组的价值，也即动作价值函数的值）比起计算状态的价值更加有用一些。在有模型的情况下，单靠状态价值函数就足以确定一个策略：用在 DP 那一节讲过的方法，只需要简单地向前看一步，选取特定的动作，使得当前收益与后继状态的状态价值函数之和最大即可。但在没有模型的情况下，仅仅有状态价值函数是不够的，必须通过显式地确定每个动作的价值函数来确定一个策略。所以这里主要的目标是使用蒙特卡罗算法确定 q^*。因此首先考虑动作价值函数的策略评估问题。

动作价值函数的策略评估问题的目标就是估计 $q_\pi(s,a)$，即在策略 π 下从状态 s 采取动作 a 的期望回报。只需将对状态的访问改为对“状态 - 动作”二元组的访问，蒙特卡罗算法就可以用几乎和之前完全相同的方式来解决此问题。如果在某一幕中状态 s 被访问并在这个状态中采取了动作 a，则“状态 - 动作”二元组(s,a)在这一幕中被访问到。每次访问型蒙特卡罗算法将所有“状态 - 动作”二元组得到的回报的平均值作为价值函数的近似；而首次访问型蒙特卡罗算法则将每幕第一次在这个状态下采取这个动作得到的回报的平均值作为价值函数的近似。与此前一样，在对每个“状态 - 动作”二元组的访问次数趋于无穷时，这些方法都会二次收敛到动作价值函数的真实期望值。

这里，唯一的复杂之处在于一些“状态 - 动作”二元组可能永远不会被访问到。如果 π 是一个确定性的策略，那么遵循 π 意味着在每一个状态中只会观测到一个动作的回报。在无法获取回报进行平均的情况下，蒙特卡罗算法将无法根据经验改善动作价值函数的估计。这个问题很严重，因为学习动作价值函数就是为了帮助在每个状态的所有可用的动作之间进行选择。为了比较这些动作，需要估计在一个状态中可采取的所有动作的价值函数，而不仅仅是当前更偏好的某个特定动作的价值函数。

如同在“k 臂赌博机”问题中提及的一样，这是一个如何保持试探的普遍问题。为了实现基于动作价值函数的策略评估，必须保证持续的试探。一种方法是将指定的“状态 - 动作”二元组作为起点开始一幕采样，同时保证所有“状态 - 动作”二元组都有非零的概率可以被选为起点。这样就保证了在采样的幕个数趋于无穷时，每一个“状态 - 动作”二元组都会被访问到无数次。把这种假设称为试探性出发。试探性出发假设有时非常有效，但当然也并非总是那么可靠。特别是当直接从真实环境中进行学习时，这个假设就很难满足了。作为替代，另一种常见的确保每一个“状态 - 动作”二元组被访问到的方法是，只考虑那些在每个状态下所有动作都有非零概率被选中的随机策略。

5.4.3　蒙特卡罗控制

现在考虑如何使用蒙特卡罗估计来解决控制问题，即如何近似最优的策略。基本的思想是采用在广义策略迭代（GPI）。在 GPI 中，同时维护一个近似的策略和近似的价值函数。价值函数会不断迭代使其更加精确地近似对应当前策略的真实价值函数，而当前的策略也会根据当前的价值函数不断调优。这两个过程在一定程度上会相互影响，因为它们互相为对方确定了一个变化的优化目标，但它们整体会使得策略与价值函数趋向最优解。

首先，讨论经典策略迭代算法的蒙特卡罗版本。这种方法从任意的策略 π_0 开始交替进行完整的策略评估和策略改进，最终得到最优的策略和动作价值函数为

$$\pi_0 \xrightarrow{\mathrm{E}} q_{\pi_0} \xrightarrow{\mathrm{I}} \pi_1 \xrightarrow{\mathrm{E}} q_{\pi_1} \xrightarrow{\mathrm{I}} \pi_2 \xrightarrow{\mathrm{E}} \cdots \xrightarrow{\mathrm{I}} \pi_* \xrightarrow{\mathrm{E}} q_* \tag{5.32}$$

式中，$\xrightarrow{\mathrm{E}}$ 表示策略评估；$\xrightarrow{\mathrm{I}}$ 表示策略改进。

策略评估完全按照前一节所述的方法进行。经历了很多幕后，近似的动作价值函数会渐近地趋向真实的动作价值函数。现在假设我们观测到了无限多幕的序列，并且这些幕保证了试探性出发假设。在这种情况下，对于任意的 π_k，蒙特卡罗算法都能精确地计算对应的 q_{π_k}。

策略改进的方法是在当前价值函数上贪心地选择动作。由于有动作价值函数，所以在贪心的时候完全不需要使用任何的模型信息。对于任意的一个动作价值函数 q，对应的贪心策略为：对于任意状态 $s \in S$，必定选择对应动作价值函数最大的动作，即

$$\pi(s) = \arg\max_a q(s,a) \tag{5.33}$$

策略改进可以通过将对应的贪心策略作为 π_{k+1} 来进行。

我们在上面提出了两个很强的假设来保证蒙特卡罗算法的收敛：一个是试探性出发假设；另一个是在进行策略评估时有无限多幕的样本序列进行试探。为了得到一个实际可用的算法，我们必须去除这两个假设。首先讨论在进行策略评估时可以观测到无限多幕样本序列这一假设。这个假设比较容易去除。事实上，在经典 DP 算法，比如迭代策略评估中也出现了同样的问题，它的结果也仅仅是渐近地收敛于真实的价值函数。无论是 DP 还是蒙特卡罗算法，有两个方法可以解决这一问题。一种方法是想方设法在每次策略评估中对 q_{π_k} 做出尽量好的逼近。这就需要首先做一些假设并定义一些测度，来分析逼近误差的幅度和出现概率的上下界；然后采取足够多的步数来保证这些界足够小。这种方法可以保证收敛到令人满意的近似水平。然而，在实际使用中，即使问题规模很小，这种方法也可能需要有大量的幕序列以用于计算。

第二种避免无限多幕样本序列假设的方法是不再要求在策略改进前就完成策略评估。在每一个评估步骤中，让动作价值函数逼近 q_{π_k}，但我们并不期望它在经过很多步之前非常接近真实的值。这种思想的一种极端实现形式就是价值迭代，即在相邻两步策略改进中只进行一次策略评估，而不要求多次迭代后的收敛。

对于蒙特卡罗策略迭代，自然可以逐幕交替进行评估与改进。每一幕结束后，首先使用观测到的回报进行策略评估；然后在该幕序列访问到的每一个状态上进行策略的改进。

习　　题

1. 0-1 传输系统。

考虑只传输数字 0 和 1 的串联系统中，设每一级的传真率（输出与输入数字相同的概率称为系统的传真率，相反情形则称为误码率）为 p，误码率为 $q=1-p$，并设一个单位时间传输一级，X_0 是第一级的输入，X_n 是第 n 级的输出（$n\geqslant 1$），那么 $\{X_n, n=0,1,2,\cdots\}$ 是一个随机过程，状态空间 $S=\{0,1\}$，而且当 $X_n=i$，$i\in S$ 为已知时，X_n+1 所处的状态的概率

分布只与 $X_n = i$ 有关，而与 n 时刻以前所处的状态无关，所以它是一个马尔可夫链，而且还是齐次的，它的一步转移概率的表达式是什么？

2. 在第 1 题的基础上，设 $p = 0.9$，求系统二级传输后的传真率及三级传输后的误码率。

3. 在第 1 题的基础上，设初始分布 $p_1(0) = P\{X_0 = 1\} = \alpha$，$p_0(0) = P\{X_0 = 0\} = 1 - \alpha$，又已知系统经 n 级传输后输出为 1，问原发字符也是 1 的概率是多少？

4. 广告效益的推算。某种啤酒 A 改变的广告方式，经调查发现 A 种啤酒及另外三种啤酒 B、C、D 的顾客每两个月的平均转换率如表 5 - 7 所示。

表 5 - 7　状态转移平均转换率

A→A	95%	A→B	2%	A→C	2%	A→D	1%
B→A	30%	B→B	60%	B→C	6%	B→D	4%
C→A	20%	C→B	10%	C→C	70%	C→D	0%
D→A	20%	D→B	20%	D→C	10%	D→D	50%

假设目前购买 A、B、C、D 这四种啤酒的顾客的分布为（25%、30%、35%、10%）。试求半年后 A 种啤酒的市场份额。

第 6 章
模糊逻辑和模糊推理系统

模糊逻辑是指近似的而非精确的推理，这与当今决策者在现实世界中经常会遇到的不确定性推理和不完全信息的推理十分相似。与二进制逻辑相比，用模糊逻辑表示的变量所拥有的是隶属度值，而不仅仅是 0 或者 1（或者真/假、是/否、黑/白等）。“模糊逻辑”这一术语出现在美国科学家扎德所创立的模糊集（Fuzzy Sets）理论中。这个技术运用的是模糊集的数学理论，它通过允许计算机处理不太精确的信息来模拟人类的推理过程，这与传统计算机逻辑的基础正好相反。这种方法基于的思想是：决策的制定并不总是关于“非黑即白”或者“非对即错”的问题，它通常包括灰色调以及不同程度的正确或者错误。模糊逻辑之所以有用，是因为它可以有效描述人类在并非百分之百正确或者错误的情形下对许多决策制定问题的观念。很多控制和决策制定问题并不能简单地符合数学模型所要求的严格的真或假情形，当它们被强制用这种二进制逻辑表示时，往往会导致缺乏完整性、不精确的推理。

6.1 模糊理论的数学基础

首先来看一个描述高个的人的模糊集的例子。如果我们对所有的人进行调查，然后确定一个人被认为身材是高的所必须拥有的最低高度，那么这个高度可能会在 5 ~7 英尺（1 英尺 =0.305 m）的范围内变化，则认为身材高所需要具有的高度的分布如表 6 –1 所示。

表 6 –1 被认为身材高所需要具有的高度

高度/英尺	支持的比例/%
5.10	5
5.11	10
6.0	60
6.1	15
6.2	10%

6.1.1 模糊概念

假设小明身高为 6 英尺，我们利用累积概率分布得到有 75% 的可能性，则小明被认为是身材高的。在模糊逻辑中，称小明在高个的人的集合中隶属度为 0.75。这其中的不同之处在于，从概率角度来说，小明被认为要么高要么不高，同时我们又无法完全确定他是不是身材高的。而从模逻辑角度来说，赞同小明或多或少是身材高的。于是指定一个隶属度函数来表明小明相对于高个人的集合的关系。

相对于包含两个值（如相信和不相信的程度）的确定性因素，模糊集采用的是一个具有信任度功能的可能值系列。通过一个隶属度函数来表达相信某一特定的对象是属于某一个集合的，如图 6－1 所示。身高达到 69 英寸（1 英寸 =25.4 mm）后，这个人才被认为是身材高的，如果身高达到 74 英寸以上，那么他就绝对是身材高的。身高在 69～74 英寸的人在高个子的人群集合中的隶属度函数值在 0～1 变化。同样，根据他的身高，每一个人在身材矮小的和中等高度的集合中也都会分别有一个隶属度函数值。中等高度的范围同时包含部分身材矮小的范围和部分身材高大的范围，因此一个人有可能会是一个以上的模糊集合中的成员。这是模糊集的一个关键的优势，即虽然缺乏锐度，但是在逻辑上却是一致的。

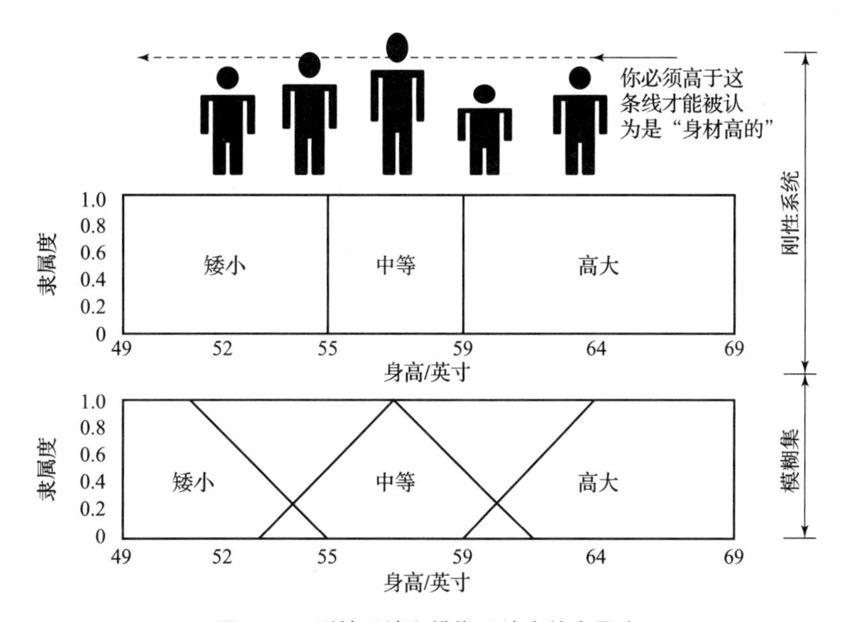

图 6－1　刚性系统和模糊系统中的隶属度

6.1.2　模糊数学概述

与其他科学一样，模糊数学也是因实践的需要而产生的。在日常生活中，模糊概念或现象处处存在，如厚、薄，快、慢，大、小，长、短等。在科学技术、经济管理领域中，模糊概念（或现象）也比比皆是，如合格品、次品，贫困、富裕等。当代科技发展的趋势之一，就是各个学科领域都要求定量化、数学化，当然也要求将模糊概念或现象定量化、数学化。这就促使人们必须寻找一种研究和处理模糊概念或现象的数学方法。

众所周知，经典数学是以精确性为特征的。然而，与精确性相悖的模糊性并不完全是消极的、没有价值的，甚至有时模糊性可能比精确性还要好。模糊数学并不是把数学变成模糊的东西，即使描述模糊概念或现象，也会描述得清清楚楚。由扎德教授创立的模糊数学是继经典数学、统计数学之后，数学学科的一个新的发展方向。需要注意的是，统计数学将数学的应用范围从必然现象领域扩大到偶然现象领域，而模糊数学则把数学的应用范围从精确现象领域扩大到模糊现象领域。在人类社会和各个科学领域中，人们所遇到的各种量大体上可以分成两大类，即确定性的与不确定性的，而不确定性又可分为随机性和模糊性。人们正是用经典数学、随机数学、模糊数学来分别研究客观世界中不同的量。在这种框架内，数学模型也可以分为三大类。第一类是确定性数学模型。这类模型研究的对象具有确定性，对象之间具有必然的关系，最典型的就是微分法、微分方程、差分方程所建立的数学模型。第二类是随机性数学模型。这类模型研究的对象具有随机性，对象之间具有偶然的关系，如用概率分布方法、马尔可夫链所建立的数学模型。第三类是模糊性数学模型。这类模型所研究的对象与对象之间的关系具有模糊性。

随机性的不确定性，也就是概率的不确定性。例如，“明天天晴”“掷一粒骰子出现1点”等，它们的发生是一种偶然现象，具有不确定性。在这里，时间本身是确定的，而事件的发生不确定。只要时间过去，到了明天，“明天天晴”是否发生就变成确定的了。“掷一粒骰子出现1点”，只要实际做了一次实验，它就变成确定的了。而模糊性的不确定性，即使时间过去了，或者实际做了一次实验，它们仍然是不确定的。这主要是因为事件本身（如“高个子”）是不确定的，具有模糊性，它是由概念、语言的模糊性产生的。

模糊数学在实际中的应用几乎涉及各个领域，尤其在科学技术、经济管理、社会科学方面得到了广泛而又成功的应用。值得一提的是，模糊理论在智能计算机的开发与应用上起到了重要作用。20世纪80年代以来，电冰箱、洗衣机等家用电器中已广泛采用了模糊控制技术。日本在这方面已走在世界前列，我国于20世纪90年代初在杭州生产了第一台模糊控制洗衣机。可以说模糊数学的应用已非常广泛和普及。

6.1.3 经典集

1. 集合及其表示

集合是现代数学的一个基础概念。一些不同对象的全体称为集合，简称为集，常用大写英文字母 A，B，…，X，Y 等表示。有时称集合为经典集合，这是为了区别于模糊集合。集合内的每个对象称为集合的元素，常用小写英文字母 a，b，c，…表示。“a 属于 A”记为 $a \in A$，“a 不属于 A”记为 $a \notin A$。

不含任何元素的集合称为空集，记为 $\varnothing$。只含有限个元素的集合称为有限集，有限集所含元素的个数称为集合的基数。包含无限个元素的集合称为无限集。以集合作为元素所组成的集合称为集合组。论域是指所论及对象的全体，它也是一个集合，也称为全集，常用大写英文字母 X，Y，U，V，…表示。

集合的表示方法主要有枚举法和描述法两种。

（1）枚举法：如由15以内的质数组成的集合可表示为

$$A = \{2,3,5,7,11,13\}$$

（2）描述法：使 $P(x)$ 成立的一切 x 组成的集合可表示为 $\{x \mid P(x)\}$。如实数集可表示为

$$\{x \mid -\infty < x < +\infty\}$$

经典集具有两条最基本的属性：①元素彼此相异；②范围边界分明。一个元素 x 与集合 A 的关系是，要么 x 属于 A，要么 x 不属于 A，二者必居其一。

2. 集合的包含

集合的包含概念是集合之间的一种重要关系。给出以下一系列定义：

定义 6.1 集合的子集 设有集合 A 和 B，若集合 A 的每个元素都属于集合 B，则 A 是 B 的子集。

定义 6.2 集合相等 设有集合 A 和 B，若 $A\subseteq B$，$B\subseteq A$，则集合 A 与集合 B 相等，记为 $A=B$。

定义 6.3 集合的幂集 设有集合 A，A 的所有子集所组成的集合为 A 的幂集，记为 $\Gamma(A)$。

定义 6.4 集合的运算 设 $A,B\in\Gamma(U)$，U 是论域，规定：$\{x\mid -\infty<x<+\infty\}A\cup B\overset{\text{def}}{=}\{x\mid x\in A$ 或 $x\in B\}$，称为 A 与 B 的并集；$\{x\mid -\infty<x<+\infty\}A\cap B\overset{\text{def}}{=}\{x\mid x\in A$ 且 $x\in B\}$，称为 A 与 B 的交集；$A^C\overset{\text{def}}{=}\{x\mid x\in U$ 且 $x\notin A\}$，称为 A 的余集。

3. 集合的直积

在日常生活中，有许多事物是成对出现的，且具有一定的顺序，如上、下，左、右，平面上点的坐标等。任意两个元素 x 与 y 配成一个有序对 (x,y)，称为 x 与 y 的序对。

定义 6.5 集合的幂集 设 X，Y 是两个集合，由 X 的元素与 Y 的元素配成的全体序对组成一个集合，称为 X 与 Y 的直积（或笛卡儿积），记为 $X\times Y$，即

$$X\times Y=\{(x,y)\mid x\in X,y\in Y\}$$

4. 映射与集合的特征函数

定义 6.6 映射 设 X 与 Y 是两个非空集，如果存在一个对应规则 f，使得对于任意元素 $x\in X$，有唯一元素 $y\in Y$ 与之对应，则 f 是从 X 到 Y 的映射，记为

$$f:X\rightarrow Y,x\mid\rightarrow f(x)=y\in Y$$

定义 6.7 集合的特征函数 设 $A\in\Gamma(U)$，U 是论域，具有如下性质的映射 $\chi_A:U\rightarrow\{0,1\}$，则

$$x\mid\rightarrow\chi_A(x)=\begin{cases}1, & x\in A\\0, & x\notin A\end{cases}$$

式中，$\chi_A(x)$ 为集合 A 的特征函数。

6.1.4 二元关系

1. 二元关系的概念

关系是一个基本概念。在日常生活中有“朋友”关系、“师生”关系等，在数学上有“大于”关系、“等于”关系等，而序对又可以表达两个对象之间的关系。

定义 6.8 二元关系 设 $X,Y\in\Gamma(U)$，$X\times Y$ 的子集 R 称为 X 到 Y 的二元关系，特别地，当 $X=Y$ 时，称为 X 上的二元关系。

若 $(x,y)\in R$，则 x 与 y 有关系 R，记为 xRy；若 $(x,y)\notin R$，则 x 与 y 没有关系 R，记为 $x\bar{R}y$。R 的特征函数为

$$\chi_R(x,y)=\begin{cases}1, & xRy\\ 0, & x\bar{R}y\end{cases}$$

2. 关系矩阵的表示法

关系的表示方法很多，除了用直积的子集表示外，对于有限论域情形，用矩阵表示在运算上更为方便。

定义 6.9 关系矩阵 设两个有限集 $X=\{x_1,x_2,\cdots,x_m\}$，$Y=\{y_1,y_2,\cdots,y_n\}$，R 是 X 到 Y 的二元关系，即

R	y_1	y_2	$\cdots$	y_n
x_1	r_{11}	r_{12}	$\cdots$	r_{1n}
x_2	r_{21}	r_{22}	$\cdots$	r_{2n}
$\vdots$	$\vdots$	$\vdots$		$\vdots$
x_m	r_{m1}	r_{m2}	$\cdots$	r_{mn}

其中，

$$r_{ij}=\begin{cases}1, & x_iRy_i\\ 0, & x_i\bar{R}y_i\end{cases}$$

$m\times n$ 矩阵 $\boldsymbol{R}=(r_{ij})(m\times n)$ 为 $\boldsymbol{R}$ 的关系矩阵，记为

$$\boldsymbol{R}=\begin{bmatrix}r_{11} & r_{12} & \cdots & r_{1n}\\ r_{21} & r_{22} & \cdots & r_{2n}\\ \vdots & \vdots & \cdots & \vdots\\ r_{m1} & r_{m2} & \cdots & r_{mn}\end{bmatrix}$$

由关系矩阵的定义可知，关系矩阵中的元素或是 0 或是 1。在数学上把诸元素只是 0 或 1 的矩阵称为布尔矩阵。因此，任何关系矩阵都是布尔矩阵。

3. 关系的合成

通俗地讲，若“兄妹”关系记为 R_1，“父子”关系记为 R_2，即 x 与 y 有“兄妹”关系 xR_1y，y 与 z 有“父子”关系 yR_2z，那么 x 与 z 有“姑甥”关系。这就是关系 R_1 与 R_2 的合成，记为 $R_1\circ R_2$。

定义 6.10 关系的合成 设 R_1 是 X 到 Y 的关系，R_2 是 Y 到 Z 的关系，则 $R_1\circ R_2$ 为关系 R_1 与 R_2 的合成，即

$$R_1\circ R_2=\{(x,z)\mid \exists y\in Y,\ \text{使得}(x,y)\in R_1,\ (y,z)\in R_2\}$$

4. 扎德算子（$\wedge$，$\vee$）

定义 6.11 扎德算子 对于任意 $a,b\in[0,1]$，定义

$$a\vee b\overset{\text{def}}{=}\max(a,b),a\wedge b\overset{\text{def}}{=}\min(a,b)$$

则 $\wedge$，$\vee$ 为扎德算子。

6.2　模糊子集与隶属函数

6.2.1　模糊子集

1. 模糊子集的概念

经典集 A 可由其特征函数 $\chi_A(x)$ 唯一确定，即映射

$$\chi_A: X \rightarrow \{0,1\},\ x \mid \chi_A(x) = \begin{cases} 1, & x \in A \\ 0, & x \notin \end{cases}$$

确定了 X 上的经典子集 A。$\chi_A(x)$ 表明 x 对 A 的隶属程度，不过这里仅有两种状态，即一个元素 x 要么属于 A，要么不属于 A。它确切地、数量化地描述了“非此即彼”这一现象，然而现实世界中并非总是如此。例如，在生物学发展的历史上，曾把所有生物分为动物和植物两大类。毫无疑问，牛羊鸡犬被划为动物。而有一些生物，如猪笼草、捕蝇草等，它们一方面像动物一样能捕食昆虫，分泌液体消化昆虫；另一方面像植物一样又长有叶片，能进行光合作用，自制养料。类似这样的生物就不能完全由“要么动物要么植物”来界定，而是需要在动物与植物之间找到一个“中介状态”。

2. 模糊子集的直观描述与定义

从直观上来描述这种“中介状态”。如图 6－2 所示，设论域 U 取具有单位长度的线段，把 U 上的模糊集记为 $\tilde{A}$。元素 x（线段）位于 $\tilde{A}$（圆圈）的内部，记为1；若元素 x 位于 $\tilde{A}$ 的外部，记为0；若元素 x 部分位于 $\tilde{A}$ 内又部分在 $\tilde{A}$ 外，则表示隶属的“中介状态”，元素 x 位于 $\tilde{A}$ 内部的长度则表示了 x 对于 $\tilde{A}$ 的隶属程度。为了描述这种“中介状态”，必须把元素对集合的绝对隶属关系（要么属于 A，要么不属于 A）扩展为各种不同程度的隶属关系，这就需要将经典集 A 的特征函数 $\chi_A(x)$ 的值域 $\{0,1\}$ 推广到闭区间 $[0,1]$ 上。这样一来，经典集的特征函数就扩展为模糊集的隶属函数了。

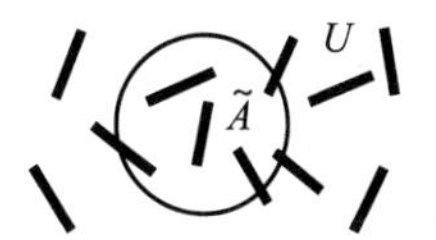

图 6－2　模糊子集的直观描述

定义 6.12 隶属程度　设 U 是论域，则映射

$$\mu_{\tilde{A}}: U \rightarrow [0,1],\ x \mid \rightarrow \mu_{\tilde{A}}(x) \in [0,1]$$

确定了一个 U 上的模糊子集 $\tilde{A}$。映射 $\mu_{\tilde{A}}$ 为 $\tilde{A}$ 隶属函数，$\mu_{\tilde{A}(x)}$ 为 x 对 $\tilde{A}$ 的隶属程度。$\mu_{\tilde{A}(x)}=0.5$ 的点 x 为 $\tilde{A}$ 的过渡点，此时该点最具模糊性。

由隶属程度的定义可以看出，模糊子集 A 是由隶属函数 $\mu_{\tilde{A}}$ 唯一确定的，可以把模糊子集 $\tilde{A}$ 与隶属函数 $\mu_{\tilde{A}}$ 看成是等同的。需要注意的是，隶属程度的思想是模糊数学的基本思想。

3. 模糊集的表示法

模糊集的表示方法一般分为三种，分别是扎德表示法、序偶表示法和向量表示法。

扎德表示法：

$$\tilde{A} = \frac{\tilde{A}(x_1)}{x_1} + \frac{\tilde{A}(x_2)}{x_2} + \cdots + \frac{\tilde{A}(x_n)}{x_n}$$

需要特别强调的是，这里“$\tilde{A}(x_i)/x_i$”不是分数，“+”也不表示求和，它们只有符号意义，表示点 x_i 对模糊集 $\tilde{A}$ 的隶属度是 $\tilde{A}(x_i)$。

序偶表示法：

$$\tilde{A}=\{(x_1,\tilde{A}(x_1)),(x_2,\tilde{A}(x_2)),\cdots,(x_n,\tilde{A}(x_n))\}$$

向量表示法：

$$\tilde{\boldsymbol{A}}=(\tilde{A}(x_1),\tilde{A}(x_2),\cdots,\tilde{A}(x_n))$$

6.2.2 隶属函数

1. 隶属度的客观存在性

对隶属度的确定存在不同的观点与处理方法。为了说明隶属度的客观存在性，首先引入模糊统计实验。模糊统计实验包含 4 个要素：

（1）论域 U。

（2）U 中的一个固定元素 u_0。

（3）U 中的一个随机运动集合 A^*（经典集）。

（4）U 中的一个以 A^* 作为弹性边界的模糊子集 $\tilde{A}$，制约着 A^* 的运动。A^* 可以覆盖 u_0，也可以不覆盖 u_0，因而 u_0 对 $\tilde{A}$ 的隶属关系是不确定的。

模糊统计实验的特点：在各次实验中，u_0 是固定的，而 A^* 在随机变动。在模糊统计实验中，u_0 是固定的，A^* 是变动的，A^* 是对 $\tilde{A}$ 的一次近似。A^* 可以盖住 u_0，也可以不盖住 u_0，这就使得 u_0 对 A 的隶属关系是不确定的。这种不确定性，正是由 $\tilde{A}$ 的模糊性产生的。

设做 n 次实验，可算出 A^* 覆盖 u_0 的次数，即

$$u_0\text{ 对 }\tilde{A}\text{ 的隶属频率}=\frac{u_0\in A^*\text{ 的次数}}{n}$$

实践证明，随着 n 的增大，隶属频率呈现出稳定性，频率稳定值称为 u_0 对 A 的隶属度，即

$$\tilde{A}(u_0)=\lim_{n\to\infty}\frac{u_0\in A^*\text{ 的次数}}{n}$$

这里隶属频率呈现出的稳定性正表明了隶属度的客观存在性。

2. 隶属函数的确定

这里我们主要介绍确定隶属度与隶属函数常用的一些方法。指派隶属函数的方法普遍被认为是一种主观的方法，它可以把人们的实践经验考虑进去。若模糊集定义在实数域 R 上，则模糊集的隶属函数便称为模糊分布。所谓指派方法，就是根据问题的性质套用现成的某些形式的模糊分布，然后根据测量数据确定分布中所含的参数。根据实际描述的对象，在这里给出指派（或选择）的大致方向。

偏小型模糊分布适合描述像“小”“冷”“年轻”等偏向小的一方的模糊现象，其隶属

函数的一般形式为

$$\tilde{A}(x)=\begin{cases}1 & , \quad x\leqslant a\\ f(x) & , \quad x>a\end{cases}$$

式中，a 为常数；$f(x)$ 为非增函数。

偏大型模糊分布适合描述像“大”“热”“年老”等偏向大的一方的模糊现象，其隶属函数的一般形式为

$$\tilde{A}(x)=\begin{cases}0 & , \quad x\leqslant a\\ f(x) & , \quad x>a\end{cases}$$

式中，a 为常数；$f(x)$ 为非减函数。

中间型模糊分布适合描述像“中”“暖和”“中年”等处于中间状态的模糊现象，其隶属函数可以通过中间型模糊分布表示，例如 $\tilde{A}(x)=\mathrm{e}^{-\left(\frac{x-a}{\sigma}\right)^2}$。

需要指出的是，确定模糊集的隶属函数的方法是多样的，但这些方法所给出的隶属函数只是近似的。因此需要在实践中不断地通过学习加以修改，使之逐步完善。

为了便于理解，下面通过实例介绍模糊统计方法。

例 6.1　年轻人的模糊统计。

通过建立模糊集来表示“年轻人”这一概念。

解： 为了建立模糊集 $\tilde{A}$ =“年轻人”的隶属函数，以及 $u_0=27$ 岁属于模糊集 $\tilde{A}$ 的隶属度。以人的年龄作论域 $U=[0,100]$，进行一次较大规模的模糊统计实验。在某高校进行抽样调查，要求被抽取的大学生在独立认真考虑了“年轻人”的含义后，首先给出“年轻人”的年龄区间；然后随机地抽取了129人，相应得到了“年轻人”的129个年龄区间样本值，如表6-2所示。

表6-2　调查样本值（单位：岁）

18~25	17~30	17~28	18~25	16~35	14~25	18~30
18~35	18~35	16~25	15~30	18~35	17~30	18~25
18~35	20~30	18~30	16~30	20~35	18~30	18~25
18~35	15~25	18~30	15~28	16~28	18~30	18~30
16~30	18~35	18~25	18~30	16~28	18~30	16~30
16~28	18~35	18~35	17~27	16~28	15~28	18~25
19~28	15~30	15~26	17~25	15~36	18~30	17~30
18~35	16~35	16~30	15~25	18~28	16~30	15~28
18~35	18~30	17~28	18~35	15~28	15~25	15~25
15~25	18~30	16~24	15~25	16~32	15~27	18~35
16~25	18~30	16~28	18~30	18~35	18~30	18~30

续表

17 ~ 30	18 ~ 30	18 ~ 35	16 ~ 30	18 ~ 28	17 ~ 25	15 ~ 30
18 ~ 25	17 ~ 30	14 ~ 25	18 ~ 26	18 ~ 29	18 ~ 35	18 ~ 28
18 ~ 35	18 ~ 25	16 ~ 35	17 ~ 29	18 ~ 25	17 ~ 30	16 ~ 28
18 ~ 30	16 ~ 28	15 ~ 30	18 ~ 30	16 ~ 30	20 ~ 30	20 ~ 30
16 ~ 25	17 ~ 30	15 ~ 30	18 ~ 30	16 ~ 30	18 ~ 28	15 ~ 35
16 ~ 30	15 ~ 30	18 ~ 35	18 ~ 35	18 ~ 30	17 ~ 30	16 ~ 35
17 ~ 30	15 ~ 25	18 ~ 35	15 ~ 30	15 ~ 25	15 ~ 30	18 ~ 30
17 ~ 25	18 ~ 29	18 ~ 28				

为了确定 $u_0=27$ 岁属于模糊集 $\tilde{A}$ 的隶属度，对 $u_0=27$ 作统计处理，结果如表 6 - 3 所示。其中，n 表示样本总数，m 为样本区间盖住 27 的频数，$f=m/n$ 为隶属频率。

表 6 - 3　统计结果

n	10	20	30	40	50	60	70	80	90	100	110	120	129
m	6	14	23	31	39	47	53	62	68	76	85	95	101
f	0.60	0.70	0.77	0.78	0.78	0.78	0.76	0.78	0.76	0.76	0.77	0.79	0.78

统计结果表明，27 的隶属度稳定在 0.78 附近，即

$$\tilde{A}(27)=0.78$$

模糊统计与概率统计的区别：若把概率统计比喻为“变动的点”是否落在“不动的圈”内，则可把模糊统计比喻为“变动的圈”是否盖住“不动的点”。

6.3　模糊意见集中决策与模糊二元对比决策

决策是在人们生活和工作中普遍存在的一种活动，是为解决当前发生的或未来可能发生的问题而选择最佳方案的过程。本节从意见集中、二元对比两方面对模糊决策进行介绍。模糊决策的目的是要把论域中的对象按优劣进行排序，或者按某种方法从论域中选择一个“令人满意”的方案。

6.3.1　模糊意见集中决策

在实际问题中，可供选择的方案往往有多个，将它们记为一个集合 U。由于决策环境（自然状态）具有模糊性，方案集合 U 中蕴藏的决策目标是很难确切描述的。因此，可供选择的方案的集合 U 也是模糊集。需要做的就是对 U 中的元素进行排序。

1. 数学描述

为了对供选择的方案集合（论域）

$$U=\{u_1,u_2,\cdots,u_n\}$$

中的元素进行排序，可由 m 个专家组成专家小组 M。分别对 U 中元素排序，则得到 m 种意见，即

$$V=\{v_1,v_2,\cdots,v_m\}$$

这些意见往往是模糊的，可以是专家的总体印象，还包括心理因素等。将这 m 种意见集中为一个比较合理的意见，称为模糊意见集中决策。

这种决策的应用范围十分广泛。工作中我们会遇到各种各样的评选，比如评聘教授、评选先进工作者、评选获奖项目等。在民主讨论过程中，大都存在许多不同意见。如何集中这些意见，传统的集体表决、领导裁决等办法都有不合理之处。因此，给出一种定量决策模型，作为定性决策的辅助手段是十分必要的。

2. 模糊意见集中决策的方法与步骤

设论域 $U=u_1,u_2,\cdots,u_n$，将 U 中的元素进行排序。专家组 m 人发表 m 种意见，记为 $V=v_1,v_2,\cdots,v_m$，其中 v_i 是第 i 种意见序列，即 U 中元素的某一个排序。令 $u\in U$，$B_i(u)$ 表示第 i 种意见序列 v_i 中排在 u 之后的元素个数，即：

若 u 在第 i 种意见 v_i 中排在第一位，则 $B_i(u)=n-1$；若 u 在第 i 种意见 v_i 中排在第二位，则 $B_i(u)=n-2$；……；若 u 在第 i 种意见 v_i 中排在第 k 位，有 $B_i(u)=n-k$，则

$$B(u)=\sum_{i=1}^{m}B_i(u)$$

为 u 的波达（Borda）数。论域 U 的所有元素可按波达数的大小排序，此排序就是集中意见之后的一个比较合理的意见。

例 6.2　按波达数对字母排序。

解： 设 $U=\{a,b,c,d,e,f\}$，$|M|=m=4$（人），记 $V=\{v_1,v_2,v_3,v_4\}$，其中，v_1 表示 a,c,d,b,e,f 排列，v_2 表示 e,b,c,a,f,d 排列，v_3 表示 a,b,c,e,d,f 排列，v_4 表示 c,a,b,d,e,f 排列。按波达数进行排序，有

$$B_1(a)=5,\ B_2(a)=2,\ B_3(a)=5,\ B_4(a)=4$$

所以有 $B(a)=\sum_{i=1}^{4}B_i(a)=5+2+5+4=16$。

类似有 $B(b)=\sum_{i=1}^{4}B_i(b)=2+4+4+3=13$，$B(c)=\sum_{i=1}^{4}B_i(c)=4+3+3+5=15$，$B(d)=6$，$B(e)=9$，$B(f)=1$。因此，按波达数集中后的排序为 a,c,b,e,d,f。

需要指出的是，此方法简单易行，但有时会出现集中的意见与人们的直觉不一致的情况，这时可按加权波达数进行排序。

例 6.3　按加权波达数对运动员的成绩排序。

解： 设有 6 名运动员 $U=\{u_1,u_2,u_3,u_4,u_5,u_6\}$ 参加五项全能比赛，已知他们每项比赛的名次如表 6-4 所示。则容易得到，$B_1(u_1)=5$，$B_2(u_1)=0$，$B_3(u_1)=5$，$B_4(u_1)=5$，$B_5(u_1)=5$，所以 $B(u_1)=20$，类似地，可以得到，$B(u_2)=21$，$B(u_3)=11$，$B(u_4)=12$，$B(u_5)=5$，$B(u_6)=6$。

表 6-4　运动员五项全能比赛结果

项目	第一名	第二名	第三名	第四名	第五名	第六名
200 米	u_1	u_2	u_4	u_3	u_6	u_5
1 500 米	u_2	u_3	u_6	u_5	u_4	u_1
跳远	u_1	u_2	u_4	u_3	u_5	u_6
掷铁饼	u_1	u_2	u_3	u_4	u_6	u_5
掷标枪	u_1	u_2	u_4	u_5	u_6	u_3

按波达数集中后的排序为 u_2，u_1，u_4，u_3，u_6，u_5。这个集中的意见与人们的直觉会不太一致。因为 u_1 得到了四个第一名，u_2 只得了一个第一名，但却出现了 u_2 比 u_1 的成绩总分多 1 分的现象，因此 u_2 排在第一事实上是不合理的。

在这种情况下，若提高第一名的权重（表 6-5），则得到的排序就相对来说比较合理了。

表 6-5　名次的权重

名次	第一名	第二名	第三名	第四名	第五名	第六名
波达数	5	4	3	2	1	0
权重 A	0.35	0.25	0.18	0.11	0.07	0.04

$$B_1(a)=5,\ B_2(a)=2,\ B_3(a)=5,\ B_4(a)=4$$

按表 6-5 所给权重分别计算加权波达数，可得

$$B(u_1)=450.35+00.04=7$$

$$B(u_2)=50.35+440.25=5.75$$

$$B(u_3)=40.25+30.18+220.11+00.04=1.98$$

$$B(u_4)=330.18+20.11+10.07=1.91$$

$$B(u_5)=220.11+10.07+200.04=0.51$$

$$B(u_6)=30.18+310.07+00.04=0.75$$

最终，按加权波达数集中后的排序为 u_1，u_2，u_3，u_4，u_6，u_5。这是一个比较合理的意见，也符合人们的直观感觉。

6.3.2　模糊二元对比决策

实践表明，人们认识事物往往是从两个事物的对比开始的。一般先对两个对象进行比较，然后再换两个进行比较，如此重复多次。每做一次比较就得到一个认识，而这种认识往往都是模糊的。将这种模糊认识数量化，最后用模糊数学方法给出总体排序，这就是模糊二元对比决策。

1. 模糊优先关系排序

设论域 $U=\{x_1,x_2,,x_n\}$ 为 n 个备选方案（对象），在 U 上首先确定一个模糊集 $\tilde{A}$，运用模糊数学方法在 n 个备选方案中建立一种模糊优先关系；然后将它们排出一个优劣次序，这就是模糊优先关系排序决策。

以 r_{ij} 表示 x_i 与 x_j 相比较时 x_i 对于 $\tilde{A}$ 比 x_j 对于 $\tilde{A}$ 优越的程度，或称 x_i 对 x_j 的优先选择比。尽管备选方案在对比中各有所长，但要求优先选择比 r_{ij} 满足

$$\begin{cases} r_{ii}=0,0\leqslant r_{ij}\leqslant 1;i\neq j \\ r_{ij}+r_{ji}=1 \end{cases}$$

上述条件表明，x_i 与 x_i 相比较时，没有什么优越，记 $r_{ii}=0$，x_i 与 x_j 相比较时总是各有所长，把两者的优越成分合在一起就是1，即 $r_{ij}+r_{ji}=1$；当只发现 x_i 比 x_j 有长处而未发现 x_j 比 x_i 有任何长处时，记 $r_{ij}=1$，$r_{ji}=0$；当 x_i 与 x_j 相比较时不分优劣，记 $r_{ij}=r_{ji}=0.5$。则满足上式的 r_{ij} 组成的矩阵

$$\boldsymbol{R}=(r_{ij})_{n\times n}$$

为模糊优先关系矩阵，由此矩阵确定的关系为模糊优先关系。

取定阈值 $\lambda\in[0,1]$，得 λ－截矩阵，即

$$\boldsymbol{R}_\lambda=(\boldsymbol{r}_{ij}^{(\lambda)}),\ \boldsymbol{r}_{ij}^{(\lambda)}=\begin{cases}1, & r_{ij}\geqslant\lambda \\ 0, & r_{ij}<\lambda\end{cases}$$

当 λ 由1逐渐下降时，若首次出现的 $\boldsymbol{R}_\lambda$，它的第 i_1 行元素除对角线元素外全等于1，则认定 x_{i_1} 是第一优越对象（不一定唯一）；再在 $\boldsymbol{R}$ 中划去 x_{i_1} 所在的行与列，得到一个新的 $n-1$ 阶模糊矩阵，用同样的方法获取最优对象作为第二优越对象；如此递推下去，可将全体对象排除一定的优劣次序。

例6.4　优秀员工评选。某公司有7个部门，每个部门推选1名优秀员工，现要求对这7名优秀员工按规定的条件再排一个次序。设论域 $U=\{x_1,x_2,x_3,x_4,x_5,x_6,x_7\}$（$x_i$：员工中的候选对象），$\tilde{A}$＝“优秀员工”是 U 上的模糊集，现将他们进行排序。由公司负责人、群众代表组成评议组 $|M|=m=10$ 人，评分标准如表6－6所示。

表6－6　评分标准

评分标准	一等	二等	三等	四等	五等	六等
分数/分	10	8	6	4	3	1

将部门推荐的优秀员工两两进行比较评分。例如，$x_1\rightarrow x_2$（以先评价的 x_2 为基准，后评价的 x_1 为对象进行相对比较评分）。又如，10人所给评分相加得总分为80分，则 x_1 对 x_2 的优先选择比为 $r_{12}=80/100=0.80$（其中分母100为10人都给最高分时的总分）。相应地，x_2 对 x_1 的优先选择比为 $r_{21}=1-r_{12}=1-0.80=0.20$。利用上述方法得出的结果如表6－7所示。

根据表6－7给出的优先选择比 r_{ij} 及其所满足的条件（$r_{ij}+r_{ji}=1$，取 $r_{ii}=1$），得如表6－8所示的结果。

表 6-7 评分结果

对象比较	分数						被评总分/分	优先选择比 r_{ij}
	一等	二等	三等	四等	五等	六等		
	10	8	6	4	3	1		
$x_1 \to x_2$	3	4	3	0	0	0	80	0.80
$x_1 \to x_3$	1	5	3	1	0	0	72	0.72
$x_1 \to x_4$	2	5	2	1	0	0	76	0.76
$x_1 \to x_5$	6	2	1	1	0	0	86	0.86
$x_1 \to x_6$	3	1	4	2	0	0	70	0.70
$x_1 \to x_7$	4	3	1	2	0	0	78	0.78
$x_2 \to x_3$	1	4	3	2	0	0	68	0.68
$x_2 \to x_4$	4	2	1	1	1	1	70	0.70
$x_2 \to x_5$	2	2	3	2	0	1	63	0.63
$x_2 \to x_6$	5	2	1	2	0	0	80	0.80
$x_2 \to x_7$	3	2	3	1	1	0	71	0.71
$x_3 \to x_4$	0	2	3	4	1	0	53	0.53
$x_3 \to x_5$	2	3	0	1	2	2	56	0.56
$x_3 \to x_6$	0	2	2	1	2	3	41	0.41
$x_3 \to x_7$	1	2	3	2	0	2	54	0.54
$x_4 \to x_5$	0	0	2	3	1	4	31	0.31
$x_4 \to x_6$	0	1	1	2	3	3	34	0.34
$x_4 \to x_7$	1	0	1	2	3	3	36	0.36
$x_5 \to x_6$	1	2	1	2	1	3	46	0.46
$x_5 \to x_7$	1	0	2	3	1	3	40	0.40
$x_6 \to x_7$	1	2	0	2	2	3	43	0.43

表 6-8 基于优先选择比的评分结果

对象	基准						
	x_1	x_2	x_3	x_4	x_5	x_6	x_7
x_1	1	0.80	0.72	0.76	0.86	0.70	0.78
x_2	0.20	1	0.68	0.70	0.63	0.80	0.71

续表

对象	基准						
	x_1	x_2	x_3	x_4	x_5	x_6	x_7
x_3	0.28	0.32	1	0.53	0.56	0.41	0.54
x_4	0.24	0.30	0.47	1	0.31	0.34	0.36
x_5	0.14	0.37	0.44	0.69	1	0.46	0.40
x_6	0.30	0.20	0.59	0.66	0.54	1	0.43
x_7	0.22	0.29	0.46	0.64	0.60	0.57	1

由表 6 - 8 得模糊优先关系矩阵为

$$\boldsymbol{R}^{(1)}=\begin{bmatrix}1 & 0.80 & 0.72 & 0.76 & 0.86 & 0.70 & 0.78\\ 0.20 & 1 & 0.68 & 0.70 & 0.63 & 0.80 & 0.71\\ 0.28 & 0.32 & 1 & 0.53 & 0.56 & 0.41 & 0.54\\ 0.24 & 0.30 & 0.47 & 1 & 0.31 & 0.34 & 0.36\\ 0.14 & 0.37 & 0.44 & 0.69 & 1 & 0.46 & 0.40\\ 0.30 & 0.20 & 0.59 & 0.66 & 0.54 & 1 & 0.43\\ 0.22 & 0.29 & 0.46 & 0.64 & 0.60 & 0.57 & 1\end{bmatrix}$$

取 $\lambda=0.70$，得 λ - 截矩阵为

$$\boldsymbol{R}_{0.70}^{(1)}=\begin{bmatrix}1 & 1 & 1 & 1 & 1 & 1 & 1\\ 0 & 1 & 0 & 1 & 0 & 1 & 1\\ 0 & 0 & 1 & 0 & 0 & 0 & 0\\ 0 & 0 & 0 & 1 & 0 & 0 & 0\\ 0 & 0 & 0 & 0 & 1 & 0 & 0\\ 0 & 0 & 0 & 0 & 0 & 1 & 0\\ 0 & 0 & 0 & 0 & 0 & 0 & 1\end{bmatrix}$$

λ - 截矩阵 $\boldsymbol{R}_{0.70}^{(1)}$ 的第一行元素全等于 1，说明只有 x_1 的优越程度超过了 0.70，所以职工 x_1 为第一优越对象。划去关系矩阵 $\boldsymbol{R}^{(1)}$ 中第一优越对象 x_1 所在的行与列，得到新的模糊优先关系矩阵为

$$\boldsymbol{R}^{(2)}=\begin{bmatrix}1 & 0.68 & 0.70 & 0.63 & 0.80 & 0.71\\ 0.32 & 1 & 0.53 & 0.56 & 0.41 & 0.54\\ 0.30 & 0.47 & 1 & 0.31 & 0.34 & 0.36\\ 0.37 & 0.44 & 0.69 & 1 & 0.46 & 0.40\\ 0.20 & 0.59 & 0.66 & 0.54 & 1 & 0.43\\ 0.29 & 0.46 & 0.64 & 0.60 & 0.57 & 1\end{bmatrix}$$

取 $\lambda=0.63$，得 λ - 截矩阵为

$$R_{0.63}^{(2)} = \begin{bmatrix} 1 & 1 & 1 & 1 & 1 & 1 \\ 0 & 1 & 0 & 0 & 0 & 0 \\ 0 & 0 & 1 & 0 & 0 & 0 \\ 0 & 0 & 1 & 1 & 0 & 0 \\ 0 & 0 & 1 & 0 & 1 & 0 \\ 0 & 0 & 1 & 0 & 0 & 1 \end{bmatrix}$$

λ－截矩阵 $\boldsymbol{R}_{0.63}^{(2)}$ 的第一行元素全等于1，应取 x_2 作为第二优越对象。

划去 $\boldsymbol{R}^{(2)}$ 中第一优越对象 x_2 所在的行与列，得到新的模糊优先关系矩阵为

$$\boldsymbol{R}^{(3)} = \begin{bmatrix} 1 & 0.53 & 0.56 & 0.41 & 0.54 \\ 0.47 & 1 & 0.31 & 0.34 & 0.36 \\ 0.44 & 0.69 & 1 & 0.46 & 0.40 \\ 0.59 & 0.66 & 0.54 & 1 & 0.43 \\ 0.46 & 0.64 & 0.60 & 0.57 & 1 \end{bmatrix}$$

取 $\lambda = 0.46$，得 λ－截矩阵为

$$\boldsymbol{R}_{0.46}^{(3)} = \begin{bmatrix} 1 & 1 & 1 & 0 & 1 \\ 1 & 1 & 0 & 0 & 0 \\ 0 & 1 & 1 & 1 & 0 \\ 1 & 1 & 1 & 1 & 0 \\ 1 & 1 & 1 & 1 & 1 \end{bmatrix}$$

可知 x_7 作为第三优越对象。

类似地，可得7名优秀员工的模糊优先关系排序为

$$x_1,\ x_2,\ x_7,\ x_6,\ x_3,\ x_5,\ x_4$$

在实际问题中，直接给出模糊集的隶属度是比较困难的。但是，对于论域 U 中的两个元素 x_1 和 x_2，就某个性质比较优劣，或者对某个模糊集比较隶属度的大小，却是比较容易的。通过指标分解与比较就简化了问题分析难度。

2. 利用二元对比排序建立隶属函数

下面介绍在有限论域上通过二元对比排序建立模糊集的隶属函数的几种方法。设论域 $U = \{x_1, x_2, \cdots, x_n\}$，$\tilde{A} \in \Gamma(U)$ 为是一模糊集，问题是在知道了模糊优先关系矩阵 $\boldsymbol{R}$ 后，如何确定模糊集 $\tilde{A}$ 的隶属函数。事实上，对模糊关系矩阵 $\boldsymbol{R}$ 进行适当的数学加工处理后，即可得出模糊集 $\tilde{A}$ 的隶属函数。

最小法：

$$\tilde{A}(x_i) = \wedge_{j \neq i} r_{ij}, i = 1, 2, \cdots, n \tag{6.1}$$

$$\tilde{A} = \frac{\tilde{A}(x_1)}{x_1} + \frac{\tilde{A}(x_2)}{x_2} + \cdots + \frac{\tilde{A}(x_n)}{x_n} \tag{6.2}$$

这实际上是模糊集 $\tilde{A}$ 的隶属函数的离散表示法。

平均法：

$$\tilde{A}(x_i) = \frac{1}{n}\sum_{j=1}^{n} r_{ij}, i = 1,2,\cdots,n \tag{6.3}$$

加权平均法：

$$\tilde{A}(x_i) = \sum_{j=1}^{n} \delta_j r_{ij}, i = 1,2,\cdots,n \tag{6.4}$$

式中，$\delta_1,\delta_2,\cdots,\delta_n$ 是一组权重。

以例 6.4 中的模糊优先关系矩阵 $\boldsymbol{R}$ 为例，用平均法可得

$$\tilde{A}(x_1)=0.66,\ \tilde{A}(x_2)=0.53,\ \tilde{A}(x_3)=0.38,\ \tilde{A}(x_4)=0.29,$$

$$\tilde{A}(x_5)=0.36,\ \tilde{A}(x_6)=0.39,\ \tilde{A}(x_7)=0.40$$

$$\tilde{A}(\text{优秀员工})=\frac{0.66}{x_1}+\frac{0.53}{x_2}+\frac{0.38}{x_3}+\frac{0.29}{x_4}+\frac{0.36}{x_5}+\frac{0.39}{x_6}+\frac{0.40}{x_7}$$

根据隶属度的大小，7 名优秀员工的排序为

$$x_1,\ x_2,\ x_7,\ x_6,\ x_3,\ x_5,\ x_4$$

3. 模糊相似优先比决策

模糊相似优先对比决策也是一种二元对比决策。先利用二元相对比较级定义一个模糊相似优先比 r_{ij}，从而建立模糊优先比矩阵；然后通过确定 λ - 截矩阵来对所有的备选方案进行排序。

定义 6.13 二元比较级　设论域 $U=\{x_1,x_2,\cdots,x_n\}$，对于给定的一对元素 (x_i,x_j)，若存在数对 $(f_j(x_i), f_i(x_j))$，满足

$$0 \leqslant f_j(x_i) \leqslant 1,\ 0 \leqslant f_i(x_j) \leqslant 1 \tag{6.5}$$

使得在 x_i 与 x_j 的比较中，如果 x_i 具有某种特性的程度为 $f_j(x_i)$，那么 x_j 具有该特性的程度为 $f_i(x_j)$。这时 $(f_j(x_i), f_i(x_j))$ 为 x_i 与 x_j 对该特性的二元相对比较级，简称二元比较级。

当 $i=j$ 时，令 $f_i(x_i)=1$，给出如下定义：

定义 6.14 二元相对比较矩阵　称模糊矩阵

$$\boldsymbol{\Phi}=\begin{bmatrix} 1 & f_2(x_1) & f_3(x_1) & \cdots & f_n(x_1) \\ f_1(x_2) & 1 & f_3(x_2) & \cdots & f_n(x_2) \\ f_1(x_3) & f_2(x_3) & \ddots & \vdots & \vdots \\ \vdots & \vdots & \cdots & 1 & f_n(x_{n-1}) \\ f_1(x_n) & f_2(x_n) & \cdots & f_{n-1}(x_n) & 1 \end{bmatrix} \tag{6.6}$$

为二元相对比较矩阵。

下面介绍模糊相似优先比决策的方法与步骤。

(1) 设论域 $U=\{x_1,x_2,\cdots,x_n\}$ 是备选方案集。

(2) 确定模糊相似优先比 r_{ij}，建立模糊优先比矩阵。

若 $(f_j(x_i), f_i(x_j))$ 是二元比较级，令

$$\begin{cases} r_{ij}=\dfrac{f_j(x_i)}{f_j(x_i)+f_i(x_j)} \\ r_{ji}=\dfrac{f_i(x_j)}{f_j(x_i)+f_i(x_j)} \end{cases} \tag{6.7}$$

得

$$r_{ii}=0.5,\ 且\ r_{ij}+r_{ji}=1 \tag{6.8}$$

则 r_{ij} 为模糊相似优先比，$\boldsymbol{R}=(r_{ij})_{n\times n}$ 为模糊相似优先比矩阵。条件 $r_{ij}=0.5$ 表明自己与自己的优先程度是等同的。

(3) 用类似于模糊优先关系排序决策中确定的方法来对所有备选方案进行排序。

例 6.5 菊花排序。菊花是中国十大名花之一，花中四君子（梅兰竹菊）之一，也是世界四大切花（菊花、月季、康乃馨、唐菖蒲）之一，产量居首。菊花是经长期人工选择培育的名贵观赏花卉，公元 8 世纪前后作为观赏的菊花由中国传至日本。17 世纪末叶荷兰商人将中国菊花引入欧洲，18 世纪传入法国，19 世纪中期引入北美，此后中国菊花遍及全球。某菊花展览邀请观众就菊花的“美”（“美”指花的形、色、气等，都是模糊概念）进行排序。论域 $U=\{$夕阳滨菊 (x_1)，万寿菊 (x_2)，亚蓝菊 (x_3)，翠菊 (x_4)，秋菊 $(x_5)\}$，“美的菊花” $=\tilde{A}$ 是 U 上的一个模糊集。设菊花“美”的标准是花的造型好、颜色艳、香气正，并记为 x。

考虑 x_1 和 x_2 与 x 的接近程度。若 x_1 和 x 的贴近度为 0.8，x_2 与 x 的贴近度为 0.4，则 x_1 和 x_2 进行二元相对比较，可得

$$(f_2(x_1),f_1(x_2))=(0.8,0.4)$$

类似地，有

$$(f_3(x_1),f_1(x_3))=(0.9,0.5)$$
$$(f_4(x_1),f_1(x_4))=(0.7,0.6)$$
$$(f_5(x_1),f_1(x_5))=(0.9,0.3)$$
$$(f_3(x_2),f_2(x_3))=(0.7,0.4)$$
$$(f_4(x_2),f_2(x_4))=(0.4,0.9)$$
$$(f_5(x_2),f_2(x_5))=(0.8,0.5)$$
$$(f_4(x_3),f_3(x_4))=(0.9,0.2)$$
$$(f_5(x_3),f_3(x_5))=(0.8,0.7)$$
$$(f_5(x_4),f_4(x_5))=(0.2,0.7)$$

于是，得到二元相对比较矩阵为

$$\boldsymbol{\Phi}=\begin{bmatrix}0.5 & 0.8 & 0.9 & 0.7 & 0.9\\ 0.4 & 0.5 & 0.7 & 0.4 & 0.8\\ 0.5 & 0.4 & 0.5 & 0.9 & 0.8\\ 0.6 & 0.9 & 0.2 & 0.5 & 0.2\\ 0.3 & 0.5 & 0.7 & 0.7 & 0.5\end{bmatrix}$$

由此得模糊优先比矩阵为

$$\boldsymbol{R}=\begin{bmatrix}0.5 & 8/12 & 9/14 & 7/13 & 9/12\\ 4/12 & 0.5 & 7/11 & 4/13 & 8/13\\ 5/14 & 4/11 & 0.5 & 9/11 & 8/15\\ 6/13 & 9/13 & 2/11 & 0.5 & 2/9\\ 3/12 & 5/13 & 7/15 & 7/9 & 0.5\end{bmatrix}$$

取 $\lambda=0.54$，可得

$$R_{0.54}=\begin{bmatrix}0.5&1&1&1&1\\0&0.5&1&0&1\\0&0&0.5&1&0\\0&1&0&0.5&0\\0&0&0&1&0.5\end{bmatrix}$$

λ－截矩阵中除对角线元素外第一行元素全等于1，所以 x_1 可作为第一优越对象。划去 $\boldsymbol{R}$ 中 x_1 所在的行与列后，得到新的模糊优先比矩阵为

$$R^{(1)}=\begin{bmatrix}0.5&0.64&0.31&0.62\\0.36&0.5&0.82&0.53\\0.69&0.18&0.5&0.22\\0.38&0.47&0.78&0.5\end{bmatrix}$$

取 $\lambda=0.38$，可得

$$R_{0.38}^{(1)}=\begin{bmatrix}0.5&1&0&1\\0&0.5&1&1\\1&0&0.5&0\\1&1&1&0.5\end{bmatrix}$$

可知 x_5 可作为第二优越对象。

类似地，可得

$$R^{(2)}=\begin{bmatrix}0.5&0.64&0.31\\0.36&0.5&0.82\\0.69&0.18&0.5\end{bmatrix}$$

取 $\lambda=0.36$，可得

$$R_{0.36}^{(2)}=\begin{bmatrix}0.5&1&0\\1&0.5&1\\1&0&0.5\end{bmatrix}$$

可知 x_3 可作为第三优越对象。

类似地，可知 x_4 可作为第四优越对象。因此，五种菊花的排序为

$$x_1,\ x_5,\ x_3,\ x_4,\ x_2$$

即西洋滨菊优于秋菊，秋菊优于亚兰菊，亚蓝菊优于翠菊，翠菊优于万寿菊，这个结果与客观实际也是相符的。因为西洋滨菊是杂交品种，观赏价值很高，深受人们喜爱，排在第一是符合实际的。而万寿菊花很美丽，花期很长，只是因为其根、叶散发臭气，故有些人不很喜欢它，排在第五位也是情理之中的。

4. 模糊相对比较决策

设论域 $U=\{x_1,x_2,\cdots,x_n\}$ 表示 n 个备选方案（对象），先在二元对比中建立二元比较级，然后利用模糊相对比较函数，建立模糊相及矩阵来进行总体排序。

定义6.15 模糊相对比较函数 设论域 $U=\{x_1,x_2,\cdots,x_n\}$，x_i 与 x_j 的二元比较级为 $(f_j(x_i),f_i(x_j))$，则

$$f(x_i\mid x_j)\overset{\text{def}}{=\!=}\frac{f_j(x_i)}{f_i(x_j)\vee f_j(x_i)}\tag{6.9}$$

为模糊相对比较函数。

不难看出，$f(x_i \mid x_j)$具有如下性质：

(1)

$$f(x_i \mid x_j) \in [0,1]$$

(2)

$$f(x_i \mid x_j) = \begin{cases} 1 & , \ f_j(x_i) > f_i(x_j) \\ f_j(x_i)/f_i(x_j) & , \ f_j(x_i) \geqslant f_i(x_j) \end{cases}$$

(3)

$$f(x_i \mid x_i) = 1$$

上式表明了 x_i 优越于 x_j 的量化程度。当$f_j(x_i) > f_i(x_j)$时，x_i 绝对优越于 x_j，所以 $f(x_i \mid x_j) = 1$；当$f_j(x_i) \leqslant f_i(x_j)$时，$x_i$ 优越于 x_j 的量化程度可用比值$(f_j(x_i))/(f_i(x_j))$来度量；当 x_i 与 x_i 的优越性等同时，$f(x_i \mid x_i) = 1$，这从模糊相对比较函数的定义式也可看出。当然，取$f(x_i \mid x_i) = 0$ 或 0.5 也未尝不可。

定义 6.16 模糊相及矩阵 设论域 $U = \{x_1, x_2, \cdots, x_n\}$，记 $r_{ij} = f(x_i \mid x_j)$，则以 r_{ij}为元素的矩阵 $\boldsymbol{R}(r_{ij})_{n \times n}$称为模糊相及矩阵。

$$\boldsymbol{R} = \begin{bmatrix} 1 & f(x_1 \mid x_2) & \cdots & f(x_1 \mid x_2) \\ f(x_2 \mid x_1) & 1 & \cdots & \vdots \\ \vdots & \vdots & \ddots & f(x_{n-1} \mid x_n) \\ f(x_n \mid x_1) & \cdots & f(x_n \mid x_{n-1}) & 1 \end{bmatrix} \tag{6.10}$$

为模糊相对比较函数。

在模糊相及矩阵 $\boldsymbol{R}$ 中，对 $\boldsymbol{R}$ 的每行求下确界，以最大下确界所在行对应的 x_i 为第一优越对象；划去第 i 行与第 i 列，得 $n-1$ 阶模糊相及矩阵，类似地找出第二优越对象；照此一直进行下去，就可对 n 个备选方案（对象）进行总体排序。

若用模糊相对比较决策对例 6.5 中的五种菊花进行排序，同样，设论域 $U = \{$夕阳滨菊 (x_1)，万寿菊 (x_2)，亚蓝菊 (x_3)，翠菊 (x_4)，秋菊 $(x_5)\}$。二元相对比较矩阵为

$$\boldsymbol{\Phi} = \begin{bmatrix} 0.5 & 0.8 & 0.9 & 0.7 & 0.9 \\ 0.4 & 0.5 & 0.7 & 0.4 & 0.8 \\ 0.5 & 0.4 & 0.5 & 0.9 & 0.8 \\ 0.6 & 0.9 & 0.2 & 0.5 & 0.2 \\ 0.3 & 0.5 & 0.7 & 0.7 & 0.5 \end{bmatrix}$$

利用模糊相对比较函数的计算公式，可得

$$f(x_1 \mid x_1) = 1$$

$$f(x_1 \mid x_2) = \frac{f_2(x_1)}{f_2(x_1) \vee f_1(x_2)} = \frac{0.8}{0.8 \vee 0.4} = 1$$

$$f(x_1 \mid x_3) = \frac{f_3(x_1)}{f_3(x_1) \vee f_1(x_3)} = \frac{0.9}{0.9 \vee 0.5} = 1$$

$$f(x_1 \mid x_4) = \frac{f_4(x_1)}{f_4(x_1) \vee f_1(x_4)} = \frac{0.7}{0.7 \vee 0.6} = 1$$

$$f(x_1 \mid x_5) = \frac{f_5(x_1)}{f_5(x_1) \vee f_1(x_5)} = \frac{0.9}{0.9 \vee 0.3} = 1$$

类似地，可得

$$\begin{aligned}
&f(x_2 \mid x_1) = 1/2, \quad && f(x_3 \mid x_1) = 5/9 \\
&f(x_2 \mid x_2) = 1, && f(x_3 \mid x_2) = 4/7 \\
&f(x_2 \mid x_3) = 1, && f(x_3 \mid x_3) = 1 \\
&f(x_2 \mid x_4) = 4/9, && f(x_3 \mid x_4) = 1 \\
&f(x_2 \mid x_5) = 1, && f(x_3 \mid x_5) = 1 \\
&f(x_4 \mid x_1) = 6/7, && f(x_5 \mid x_1) = 3/9 \\
&f(x_4 \mid x_2) = 1, && f(x_5 \mid x_2) = 5/8 \\
&f(x_4 \mid x_3) = 2/9 && f(x_5 \mid x_3) = 7/8 \\
&f(x_4 \mid x_4) = 1, && f(x_5 \mid x_4) = 1 \\
&f(x_4 \mid x_5) = 2/7, && f(x_5 \mid x_5) = 1
\end{aligned}$$

于是，便可获得模糊相及矩阵，再基于模糊相及矩阵对五种菊花进行排序，具体过程与例 6.5 中的分析方法类似。因此，用模糊相对比较决策作出的五种菊花的总体排序结果为 x_1，x_5，x_3，x_4，x_2。此结果与用模糊相似优先比决策所得结果是一致的。

6.4　模糊综合评判决策

本节介绍模糊综合评判决策的理论基础——模糊映射与模糊变换、模糊综合决策的数学模型及其应用。

6.4.1　经典综合评判决策

在实际工作中，对一个事物的评价（或评估），常常涉及多个因素或多个指标，这时就要求根据这多个因素对事物作出综合评价，而不能只从某一因素的情况去评价，这就是综合评价。其中，评判的意思是指按照给定的条件对事物的优劣、好坏进行评比、判别，综合的意思是指评判条件包含多个因素或多个指标。因此，综合评判就是要对受多个因素影响的事物作出全面评价。

综合评判的方法有许多种，这里介绍最常用的两种。

1. 评总分法

所谓评总分法，就是根据评判对象列出评价项目，对每个项目定出评价的等级，并用分数表示。将评价项目所得分数累计相加，然后按总分的大小排列次序，以决定方案的优劣。

例如，研究生入学资格考试成绩的评分方法就是如此。总分一般表示为

$$S = \sum_{i=1}^{n} S_i \tag{6.11}$$

式中，S 表示总分；S_i 表示第 i 个项目得分；n 为项目数。

2. 加权评分法

加权评分法主要是考虑诸因素（或诸指标）在评价中所处的地位或所起的作用不尽相同，因此不能一律平等地对待这些因素或指标。于是，就引进了权重的概念，它体现了各个

因素指标在评价中的不同地位或不同作用。相比于评总分法，这种评分法显然更加合理。

加权评分法一般表示为

$$E = \sum_{i=1}^{n} a_i S_i \tag{6.12}$$

式中，E 表示加权平均分数；a_i 为第 i 个因素所占的权重；并要求 $\sum_{i=1}^{n} a_i = 1$ 。

若取权重 $a_i = 1/n$，则由式（6.12）求出的就是平均分。

6.4.2 模糊映射与模糊变换

将映射概念作两个方面的扩张。

点集映射：

$$\begin{cases} f: X \rightarrow \Gamma(Y) \\ x \mid \rightarrow f(x) = B \in \Gamma(Y) \end{cases} \tag{6.13}$$

集合变换：

$$\begin{cases} T: \Gamma(X) \rightarrow \Gamma(Y) \\ A \mid \rightarrow T(A) = B \end{cases} \tag{6.14}$$

现将以上两种变换推广到模糊子集情形。

定义 6.17 模糊映射 映射

$$\begin{cases} \tilde{f}: X \rightarrow \Gamma(Y) \\ x \mid \rightarrow \tilde{f}(x) = \tilde{B} \end{cases} \tag{6.15}$$

为由 X 到 Y 的模糊映射。

由定义可知，模糊映射是点集映射的推广，即在映射 $\tilde{f}$ 下，将点 x 变为模糊集 $\tilde{B}$。

例 6.6 设 $X = \{x_1, x_2, x_3, x_4\}$，$Y = \{y_1, y_2, y_3\}$，令

$$\tilde{f}_1: \begin{cases} x_1 \mid \rightarrow \tilde{f}_1(x_1) = \dfrac{1}{y_1} = \{y_1\} \\ x_2 \mid \rightarrow \tilde{f}_1(x_2) = \dfrac{1}{y_1} + \dfrac{1}{y_2} = \{y_1, y_2\} \\ x_3 \mid \rightarrow \tilde{f}_1(x_3) = \dfrac{1}{y_3} = \{y_3\} \\ x_4 \mid \rightarrow \tilde{f}_1(x_4) = \dfrac{1}{y_1} + \dfrac{1}{y_2} + \dfrac{1}{y_3} = \{y_1, y_2, y_3\} \end{cases}$$

$$\tilde{f}_2: \begin{cases} x_1 \mid \rightarrow \tilde{f}_2(x_1) = \dfrac{0.2}{y_1} + \dfrac{0.3}{y_2} + \dfrac{0.8}{y_3} \\ x_2 \mid \rightarrow \tilde{f}_2(x_2) = \dfrac{0.3}{y_1} + \dfrac{1}{y_2} + \dfrac{0.5}{y_3} \\ x_3 \mid \rightarrow \tilde{f}_2(x_3) = \dfrac{0}{y_1} + \dfrac{0.6}{y_2} + \dfrac{0.9}{y_3} \\ x_4 \mid \rightarrow \tilde{f}_2(x_4) = \dfrac{0.4}{y_1} + \dfrac{0.7}{y_2} + \dfrac{0}{y_3} \end{cases}$$

由定义可知，$\tilde{f}_1$，$\tilde{f}_2$ 都是 X 到 Y 的模糊映射，并且 $\tilde{f}_1$ 是（普通意义下的）X 到 Y 的点集映射。这也说明，点集映射是模糊映射的特殊情形。

为了方便与直观，我们只给出在有限论域情形下模糊映射 $\tilde{f}$ 与模糊关系 $\tilde{R}_f$ 之间的对应关系。

性质 6.1　设 $X=\{x_1,x_2,\cdots,x_n\}$，$Y=\{y_1,y_2,\cdots,y_m\}$。

（1）给定模糊映射：

$$\begin{cases}\tilde{f}: & X\rightarrow \Gamma(Y)\\ & x_i\mid\rightarrow \tilde{f}(x_i)=\tilde{B}=\dfrac{r_{i1}}{y_1}+\dfrac{r_{i2}}{y_2}+\cdots+\dfrac{r_{im}}{ym}=(r_{i1},r_{i2}\cdots r_{im})\in\Gamma(Y)\end{cases}$$

以$(r_{i1},r_{i2},\cdots,r_{im})$（$i=1,2,\cdots,n$）为行构造一个模糊矩阵

$$\boldsymbol{R}_f=\begin{bmatrix}r_{11} & r_{12} & \cdots & r_{1m}\\ r_{21} & r_{22} & \cdots & r_{2m}\\ \vdots & \vdots & \ddots & \vdots\\ r_{n1} & r_{n2} & \cdots & r_{nm}\end{bmatrix}$$

就可唯一确定模糊关系，即

$$\tilde{R}_f(x_i,y_i)=r_{ij}=\tilde{f}(x_i)(y_j)$$

（2）给定模糊映射：

$$\boldsymbol{R}_f=\begin{bmatrix}r_{11} & r_{12} & \cdots & r_{1m}\\ r_{21} & r_{22} & \cdots & r_{2m}\\ \vdots & \vdots & \ddots & \vdots\\ r_{n1} & r_{n2} & \cdots & r_{nm}\end{bmatrix}$$

可令

$$\begin{cases}\tilde{f}_R: & X\rightarrow \Gamma(Y)\\ & x_i\mid\rightarrow \tilde{f}_R(x_i)=(r_{i1},r_{i2}\cdots r_{im})\in\Gamma(Y)\quad (i=1,2,\cdots,n)\end{cases}$$

式中，$\tilde{f}(x_i)(y_j)=r_{ij}=\tilde{R}_f(x_i,y_i)$（$i=1,2,\cdots,n$；$j=1,2,\cdots,m$）；$\tilde{f}_R$ 为由 X 到 Y 的模糊映射。

定义 6.18 模糊变换　称映射

$$\begin{cases}\tilde{T}:\Gamma(X)\rightarrow\Gamma(Y)\\ \tilde{A}\mid\rightarrow\tilde{T}(\tilde{A})=\tilde{B}\end{cases}\tag{6.16}$$

为由 X 到 Y 的模糊变换。

模糊变换是集合变换的推广，即在映射 $\tilde{T}$ 下，将模糊集 $\tilde{A}$ 变为模糊集 $\tilde{B}$。

例 6.7　设 $X=\{x_1,x_2,x_3,x_4\}$，$Y=\{y_1,y_2,y_3\}$，有

$$\tilde{A}=\frac{0.3}{x_1}+\frac{0.5}{x_2}+\frac{0.1}{x_3}+\frac{0.8}{x_4}$$

令

$$T: \tilde{A} \mid\to \tilde{T}(\tilde{A}) = \frac{0.3}{y_1} + \frac{0.5}{y_2} + \frac{1}{y_3} = \tilde{B}$$

式中，$\tilde{B}$ 是 Y 上的模糊子集；$\tilde{T}$ 是由 X 到 Y 的模糊映射。

性质 6.2 设 $X = \{x_1, x_2, \cdots, x_n\}$，$Y = \{y_1, y_2, \cdots, y_m\}$。

给定模糊关系矩阵为

$$\boldsymbol{R} = \begin{bmatrix} r_{11} & r_{12} & \cdots & r_{1m} \\ r_{21} & r_{22} & \cdots & r_{2m} \\ \vdots & \vdots & \ddots & \vdots \\ r_{n1} & r_{n2} & \cdots & r_{nm} \end{bmatrix}, \quad \forall \tilde{A} = A = (a_1, a_2 \cdots a_n) \in \Gamma(X)$$

可以按定义确定一个模糊线性变换，即

$$\begin{cases} \tilde{T}_R: \Gamma(X) \to \Gamma(Y) \\ \tilde{A} \mid\to \tilde{T}_R(\tilde{A}) = A \circ R = \tilde{B} = (b_1, b_2, \cdots, b_m) \in \Gamma(Y) \end{cases}$$

式中，$b_j = \vee_{i=1}^{n}(a_i \wedge r_{ij})$，$j = 1, 2, \cdots, m$。

6.4.3 模糊综合评判决策的数学模型

模糊综合评判决策是对受多种因素影响的事物作出全面评价的一种十分有效的多因素决策方法。因此，模糊综合评判决策又称为模糊综合决策或模糊多元决策。

设 $U = (u_1, u_2, \cdots, u_n)$ 为 n 种因素（或指标），$V = (v_1, v_2, \cdots, v_m)$ 为 m 种评判，它们的元素个数和名称均可根据实际问题需要由人们主观规定。各种因素所处的地位不同，其作用也不一样，当然权重也不同，因而评判也就不同。人们对 m 种评判并不是绝对地肯定或否定，因此综合评判应该是 V 上的一个模糊子集，即

$$\tilde{B} = (b_1, b_2, \cdots, b_m) \in \Gamma(V) \tag{6.17}$$

式中，$b_j (j = 1, 2, \cdots, m)$ 反映了第 j 种评判 v_j 在综合评判中所占的地位（v_j 对模糊集 $\tilde{B}$ 的隶属度，$\tilde{B}(v_j) = b_j$）。

综合评判 $\tilde{B}$ 依赖于各个因素的权重，它应该是 U 上的模糊子集 $A = (a_1, a_2, \cdots, a_m) \in \Gamma(U)$，且 $\sum_{i=1}^{n} a_i = 1$，其中 a_i 表示第 i 种因素的权重。因此，一旦给定权重 A，相应地可得到一个综合评判 B。

于是，需要建立一个从 U 到 V 的模糊变换 $\tilde{T}$。如果对每一个因素 u_i 单独作一个评判 $\tilde{f}(u_i)$，就可以看作 U 到 V 的模糊映射 $\tilde{f}$，即

$$\begin{cases} \tilde{f}: \quad U \to \Gamma(V) \\ u_i \mid\to \tilde{f}(u_i) \in \Gamma(V) \end{cases}$$

由 $\tilde{f}$ 可诱导出一个 U 到 V 的模糊线性变换 $\tilde{T}_f$。我们就可以把 $\tilde{T}_f$ 看作由权重 A 得到的综合评判 $\tilde{B}$ 的数学模型。

从以上分析可知，模糊综合决策的数学模型由三个要素组成，其步骤分为四步：

（1）给出因素集 $U=(u_1,u_2,\cdots,u_n)$。

（2）确定评判集（评价集或决断集）$V=(v_1,v_2,\cdots,v_m)$。

（3）单因素评判，即

$$\begin{aligned}&\tilde{f}:U\rightarrow\Gamma(V)\\&u_i\mapsto\tilde{f}(u_i)=(r_{i1},r_{i2},\cdots,r_{im})\in\Gamma(V)\end{aligned}\tag{6.18}$$

由命题可知，模糊映射 $\tilde{f}$ 可诱导出模糊关系 $\tilde{R}_f\in\Gamma(U\times V)$，即

$$\tilde{R}_f(x_i,y_i)=\tilde{f}(x_i)(y_j)=r_{ij}\tag{6.19}$$

因此，$\tilde{R}_f$ 可由模糊矩阵表示为

$$\boldsymbol{R}=\begin{bmatrix}r_{11}&r_{12}&\cdots&r_{1m}\\r_{21}&r_{22}&\cdots&r_{2m}\\\vdots&\vdots&\ddots&\vdots\\r_{n1}&r_{n2}&\cdots&r_{nm}\end{bmatrix}\tag{6.20}$$

矩阵 $\boldsymbol{R}$ 为单因素评判矩阵。模糊关系 $\tilde{R}$ 可诱导出由 U 到 V 的模糊线性变换 $\tilde{R}_f$。三元数组(U,V,R)构成一个模糊综合决策模型，U,V,R 是此模型的三个要素。

（4）综合评判。对于权重 $\boldsymbol{A}=(a_1,a_2,\cdots,a_n)$，取最大 - 最小（max - min）合成运算，可得综合评判为

$$\tilde{B}=\boldsymbol{A}\circ\boldsymbol{R}\tag{6.21}$$

若输入一种权重 $\boldsymbol{A}\in\Gamma(U)$，则输出一个综合评判

$$\tilde{B}=\boldsymbol{A}\circ\boldsymbol{R}\in\Gamma(V)\tag{6.22}$$

为了便于说明模糊综合决策的数学模型，下面给出一个日常生活中的示例。

例 6.8 领带喜好评判。

男士对领带的评价（喜欢的程度）受颜色、款式等多个因素影响，且往往又受人的主观因素影响，这就是俗语所说的：“萝卜白菜，各有所爱。”

解： 领带喜好评判的具体步骤如下

（1）选取如下的因素集 $U=\{u_1,u_2,u_3,u_4\}$，其中，u_1 表示颜色，u_2 表示款式，u_3 表示质量，u_4 表示价格。

（2）选取如下的评判集 $V=\{v_1,v_2,v_3,v_4\}$，其中，v_1 表示很喜欢，v_2 表示较喜欢，v_3 表示不太喜欢，v_4 表示不喜欢。

（3）单因素评判。请若干专业人员与顾客，对于某品牌领带，单就颜色表态，假设有20%的人很喜欢，50%的人较喜欢，20%的人不太喜欢，10%的人不喜欢，可得

$$u_1\mapsto(0.2,0.5,0.2,0.1)$$

类似地，对其他因素进行单因素评判，得到一个由 U 到 V 的模糊映射，即

$$\begin{cases}\tilde{f}: \quad U \to \Gamma(V) \\ u_1 \mid \to (02,0.5,0.2,01) \\ u_2 \mid \to (07,0.2,0.1,0) \\ u_3 \mid \to (0,0.4,0.5,01) \\ u_4 \mid \to (02,0.3,0.5,0)\end{cases}$$

由上述单因素评判，可诱导出模糊关系 $\tilde{\boldsymbol{R}}_f = \boldsymbol{R}$，即得单因素评判矩阵为

$$\boldsymbol{R} = \begin{bmatrix} 0.2 & 0.5 & 0.2 & 0.1 \\ 0.7 & 0.2 & 0.1 & 0 \\ 0 & 0.4 & 0.5 & 0.1 \\ 0.2 & 0.3 & 0.5 & 0 \end{bmatrix}$$

(4) 综合评判。不妨设有这样的两类顾客，他们对各因素所持的权重分别为

$$\boldsymbol{A}_1 = (0.1,0.2,0.3,0.4),\ \boldsymbol{A}_2 = (0.4,0.35,0.15,0.1)$$

计算可求得这两类顾客对服装的综合评判分别为

$$\tilde{B}_1 = \boldsymbol{A}_1 \circ \boldsymbol{R} = (0.2,0.3,0.4,0.1)$$

$$\tilde{B}_2 = \boldsymbol{A}_2 \circ \boldsymbol{R} = (0.35,0.4,0.2,0.1)$$

按最大隶属度原则，对此种领带第一类顾客的评价结果是不太喜欢，而第二类顾客的评价结果则是比较喜欢。

如果需要，还可以进行归一化，可得

$$\tilde{B}_2' = \left(\frac{0.35}{1.05},\frac{0.4}{1.05},\frac{0.2}{1.05},\frac{0.1}{1.05}\right) = (0.33,0.38,0.19,0.1)$$

例 6.8 高校教师职称晋升评判。

目前，很多高校对教师采用预聘制管理体系，对于拟招收的青年教师，首先签订 3 年聘用合同，合同到期后进行考核，考核不达标者不再续聘。有时被戏称为“非升即走”。这里的“升”指的便是在聘期考核时职称的晋升。

解： 事实上对教师的晋升评价比较复杂，假设以某高校讲师晋升为副教授为例进行职称晋升评判。

(1) 选取因素集 $U = \{u_1, u_2, u_3, u_4\}$，其中，$u_1$ 表示政治表现及工作态度，u_2 表示教学水平，u_3 表示科研水平，u_4 表示外语水平。

(2) 选取评判集 $V = \{v_1, v_2, v_3, v_4, v_5\}$，其中，$v_1$ 表示好，v_2 表示较好，v_3 表示一般，v_4 表示较差，v_5 表示差。

(3) 建立单因素评判矩阵。学科评审组的每个成员对被评判的对象进行评价。假定学科评审组由 7 人组成，用打分或投票的方法表明各自的评价。例如，对张某的政治表现及工作态度，学科评审组中有 4 人认为好，2 人认为较好，1 人认为一般。对其他因素也作类似评价，其结果如表 6－9 所示。其中，$c_{ij}(i=1,2,3,4,\ j=1,2,3,4,5)$ 是赞成第 i 项因素 $u_i(i=1,2,3,4)$ 对第 j 种评价 $v_j(j=1,2,3,4,5)$ 的票数。

表 6-9　职称晋升因素集及评判结果

因素集 U	评判集				
	v_1（好）	v_2（较好）	v_3（一般）	v_4（较差）	v_5（差）
u_1（政治表现）	4（c_{11}）	2（c_{12}）	1（c_{13}）	0（c_{14}）	0（c_{15}）
u_2（教学水平）	6（c_{21}）	1（c_{22}）	0（c_{23}）	0（c_{24}）	0（c_{25}）
u_3（科研水平）	0（c_{31}）	0（c_{32}）	5（c_{33}）	1（c_{34}）	1（c_{35}）
u_4（外语水平）	2（c_{41}）	2（c_{42}）	1（c_{43}）	1（c_{44}）	1（c_{45}）

令

$$r_{ij} = \frac{c_{ij}}{\sum_{j=1}^{5} c_{ij}}(i = 1,2,3,4)$$

式中，$\sum_{j=1}^{5} c_{ij} = 7$ 为学科评审组的人数；则单因素评判矩阵为

$$\boldsymbol{R} = \begin{bmatrix} 0.57 & 0.29 & 0.14 & 0 & 0 \\ 0.86 & 0.14 & 0 & 0 & 0 \\ 0 & 0 & 0.71 & 0.14 & 0.14 \\ 0.29 & 0.29 & 0.14 & 0.14 & 0.14 \end{bmatrix}$$

(4) 综合评判。由于高校有的教师是以教学为主，有的是以科研为主，所以对各个因素的侧重程度是不同的。下面给出两种不同侧重的权重：

以教学为主的教师，给出权重：

$$\boldsymbol{A}_1 = (0.2, 0.5, 0.1, 0.2)$$

以科研为主的教师，给出权重：

$$\boldsymbol{A}_2 = (0.2, 0.1, 0.5, 0.2) \tag{6.23}$$

用模型计算可得

$$\tilde{B}_1 = \boldsymbol{A}_1 \circ \boldsymbol{R} = (0.5, 0.2, 0.14, 0.14, 0.14)$$

$$\tilde{B}_2 = \boldsymbol{A}_1 \circ \boldsymbol{R} = (0.2, 0.2, 0.5, 0.14, 0.14)$$

归一化，可得

$$\tilde{B}'_1 = (0.46, 0.18, 0.12, 0.12, 0.12)$$

$$\tilde{B}'_2 = (0.17, 0.17, 0.42, 0.12, 0.12)$$

若规定获得评价“好”与“较好”要占 50% 以上才可晋升，则这位讲师可以晋升为教学型副教授，不可晋升为科研型副教授，这与实际也是相符的。

在对有些实际问题的处理中，为了充分利用综合评判带来的信息，可视评判结果所形成的向量为一权重（归一化），将评判集的等级用 1 分制数量化，则将评判结果进行加权平均，可得到总分。例如，“晋升”数学模型中，以教学为主的评判结果，即

$$\tilde{B}'_1 = (0.46, 0.18, 0.12, 0.12, 0.12)$$

评判集 $V=\{v_1,v_2,v_3,v_4,v_5\}$ 数量化表示为

$$V=(1,0.8,0.7,0.6,0.5)^T$$

则得总分为

$$(0.46,0.18,0.12,0.12,0.12)(1,0.8,0.7,0.6,0.5)^T=0.82$$

如果规定总分在0.80分以上可以晋升，则该讲师可以晋升为副教授。

习　题

1. 用特征函数表示下列集合，并作特征函数图形：

（1）大于2小于5的实数。

（2）小于10的素数。

（3）圆 $x^2+y^2=1$ 及圆内的点。

2. 设 $\boldsymbol{A}=[0.3\ 0.4\ 0.2\ 0.1;\ 0.5\ 0.3\ 0.1\ 0.7;\ 1\ 0.1\ 0.6\ 0.7]$，$\boldsymbol{B}=[0.6\ 0.1;\ 0.5\ 0.7;\ 0.2\ 1;\ 0\ 0.3]$，计算 $\boldsymbol{A}\circ\boldsymbol{B}$。

3. 设 $X=\{x_1,x_2,x_3\}$，$Y=\{y_1,y_2,y_3,y_4\}$，$\boldsymbol{R}=[1\ 0\ 1\ 0;\ 0\ 1\ 0\ 0;\ 0\ 0\ 1\ 1]$，$A=\{x_1,x_3\}$，$\tilde{B}=0.7/x_1+0.2/x_2$，求 $\tilde{T}_{\boldsymbol{R}}(A)$，$\tilde{T}_{\boldsymbol{R}}(B)$。

4. 对某产品质量作综合评判，考虑从4种因素来评判产品，即因素集为 $U=\{u_1,u_2,u_3,u_4\}$。将产品质量分为4等，即评判集为 $V=\{\mathrm{I},\mathrm{II},\mathrm{III},\mathrm{IV}\}$，设单因素评判为模糊映射 $\tilde{f}:X\to\Gamma(V)$，则

$$u_1\mid\tilde{f}(u_1)=(0.3,0.6,0.1,0),$$

$$u_2\mid\tilde{f}(u_2)=(0,0.2,0.5,0.3),$$

$$u_3\mid\tilde{f}(u_3)=(0.5,0.3,0.1,0.1),$$

$$u_4\mid\tilde{f}(u_4)=(0.1,0.3,0.2,0.4).$$

设有两种对因素的权重为 $\boldsymbol{A}_1=(0.5,0.2,0.2,0.1)$，$\boldsymbol{A}_2=(0.2,0.4,0.1,0.3)$。试评判此产品按两种权重情况下，分别相对属于哪级产品。

第7章
基于证据推理的决策支持方法

7.1 基于证据推理的决策概述

随着人工智能技术的迅速发展，人工智能在各行各业的地位和作用得到了越来越大的提高。作为人工智能的一个重要分支，决策支持系统在工程、管理、军事等领域正得到越来越多的应用，主要目的是使计算机在各个领域中起到人类专家的作用。它是一种计算机程序，可以模仿人类的解题策略，并与这个问题所特有的大量实际知识和经验知识结合起来。

然而，作为人工智能领域中一个重要研究方向，决策支持技术在现实世界的应用中具有很大的局限性。首先，当数据或者专家经验不完全确定时，传统的决策支持技术不能相应地体现这样的不确定性，这样得到的推理结果就不能体现出现实生活中决策者要求的可能值情况；其次，当多决策者共同决策时，传统的决策系统不能提供决策融合的相关解决方法。另外，当知识相冲突时，传统的决策系统没有冲突消解的有效方式。为了克服上述局限，一种新的不确定性推理决策系统——基于证据推理的决策发展了起来。

在基于证据推理的决策系统中，不确定性推理是建立在不确定的知识和证据基础之上的推理，从不确定的初始证据出发，在推理的过程中运用了不确定的知识，最终推出具有一定程度的不确定性但又基本合理的结论。近年来，由于基于证据推理的决策在信息建模的灵活性和证据组合机制方面（如 Dempster 证据合成法则）具有优势，使得基于证据推理的决策逐渐成为不确定性推理的一个重要方法，并作为管理科学与工程的重要分支广泛应用在投资项目优选、供应商优劣排序、经济效益评估等社会经济管理领域。基于证据推理的决策推理框架在系统收集并组合所有的有用信息（证据）之后，做出不确定性推理决策（作为系统的输出，如目标识别，医疗诊断，系统减灾等），得出最终的推理意见。基于证据推理的决策是指多个评价者选择某种决策方法，根据现有信息（证据）对备选方案评估并择优的过程。在决策过程中，决策信息的不确定特性会给决策问题带来更大的模糊性和随机性，而且由于评价者知识的局限性以及决策问题的复杂性，评价者很难以精确值表示评价信息。因此，基于证据推理的决策方法的关键在于利用模糊系统进行近似推理。利用证据进行近似推理的过程可归纳为两大主要阶段：一是表征模糊的决策信息，这个过程称为“近似”；二是获得模糊信息之间的匹配程度，并根据匹配度完成信息的评价和排序，这个过程称为“推理”。因此，利用基于证据推理的决策方法来处理现实中的多属性群决策问题时，为了更好地描述评价信息中包含的全局不确定性、局部不确定性以及模糊性，其核心在于如何利用证据推理中的识别框架描述评价信息，并根据不同的识别框架提出对应的决策模型，从而解决不同决策背景下的决策问题。

7.2　利用直觉语言进行证据推理与决策

7.2.1　直觉语言与推理决策

随着模糊集理论的发展，人们发现其存在一些不足，即模糊集仅仅运用隶属度函数进行刻画和表达决策者的偏好信息。在利用证据进行推理决策的过程中，通常需要对决策专家的决策信息从多个方便进行全面的表达。例如，在公司董事会议上对某个投资项目进行表决投票过程中，不仅需要统计支持票，还要统计反对票，从而得到该投资项目的综合支持程度。显然，模糊集理论不能对上述决策信息进行综合的表达。实际上，当人们面对复杂的实际群决策问题时，由于决策问题的复杂性和不确定性，以及决策者自身知识能力与主观经验的局限性，使得在对一组决策方案进行评估时通常不能够给出精确的评价信息，而更加偏向于运用定性的语言变量表达决策信息。例如，当一对情侣一起去购物时，女生看到一条白色裙子比较合适并进行了试穿，当女生询问男生这条白色裙子是否合适时，男生通常会很自然地使用相关的语言信息（如“不好看”“一般般”“还行”“不错”“很好看”等）对该裙子进行评价，而不会使用精确的数字评价这条裙子。因此，为了合理有效地进行决策，扎德教授引入了语言术语集的概念。

为了从数学上描述基于证据推理的决策问题，偏好关系的概念被引入。偏好关系是一种有效的决策工具。它不需要专家在每一个属性下对方案给出精确评价，而是根据他们的认知对这些方案给出主观判断。在过去几十年，偏好关系的研究主要集中在数值表示上，包括模糊偏好关系、乘法偏好关系、区间模糊偏好关系、直觉模糊偏好关系等。然而，由于人类思维和决策信息的含糊性和不确定性，专家发现通过语言变量来表达他们的偏好度比用精确数更加合适，因此语言偏好关系便被提出。直觉模糊语言偏好关系兼具直觉模糊数和语言偏好关系的优点，能更好地应用在实际的复杂决策问题中。直觉语言模糊偏好关系是处理不确定性和含糊性决策信息的重要工具，同时最接近实际决策情形，具有很好的理论研究价值和实际应用价值。

7.2.2　直觉语言相关预备知识

直觉模糊集的定义如下：

定义 7.1　直觉模糊集　设 $X=\{x_1,x_2,\cdots,x_n\}$，是给定的非空论域集，定义在 X 上的直觉模糊集表示为 $A=\{\langle x,\mu_x,v_x\rangle \mid x\in X\}$，其中 μ_x，v_x 分别表示 $x\in A$ 的隶属度函数和非隶属度函数，满足 $\mu_x\in[0,1]$，$v_x\in[0,1]\,(0\leqslant\mu_x+v_x\leqslant1)$。

对每一个定义在 X 上的直觉模糊集 A，通常 $\pi(x)=1-\mu_x-v_x$ 称为 $x\in A$ 的直觉指标或犹豫度。当对 $\forall x\in X$ 都有 $\pi(x)=0$ 成立时，则直觉模糊集 A 退化为模糊集。

定义 7.2　任意两个直觉模糊数的序关系　设任意两个直觉模糊数 $\alpha_1=\langle u_1,v_1\rangle$，$\alpha_2=\langle u_2,v_2\rangle$，它们的序关系如下：

(1) 如果 $S(\alpha_1)>S(\alpha_2)$，那么 α_1 大于 α_2，记为 $\alpha_1>\alpha_2$。

(2) 如果 $S(\alpha_1)=S(\alpha_2)$，则若 $H(\alpha_1)>H(\alpha_2)$，那么 α_1 大于 α_2，记为 $\alpha_1>\alpha_2$；若

$H(\alpha_1)=H(\alpha_2)$，那么 α_1 等于 α_2，记为 $\alpha_1=\alpha_2$，其中，$S(\alpha_1)$，$S(\alpha_2)$ 称为得分函数，$H(\alpha_1)$，$H(\alpha_2)$ 称为精确函数。

定义 7.3 标准海明距离 设 $\alpha=(\mu_\alpha,v_\alpha,\pi_\alpha)$ 是两个直觉模糊数，其标准海明距离为

$$d(\alpha,\beta)=\frac{1}{2}(|u_\alpha-u_\beta|+|v_\alpha-v_\beta|+|\pi_\alpha-\pi_\beta|) \tag{7.1}$$

定义 7.4 直觉模糊加权聚合算子 设直觉模糊数 $\alpha_i=\langle u_i, v_i\rangle(i=1,2,\cdots,n)\in\Omega$，$w_i$ 是对应 α_i 的权重且满足 $0\leqslant w_i\leqslant 1$ 和 $\sum_{i=1}^{n}w_i=1$，则直觉模糊加权聚合算子是一个映射 IFWA：$\Omega^n\to\Omega$，满足

$$\mathrm{IFWA}_w(\alpha_1,\alpha_2,\cdots,\alpha_n)=\left(1-\prod_{i=1}^{n}(1-u_i)^{w_i},\prod_{i=1}^{n}v_i^{w_i}\right) \tag{7. 2}$$

定义 7.5 标准直觉模糊权重向量 设 $\omega=(\omega_1,\omega_2,\omega_n)^{\mathrm{T}}$ 是一个直觉模糊权重向量，其中 $\omega_i=\langle\omega_{iu},\omega_{iv}\rangle$，并且 ω_{iu}，$\omega_{iv}\in[0,1]$，$\omega_{iu}+\omega_{iv}\leqslant 1$，如果它满足

$$\sum_{\substack{j=1\\ j\neq i}}^{n}\omega_{ju}\leqslant\omega_{iv},\omega_{iu}+n-2\geqslant\sum_{\substack{j=1\\ j\neq i}}^{n}\omega_{j_v},\ i=1,2,\cdots,n \tag{7.3}$$

则它是一个标准直觉模糊权重向量。

模糊语言方法的定义如下：

定义 7.6 模糊语言方法 设 $S=\{s_0,s_1,\cdots,s_g\}$ 是一个给定的有序语言项集，s_i 表示语言变量的可能取值，一般 g 取正偶数并记为 $g=2\tau$，那么 $S=\{s_0,s_1,\cdots,s_{2\tau}\}$。

为了减少计算过程中信息的丢失，可进一步将离散的语言项集 $S=\{s_0,s_1,\cdots,s_g\}$ 推广到连续的语言项集 $\bar{S}=\{s_\alpha|s_0\leqslant s_\alpha\leqslant s_g,\alpha\in[0,g]\}$。如果 $s_\alpha\in S$，则 s_α 是一个原始语言项；否则，s_α 是一个虚拟语言项。

定义 7.7 语言项的运算法则 设 s_α，$s_\beta\in\bar{S}$，$\lambda\in[0, 1]$，其基本运算如下：

（1）$s_\alpha\oplus s_\beta=s_\beta\oplus s_\alpha$。

（2）$s_\alpha\oplus s_\beta=s_\beta\oplus s_\alpha=s_{\alpha\beta}$。

（3）$\lambda s_\alpha=s_{\lambda\alpha}$。

（4）$(s_\alpha)^\lambda=s_\alpha\lambda$。

由上面语言项的运算法则可知，语言项计算可直观地看成语言项的下标计算。那么此处引入一个下标映射 I：$\bar{S}[0,2\tau]$，从而可以得到语言项 $s_\alpha\in\bar{S}$ 的下标，如 $I(s_2)=2\in[0,8]$。显然映射 I 存在逆映射 I^{-1}：$[0, 2\tau]\to\bar{S}$，如 $I^{-1}(2.5)=s_{2.5}\in\bar{S}$。

直觉语言模糊集的定义如下：

定义 7.8 直觉语言模糊集 设 $\gamma=\langle s_u,s_v\rangle$，$s_u$，$s_v\in S_{0,g}$，如果 $u+v\leqslant g$，则 γ 是定义在 $S_{[0,g]}$ 上的直觉语言模糊数，则全体语言直觉模糊数集记为 Γ。

定义 7.9 语言得分函数和语言精确函数 设 $\gamma=(s_u,s_v)\in\Gamma$，记 $S(\gamma)=u-v$，$H(\gamma)=u+v$，$S(\gamma)$，$H(\gamma)$ 称为 γ 的语言得分函数和语言精确函数。

定义 7.10 直觉语言模糊数 设定义在集合 $X=\{x_1,x_2,\cdots,x_n\}$ 上的直觉语言模糊偏好关系由一个判断矩阵 $\boldsymbol{P}=(p_{ij})_{n\times n}$ 表示，其中 $p_{ij}=\langle p_{iju},p_{ijv}\rangle$，并且 p_{iju}，$p_{ijv}\in S=\{s_0,s_1,\cdots,$

$s_2\}$，满足 $p_{iju} \oplus p_{ijv} \leqslant s_{2\tau}$，$p_{iju}=p_{jiv}$，$p_{ijv}=p_{jiu}$，$p_{iiu}=p_{iiv}=s_\tau(i,j=1,2,\cdots,n)$，而 p_{iju} 表示对象 x_i 优于对象 x_j 的语言偏好度，p_{ijv} 表示对象 x_i 劣于对象 x_j 的语言偏好度，则 $p_{ij}=\langle p_{iju},p_{ijv}\rangle$ 称为直觉语言模糊数或直觉模糊语言值。

定义 7.11　加法一致的直觉语言模糊偏好关系　如果一个直觉语言模糊偏好关系 $\boldsymbol{P}=(p_{ij})_{n\times n}$ 满足下列加法传递性：

$$I(p_{iju})+I(p_{jku})+I(p_{kiu})=I(p_{ijv})+I(p_{jkv})+I(p_{kiv}),\ \forall i,j,k=1,2,\cdots,n \tag{7.4}$$

则 $\boldsymbol{P}=(p_{ij})_{n\times n}$ 是加法一致的直觉语言模糊偏好关系。

定理 7.1　加法一致的直觉语言模糊偏好关系　如果一个直觉语言模糊偏好关系 $\boldsymbol{P}=(p_{ij})_{n\times n}$ 是加法一致的当且仅当语言得分函数 $S_{p_{ij}}=S_{p_{ik}}+S_{p_{kj}}$（$\forall i$, j, $k=1$, 2, $\cdots$, n）成立。

7.2.3　直觉语言模糊偏好关系的一致性检测与提高

定理 7.2　加法一致性直觉语言模糊偏好关系的确定　设 $\boldsymbol{P}=(p_{ij})_{n\times n}$ 是直觉语言模糊偏好关系，如果存在一个标准直觉模糊权重向量 $\omega=(\omega_1,\omega_2,\cdots,\omega_n)^{\mathrm{T}}$，其中 $\omega_i=\langle {}_{iu},\omega_{iv}\rangle$，对于任意 i，$j=1$，2，$\cdots$，n，使

$$p_{ij}=\langle p_{iju},p_{ijv}\rangle=\begin{cases}\langle s_\tau,s_\tau\rangle,i=j\\ \langle I^{-1}(\tau\omega_{iu}+\tau\omega_{jv}),I^{-1}(\tau\omega_{iv}+\tau\omega_{ju})\rangle,i\neq j\end{cases} \tag{7.5}$$

成立，则 $\boldsymbol{P}=(p_{ij})_{n\times n}$ 是加法一致性直觉语言模糊偏好关系。

证明　显然，对于 $\forall i$，$j=1$，2，$\cdots$，n，有 $p_{iju}=p_{jiv}$，$p_{ijv}=p_{jiu}$ 成立。因为对于 $\forall i=1$，2，$\cdots$，n，都有 ω_{iu}，$\omega_{iv}\in[0,1]$，$\omega_{iu}+\omega_{iv}\leqslant 1$，所以有 $0\leqslant\tau\omega_{iu}+\tau\omega_{jv}\leqslant 2\tau$ 和 $0\leqslant\tau\omega_{iv}+\tau\omega_{ju}\leqslant 2\tau$ 成立，并且 $(\tau\omega_{iu}+\tau\omega_{jv})+(\tau\omega_{iv}+\tau\omega_{ju})=(\omega_{iu}+\omega_{iv})+(\omega_{ju}+\omega_{jv})2\tau$。

根据定义 7.9 计算其语言得分函数 $S(p_{ij})=(\tau\omega_{iu}+\tau\omega_{jv})-(\tau\omega_{iv}+\tau\omega_{ju})=(\tau\omega_{iu}-\tau\omega_{iv})-(\tau\omega_{ju}-\tau\omega_{jv})=\tau(S(\omega_i)-S(\omega_j))$；同理，$S(p_{ik})=\tau(S(\omega_i)-S(\omega_k))$，$S(p_{kj})=\tau(S(\omega_k)-S(\omega_j))$（$i$，$j$，$k=1$，2，$\cdots$，$n$），所以有 $S(p_{ij})=S(p_{ik})+S(p_{kj})$。定义 7.2 得证。

根据上述定理 7.2，如果存在一个标准直觉模糊权重向量 $\boldsymbol{\omega}=(\omega_1,\omega_2,\cdots,\omega_n)$，则由式 7.5 得到的直觉语言模糊偏好关系 $\boldsymbol{P}=(p_{ij})_{n\times n}=(\langle p_{iju},p_{ijv}\rangle)_{n\times n}$ 是加法一致的。然而在实际的决策过程中，由于决策问题的含糊性和不确定性以及专家自身知识背景的限制，专家给出的直觉语言模糊偏好关系不总是完全一致的。因此，引入偏差变量来表示原直觉语言模糊偏好关系与构造的加法一致性直觉语言模糊偏好关系之间的区别，即

$$\delta_{ij}=(\tau\omega_{iu}+\tau\omega_{jv})-I(p_{iju}),\ \varepsilon_{ij}=(\tau\omega_{iv}+\tau\omega_{ju})-I(p_{ijv}),\ i,j=1,2,\cdots,n$$

为了方便计算，此处引入正负偏差 δ_{ij}^+，δ_{ij}^-，ε_{ij}^+，ε_{ij}^- 且满足 $\delta_{ij}^+ 0$，$\delta_{ij}^- 0$，$\delta_{ij}^+\cdot\delta_{ij}^-=0$ 和 $\varepsilon_{ij}^+ 0$，$\varepsilon_{ij}^- 0$，$\varepsilon_{ij}^+\cdot\varepsilon_{ij}^-=0$（$i$，$j=1$，2，$\cdots$，$n$）。于是有下列公式：

$$\delta_{ij}^+-\delta_{ij}^-=(\tau\omega_{iu}+\tau\omega_{jv})-I(p_{iju}),\ \varepsilon_{ij}^+-\varepsilon_{ij}^-=(\tau\omega_{iv}+\tau\omega_{ju})-I(p_{ijv})$$

$$|\delta_{ij}|=|\delta_{ij}^+-\delta_{ij}^-|=\delta_{ij}^++\delta_{ij}^-,\ |\varepsilon_{ij}|=|\varepsilon_{ij}^+-\varepsilon_{ij}^-|=\varepsilon_{ij}^++\varepsilon_{ij}^-,\ i,j=1,2,\cdots,n$$

从上述公式可以看出，如果原偏好关系与构造的加法一致性偏好关系的绝对偏差越小，即 $|\delta_{ij}|$ 和 $|\varepsilon_{ij}|$ 越小，则原偏好关系越靠近加法一致性偏好关系即其一致性越好。事实上，这样的标准直觉模糊权重通常也是不知道的。因此，本节根据最小化绝对偏差建立目标规划模型推导标准直觉模糊权重。下面，通过建立模型获取单个直觉语言模糊偏好关系的标准直觉

模糊权重：

$$\begin{cases} \max \quad J_1 = \sum_{i=1}^{n}\sum_{j=1}^{n}(|\delta_{ij}| + |\varepsilon_{ij}|) \\ \text{s. t.} \quad (\tau\omega_{iu} + \tau\omega_{jv}) - I(p_{iju}) - \delta_{ij} = 0, \ i,j = 1,2,\cdots,n \\ \quad (\tau\omega_{iv} + \tau\omega_{ju}) - I(p_{ijv}) - \varepsilon_{ij} = 0, \ i,j = 1,2,\cdots,n \\ \quad 0 \leqslant \omega_{iu} \leqslant 1, 0 \leqslant \omega_{iv} \leqslant 1, 0 \leqslant \omega_{iu} + \omega_{iv} \leqslant 1, \ i = 1,2,\cdots,n \\ \quad \sum_{j=1,j\neq i}^{n}\omega_{ju} \leqslant \omega_{iv}, \sum_{j=1,j\neq i}^{n}\omega_{jv} \leqslant \omega_{iu} + n - 2, \ i = 1,2,\cdots,n \end{cases} \tag{7.6}$$

因为对于 $\forall i$，$j=1$，2，…，n，都有 $p_{iju}=p_{jiv}$，$p_{ijv}=p_{jiu}$ 成立，所以对于 $\forall i$，$j=1$，2，…，n，都有 $\delta_{ij}=(\tau\omega_{iu}+\tau\omega_{jv})-I(p_{iju})=(\tau\omega_{iu}+\tau\omega_{jv})-I(p_{jiv})=\varepsilon_{ij}$ 成立，则 $\delta_{ij}^{+}+\delta_{ij}^{-}=\varepsilon_{ji}^{+}+\varepsilon_{ji}^{-}$ 有成立，故模型（7.6）可以简化为下面的模型：

$$\begin{cases} \max \quad J_2 = \sum_{i=1}^{n-1}\sum_{j=i+1}^{n}(\delta_{ij}^{+} + \delta_{ij}^{-} + \varepsilon_{ij}^{+} + \varepsilon_{ij}^{-}) \\ \text{s. t.} \quad (\tau\omega_{iu} + \tau\omega_{jv}) - I(p_{iju}) - \delta_{ij}^{+} + \delta_{ij}^{-} = 0, i = 1,2,\cdots,n-1; j = i+1,\cdots,n \\ \quad (\tau\omega_{iv} + \tau\omega_{ju}) - I(p_{ijv}) - \varepsilon_{ij}^{+} + \varepsilon_{ij}^{-} = 0, i = 1,2,\cdots,n-1; j = i+1,\cdots,n \\ \quad \delta_{ij}^{+}0, \delta_{ij}^{-}0, \varepsilon_{ij}^{+}0, \varepsilon_{ij}^{-}0, i = 1,2,\cdots,n-1; j = i+1,\cdots,n \\ \quad 0 \leqslant \omega_{iu}1, 0\omega_{iv}1, 0\omega_{iu} + \omega_{iv}1, i = 1,2,\cdots,n \\ \quad \sum_{j=1,j\neq i}^{n}\omega_{ju}\omega_{iv}, \sum_{j=1,j\neq i}^{n}\omega_{jv}\omega_{iu} + n - 2, i = 1,2,\cdots,n \end{cases} \tag{7.7}$$

通过解决线性目标规划模型 7.7，便得到直觉语言模糊偏好关系的标准直觉模糊权重向量，记为 $\boldsymbol{\omega}=(\omega_1,\omega_2,\cdots,\omega_n)^{\mathrm{T}}=(<\omega_{1u},\omega_{1v}>,<\omega_{2u},\omega_{2v}>,\cdots,<\omega_{nu},\omega_{nv}>)^{\mathrm{T}}$。如果最优目标函数值 $J^{*}=0$，即 $\delta_{ij}=0$，$\varepsilon_{ij}=0$ 成立，则该直觉语言模糊偏好关系是加法一致的。

1. 直觉语言模糊偏好关系的满意一致性

事实上，由于决策问题的复杂性和不确定性以及人类思维的模糊性及其知识的不完备，专家在大多数的实际决策中是很难给出一个完全加法一致的直觉语言模糊偏好关系的。因此，如果直觉语言模糊偏好关系的一致性达到某个水平，则认为其是可接受的或者合理的。

定义 7.12　直觉语言模糊数的标准海明距离　设任意两个直觉语言模糊数 $p_i=<p_{iu},p_{iv}>\in\Gamma_{[0,2\tau]}$，$i=1$，2，则直觉语言模糊数的标准海明距离为

$$d(p_1,p_2)=\frac{1}{4\tau}(|I(p_{1u})-I(p_{2u})|+|I(p_{1v})-I(p_{2v})|+|I(p_{1\pi})-I(p_{2\pi})|) \tag{7.8}$$

定义 7.13　直觉语言模糊偏好关系的一致性指标　设 $\boldsymbol{P}=(p_{ij})_{n\times n}$ 是一个直觉语言模糊偏好关系，$\boldsymbol{P}^{*}=(p_{ij}^{*})_{n\times n}$ 是一个加法一致的直觉语言模糊偏好关系，其中 p_{ij}，$p_{ij}^{*}\in\Gamma_{[0,2\tau]}$，则 $\boldsymbol{P}=(p_{ij})_{n\times n}$ 的一致性指标定义为

$$\varphi(P) = 1 - \frac{1}{2\tau n(n-1)}\sum_{1i<jn}^{n}(|I(p_{iju}) - I(p_{iju}^{*})| + |I(p_{ijv}) - I(p_{ijv}^{*})| + |I(p_{ij\pi}) - I(p_{ij\pi}^{*})|) \tag{7.9}$$

显然 $\phi(\boldsymbol{P})\in[0,1]$。当 $\phi(\boldsymbol{P})=1$ 时，$\boldsymbol{P}=(p_{ij})_{n\times n}$ 是加法一致性直觉语言模糊偏好

关系。

定义 7.14 满意一致性直觉语言模糊偏好关系 设 $\boldsymbol{P}=(p_{ij})_{n\times n}$ 是一个直觉语言模糊偏好关系，给定一个一致性阈值 ξ，如果一致性指标 $\phi(\boldsymbol{P})\geqslant\xi$，则 $\boldsymbol{P}=(p_{ij})_{n\times n}$ 是满意一致性直觉语言模糊偏好关系。

2. 一致性指标的提高

在实际的决策过程中，往往由于专家给出的偏好关系并不完全一致，因此要使专家给出合理的偏好关系，那么由这些专家预先给出一个都认可的一致性阈值是有必要的。当偏好关系的一致性水平达到给定的一致性阈值时，则该偏好关系是合理的；一旦其一致性水平小于给定的一致性阈值，则该偏好关系是不合理的，此时要求专家重新给出偏好关系。这很让专家为难，故通常在原偏好关系的基础上进行迭代提高一致性指标使其达到满意一致。

设 t 是一致性迭代次数，其初始值 $t=0$ 且 $t=t+1$；又设参数 $\theta\in n(0,1)$ 是一个一致性靠近迭代参数。对于不一致的直觉语言模糊偏好关系 $\boldsymbol{P}=(p_{ij})_{n\times n}$ 满足 $\phi(\boldsymbol{P})<\xi$，现找出对应元素存在最大距离的项，再通过局部迭代算法进行改善使其达到满意一致，即

$$
\begin{aligned}
&d_{ij}^{t}(P^{t},P^{*t})=\frac{1}{4\tau}\left(\left|I(p_{iju}^{t})-I(p_{iju}^{*t})\right|+\left|I(p_{ijv}^{t})-I(p_{ijv}^{*t})\right|+\left|I(p_{ij\pi}^{t})-I(p_{ij\pi}^{*t})\right|\right)\\
&A=\{(i,j)\mid(i,j)=\arg\max_{i,j=1,2,\cdots,n}d_{ij}^{t}(P^{t},P^{*t})\}\\
&\begin{cases}I(p_{iju}^{t+1})=(1-\theta)I(p_{iju}^{t})+\theta I(p_{iju}^{*t}),(i,j)\in A\\ I(p_{ijv}^{t+1})=(1-\theta)I(p_{ijv}^{t})+\theta I(p_{ijv}^{*t}),(i,j)\in A\end{cases}
\end{aligned}
\tag{7.10}
$$

式中，$\boldsymbol{P}^{*}=(p_{ij}^{*})_{n\times n}=(<p_{iju}^{*},p_{ijv}^{*},p_{ij\pi}^{*}>)_{n\times n}$ 是加法一致性直觉语言模糊偏好关系。

7.2.4 直觉语言模糊偏好关系的群共识及其达成

通常情况下，专家会直接利用聚合算子将每个优先权重聚合得到整体优先权重后排序，然而这种办法强制性得到决策结果，忽略了专家的认可情况。共识在群决策中和一致性检测一样是至关重要的，它考虑了全体专家都接受的满意状态而非强制性的，进一步保证了优先权重的合理性。

为了达成共识，首先要测量专家观点的距离。设专家 E^{k} 从直觉语言模糊偏好关系 $\boldsymbol{P}^{k}$ 中推导出来的优先权重向量为 $\boldsymbol{\omega}^{k}=(\omega_{1}^{k},\omega_{2}^{k},\cdots,\omega_{n}^{k})^{\mathrm{T}}$，则任意两个专家之间的距离为

$$
d(E^{k},E^{l})=\frac{1}{n}\sum_{i=1}^{n}d(\omega_{i}^{k},\omega_{i}^{l})=\frac{1}{2n}\sum_{i=1}^{n}\left|\omega_{iu}^{k}-\omega_{iu}^{l}\right|+\left|\omega_{iv}^{k}-\omega_{iv}^{l}\right|+\left|\omega_{i\pi}^{k}-\omega_{i\pi}l\right| \tag{7.11}
$$

式中，$d(\omega_{i}^{k},\omega_{i}^{l})$ 表示专家 E^{k} 与专家 E^{l} 在第个方案下的标准海明距离（$i=1$，2，…，n；k，$l=1$，2，…，m）。因为 $0\leqslant d(\boldsymbol{\omega}^{k},\boldsymbol{\omega}^{l})\leqslant1$，所以 $0\leqslant d(E^{k},E^{l})\leqslant1$。

定义 7.15 直觉语言模糊偏好关系的群共识度 在一个群决策问题中，设专家 E^{k} 提供的直觉语言模糊偏好关系为 $\boldsymbol{P}^{k}$，其相应的优先权重向量为 ω^{k}，则共识度定义为

$$
\psi=1-\max_{k,l=1,2,\cdots,m}\{d(E^{k},E^{l})\} \tag{7.12}
$$

式中，$d(E^{k},E^{l}),k,l=1,2,\cdots,m$ 表示任意两个专家 E^{k} 与 E^{l} 之间的标准海明距离。显然，$0\leqslant\psi\leqslant1$。通常情况下，共识很难完全达成，即 $\psi=1$。

一般在群决策中专家会事先确定一个最小的共识度 η，当 $\psi\geqslant\eta$ 时，则认为所有专家都同意这个决策结果即达成满意群共识；反之，当 $\psi<\eta$ 时，则没有达成满意群共识，此时需

要对方案的偏好信息进行处理。然而有的专家给出的偏好信息是合理的，而有的专家给出的偏好信息是部分合理的。针对这样的问题，本节利用共识达成强化方法即最大距离局部迭代算法来解决。该方法是对最大距离的专家所提供的存在最大距离的方案的偏好信息用全部专家对应偏好信息的代数加权平均值进行替换，其余偏好信息保持不变，尽可能地保留了原偏好信息中合理的信息，随后再进行一致性检测，当达成满意一致性后再进行共识判断，重复迭代，直到达成满意群共识为止。

满意群共识达成过程如下：

（1）找出应该改变其观点的专家。在没有达成满意群共识的情况下，如果某个专家离其他专家的距离最大，那么这个专家给出的偏好信息就存在不合理的信息，则需要对该专家给出的偏好信息进行修改。以下表示需要修改偏好信息的专家，即

$$E^{*} = \left\{ E^{k} \mid \exists E^{k}, \text{s. t. } d(E^{k}, E) = \max \sum_{l=1}^{m} d(E^{k}, E^{l}) \right\} \tag{7.13}$$

式中，$d(E^{k},E^{l}),k,l=1,2,\cdots,m$，表示任意两个专家$E^{k}$与$E^{l}$之间的标准海明距离。

（2）找出该专家提供的方案中存在最大距离的方案，以下表示最大距离方案，即

$$I^{*} = \left\{ i^{*} \mid i^{*} = \arg\max_{i=1,2,\cdots,n} \left(\sum_{l=1}^{m} d(\omega_{i}^{k^{*}}, \omega_{i}^{l}) \right), E^{k^{*}} \in E^{*} \right\} \tag{7.14}$$

式中，$d(\omega_{i}^{k^{*}},\omega_{i}l),k,l=1,2,\cdots,m$，表示专家$E^{k^{*}}$与专家$E^{l}$在第$i$个方案下的标准海明距离。

通过上述方法找出需要修改偏好信息的专家及其最大距离方案后，将全体专家的相关偏好信息通过代数加权平均值替换存在最大距离方案的偏好信息。这样得到的新偏好信息通过迭代次数的增加而无限靠近全体专家所接受的偏好信息直到达成满意群共识。其迭代算法如下：

$$\begin{cases} I^{-1}(I(p_{i^{*}ju}^{k^{*}(r+1)})) = I^{-1}\left(\sum_{l=1}^{m} w_{l} I(p_{i^{*}ju}^{l(r)})\right), I^{-1}(I(p_{i^{*}jv}^{k^{*}(r+1)})) = I^{-1}\left(\sum_{l=1}^{m} w_{l} I(p_{i^{*}jv}^{l(r)})\right) \\ I^{-1}(I(p_{ji^{*}u}^{k^{*}(r+1)})) = I^{-1}(I(p_{i^{*}jv}^{k^{*}(r+1)})), I^{-1}(I(p_{ji^{*}v}^{k^{*}(r+1)})) = I^{-1}(I(p_{i^{*}ju}^{k^{*}(r+1)})) \end{cases} \tag{7.15}$$

式中，$E^{k^{*}} \in E^{*}$，$i^{*} \in I^{*}$，w_{l}表示专家E^{l}的权重且满足$\sum_{l=1}^{m} w_{l} = 1$（$r = r+1$）表示迭代数；$p_{i^{*}ju}^{l(r)}$，$p_{i^{*}jv}^{l(r)}$表示专家E^{l}的方案i^{*}在第r次迭代后的语言隶属度和语言非隶属度。

例7.1　基于以上所述，下面给出一个直觉语言模糊偏好关系下考虑加法一致性和群共识的决策算法。

解：一个直觉语言模糊偏好关系下考虑加法一致性和群共识的决策算法可由以下步骤完成。

（1）设初始值。设一群专家$E=\{E_{1},E_{2},\cdots,E_{l}\}$，其权重向量为$\boldsymbol{w}=(w_{1}, w_{2}, \cdots, w_{l})^{\mathrm{T}}$且满足$0<w_{k}<1$，$\sum_{k=1}^{l} w_{k}=1$，被邀请过来对1组备选方案即对象$X=\{x_{1},x_{2},\cdots,x_{n}\}$根据给定的语言项集$S=\{S_{0},S_{1},S_{2},\cdots,S_{2}\}$使用直觉语言模糊数表达他们对对象的观点并且构成偏好矩阵$\boldsymbol{P}=(p_{ij}^{k})_{n\times n}$。为了找到满足一致性和群共识的最优解，下面预先给出两个参数：一致性阈值ξ_{0}和最小共识度η_{0}。设$P^{k(t)}=P^{k}$和迭代初始值$t=0$，$r=0$。继续下一步。

(2) 计算一致性指标。对单个偏好关系 $P^{k(t)}=(p_{ij}^{k(t)})_{n\times n}$，根据模型 (7.7) 计算标准直觉模糊优先权重向量 $\boldsymbol{\omega}^k=(\omega_1^k,\omega_2^k,\cdots,\omega_n^k)^{\mathrm{T}}$；然后，根据定理 7.2 中的式 (7.5) 构造相应的加法一致的直觉语言模糊偏好关系；最后通过定义 7.13 中的式 (7.9) 计算每一个的一致性指标。继续下一步。

(3) 判断是否加法满意一致。根据预先设置的一致性阈值 δ_0，判断每一个直觉语言模糊偏好关系 $\boldsymbol{P}^{k(t)}=(p_{ij}^{k(t)})_{n\times n}$是否满意一致，如果 $\phi(\boldsymbol{P}^{k(t)})\geqslant\xi_0$，则设$\overline{P^k}=P^{k(t)}$并跳到第 (5) 步；否则要求专家重新给出直觉语言模糊偏好关系。如果专家拒绝给出新的偏好关系，那么直接进行下一步自动迭代进行修正。

(4) 改善一致性。首先找出原始的偏好关系与完全一致的偏好关系间存在最大距离的评价项；然后选择合适的参数 $\theta\in(0,1)$ 通过迭代公式 (7.10) 进行迭代；最后回到第 (2) 步。

(5) 判断共识达成。根据定义 7.14 中的式 (7.12) 计算共识度并根据最小共识度 η_0 判断是否达成满意群共识。如果 $\psi\geqslant\eta_0$，那么达成满意群共识，然后跳到第 (7) 步；否则继续进行下一步。

(6) 强化共识达成过程。根据式 (7.13) 和式 (7.14) 找出应该修改其偏好关系的专家和对应的方案，要求专家相互讨论重新评价给出新的偏好关系。如果专家愿意重新评价并给出新的偏好关系，则回到第 (2) 步。否则根据式 (7.15) 进行自动迭代改善，然后回到第 (2) 步重新检测一致性，直到达成满意群共识为止。

(7) 比较排序。当达成共识后，根据式 (7.2) 聚合每个专家的直觉模糊优先权重得到全部对象的综合权值，然后根据定义 7.2 比较排序。

(8) 结束。

7.3 利用直觉模糊进行证据推理与决策

直觉模糊集（Intuitionisitic Fuzzy Set，IFS）可以用来表征不确定信息的模糊性。随着直觉模糊集理论的发展，直觉模糊数被越来越多地被用来表征不确定知识。直觉模糊数的隶属度函数不是离散的数字，而是连续曲线，这样可以更准确地表征不确定知识。其中，最简单的直觉模糊数是用分段线性函数取代连续曲线，即直觉梯形模糊数（Intuitionistic Trapezoidal Fuzzy Number，ITFN）。特别地，区间直觉模糊数和直觉三角模糊数是 ITFN 的特殊形式。利用直觉模糊进行证据推理与决策的关键在于如何利用合理的距离测度来评测直觉模糊数之间的相似性测度。

7.3.1 直觉模糊与推理决策

一个基于模糊规则的多输入/单输出系统（Multiple Input Single Output – Fuzzy Rule – Based Systems，MISO – FRBS）表示如下：

$$R_k:\text{如果}(x_1\text{ 是 }A_{k,1})\wedge(x_2\text{ 是 }A_{k,2})\wedge\cdots\wedge(x_i\text{ 是 }A_{k,i}),\text{那么}(y_k\text{ 是 }D_n)\tag{7.16}$$

在 FRBS 中，$X=\{x_1,x_2,\cdots,x_i\}$是输入 A^* 的数据集。其中，在输入数据集中，x_i 的个数是 $i=1$，2，…，L。在规则前件中，$A=\{A_{k,1},A_{k,2},\cdots,A_{k,T_k}\}$是一簇先验属性的参考变量。在

规则库中，$y_k \in Y$ 是规则的结论。k 是规则条数，规则权重 θ_k，其中 $k=1, 2, \cdots, L$。在 FRBS 模糊系统中，D_n 是结论的标识，其中 $n=1, 2, \cdots, N$。

对于基于模糊规则的系统来说，它的推广取式推理（Generalized Modus Ponens，GMP）如下：

$$\begin{cases} \text{规则:如果 } X \text{ 是 } A\text{,那么 } Y \text{ 是 } B \\ \text{输入:} X \text{ 是 } A^* \\ \text{输出:} Y \text{ 是 } B^* \end{cases} \tag{7.17}$$

在输入 A^* 的作用下，被激活的规则的输出为 B^*，即

$$B^* = A^* \circ R = A^* \circ (A \to B) \tag{7.18}$$

式中，“$\circ$”是被选择进行运算的模糊蕴含算子。根据实际的需求，它可以是 t - corms，t - conorms，max，min，“$\wedge$”“$\vee$”等蕴含算子，“$\to$”可以看作是推理过程。在规则库中，从先验属性 A 到结论 B 的关系式 $R(A \to B)$ 可看作是集合 A 与集合 B 的笛卡儿积 $A \times B$。在以上的推广取式推理中，输入 A^* 与规则中先验属性的参考量 A 之间的匹配度是一切计算的首要任务。因此，规则的输出可以用下式来描述：

$$B^* = (A^* \circ A) \circ B \tag{7.19}$$

式中的匹配度 $A^* \circ A$ 是本章研究的核心问题。在输入的作用下，求取输入和先验属性之间最大的匹配度，激活的规则对应的结论近似地等于实际输入对应的结论。

7.3.2　直觉模糊相关预备知识

定义 7.16　直觉模糊数　在论域 U 上，定义 A 是一个直觉模糊数（Grzegrozewski），则它的隶属度函数形式如下：

$$\mu_A(x) = \begin{cases} 0 & , \quad x < a_1 \\ f_A(x) & , \quad a_1 \leqslant x \leqslant a_2 \\ 1 & , \quad a_2 \leqslant x \leqslant a_3 \\ g_A(x) & , \quad a_3 \leqslant x \leqslant a_4 \\ 0 & , \quad a_4 < x \end{cases} \tag{7.20}$$

它的非隶属度函数形式如下：

$$v_A(x) = \begin{cases} 1 & , \quad x < b_1 \\ h_A(x) & , \quad b_1 \leqslant x \leqslant b_2 \\ 0 & , \quad b_2 \leqslant x \leqslant b_3 \\ k_A(x) & , \quad b_3 \leqslant x \leqslant b_4 \\ 1 & , \quad b_4 < x \end{cases} \tag{7.21}$$

定义 7.16 中，$f_A(x)$、$g_A(x)$、$h_A(x)$ 和 $k_A(x)$ 是模糊数的四个边函数。$f_A(x)$ 和 $k_A(x)$ 是递增的连续函数；$g_A(x)$ 和 $h_A(x)$ 是递减的连续函数。特别地，如果这四个边函数选取线性函数，广义的直觉模糊数就成为 ITFN，它的形式如下。

定义 7.17　直觉梯形模糊数　在论域 U 上，定义 A 是一个 ITFN，则它的隶属度的函数形式如下：

$$\mu_A(x)=\begin{cases}0 & , \quad x<a_1\\ \dfrac{x-a_1}{a_2-a_1} & , \quad a_1\leqslant x\leqslant a_2\\ 1 & , \quad a_2\leqslant x\leqslant a_3\\ \dfrac{x-a_4}{a_3-a_4} & , \quad a_3\leqslant x\leqslant a_4\\ 0 & , \quad a_4<x\end{cases} \tag{7.22}$$

它的非隶属度的函数形式如下：

$$v_A(x)=\begin{cases}1 & , \quad x<b_1\\ \dfrac{x-b_2}{b_1-b_2} & , \quad b_1\leqslant x\leqslant b_2\\ 0 & , \quad b_2\leqslant x\leqslant b_3\\ \dfrac{x-b_3}{b_4-b_3} & , \quad b_3\leqslant x\leqslant b_4\\ 1 & , \quad b_4<x\end{cases} \tag{7.23}$$

其中，隶属度和非隶属度的和界于0～1，即有$0\leqslant\mu_A(x)+v_A(x)\leqslant 1$。如果二者的和等于1，那就意味着直觉模糊数转变成了传统的模糊数。

ITFN 的 8 个端点之间的关系式可以表达为$b_1\leqslant a_1\leqslant b_2\leqslant a_2\leqslant a_3\leqslant b_3\leqslant a_4\leqslant b_4$。其中 8 个端点的取值为实数，即有$a_1$，$a_2$，$a_3$，$a_4$，$b_1$，$b_2$，$b_3$，$b_4\in R$。简而言之，ITFN 可以简化地表示为$A=\langle(a_1,a_2,a_3,a_4),(b_1,b_2,b_3,b_4)\rangle$。

直觉模糊数的运算，在计算过程，用 α 截集对 ITFN 进行处理，由此得到如下公式：

$$A_{\text{low}}^{+}(\alpha)=f_A^{-1}(\alpha)=\inf\{x\in R\,|\,\mu_A\alpha\} \tag{7.24}$$

$$A_{\text{up}}^{+}(\alpha)=g_A^{-1}(\alpha)=\sup\{x\in R\,|\,\mu_A\alpha\} \tag{7.25}$$

$$\begin{aligned}A_{\text{up}}^{-}(\alpha)&=h_A^{-1}(\alpha)=\inf\{x\in R\ |\ 1-v_A\alpha\}\\&=\inf\{x\in R\,|\,v_A1-\alpha\}\end{aligned} \tag{7.26}$$

$$\begin{aligned}A_{\text{up}}^{-}(\alpha)&=k_A^{-1}(\alpha)=\sup\{x\in R\,|\,1-v_A(x)\alpha\}\\&=\sup\{x\in R\,|\,v_A(x)1-\alpha\}\end{aligned} \tag{7.27}$$

在式（7.24）～式(7.27）中，如果计算四个边函数$f_A(x)$、$g_A(x)$、$h_A(x)$和$k_A(x)$的反函数，那么得到如下公式：

$$f_A(x)=\frac{x-a_1}{a_2-a_1},\ A_{\text{low}}^{+}(\alpha)=f_A^{-1}(x)=(a_2-a_1)\alpha+a_1 \tag{7.28}$$

$$g_A(x)=\frac{x-a_4}{a_3-a_4},\ A_{\text{up}}^{+}(\alpha)=g_A^{-1}(x)=(a_3-a_4)\alpha+a_4 \tag{7.29}$$

$$h_A(x)=\frac{x-b_1}{b_1-b_2},\ A_{\text{low}}^{-}(\alpha)=h_A^{-1}(x)=(b_1-b_2)\alpha+b_2 \tag{7.30}$$

$$k_A(x)=\frac{x-b_3}{b_4-b_3},\ A_{\text{up}}^{-}(\alpha)=k_A^{-1}(x)=(b_4-b_3)\alpha+b_3 \tag{7.31}$$

ITFN 也可以简写为

$$A=\langle x,[A_{\text{low}}^{+}(\alpha),A_{\text{up}}^{+}(\alpha)],\ [A_{\text{low}}^{-}(\alpha),A_{\text{up}}^{-}(\alpha)]\rangle \tag{7.32}$$

从本质上来看，IFS 等同于区间模糊集，二者都是传统模糊集的发展形式。IFS 有三个特征：隶属度、非隶属度和犹豫度。它们三者之和等于 1，即有 $\mu_A(x)+v_A(x)+\pi_A(x)=1$。因此，非隶属度的补集是隶属度与犹豫度的和，即有 $1-v_A(x)=\mu_A(x)+\pi_A(x)$ 对于 $A\in$ IFS，它的隶属度与非隶属度为 $\langle\mu_A(x),v_A(x)\rangle$，根据以上给出的非隶属度的补集，IFS 可以表示为区间形式，即有 $A\in[\mu_A(x),1-v_A(x)]$。这就印证了以上提到的观点，IFS 等同于区间模糊集，即 IFS 可以转化为区间模糊集。更进一步，ITFN 可以转化成区间直觉模糊数 IV-IFS，具体形式见式（7.32）。

与传统模糊集相比，IFS 定义了非隶属度函数，即增加了一维犹豫度来表征不确定知识，这一点在传统的模糊模型中并没有考虑。因此，运用 IFS 中多增加的犹豫度，可以更贴切地表征决策中的不确定知识，即运用 IFS 可以更完善地表征不确定的语言变量。犹豫度作为增加的一维信息，与接受度和拒绝度一并作为刻画不确定知识的量化工具。例如，传统的模糊集的隶属度定义为 $\mu=0.2$，非隶属度为隶属度的补集 $v=1-\mu=1-0.2=0.8$，它的犹豫度为 $\pi=0$。而对于 IFS，如果犹豫度不为 0，$\pi=0.1$，那么它的非隶属度为 $v=1-\mu-\pi=1-0.2-0.1=0.7$。隶属度是一个区间值 $[\mu,\mu+\pi]=[0.2,0.2+0.1]=[0.2,0.3]$。一般来说，传统模糊集是 IFS 的特殊形式，IFS 的犹豫度为 0 时，即为传统的模糊集。假设（A_1，$A_2\in$ IFS），如果同时考虑三个维度（接受度，拒绝度，犹豫度），它们之间的海明距离测度为 $d\ (A_1,\ A_2)\ =|\mu_1-\mu_2|+|v_1-v_2|+|\pi_1-\pi_2|$。如果仅仅考虑两个维度（接受度，拒绝度），它们之间的豪斯道夫距离测度为 $d_1(A_1,A_2)=\max\{|\mu_1-\mu_2|,|v_1-v_2|\}$。通过计算可知，距离测度 $d(A_1,A_2)\geqslant d_1(A_1,A_2)$。因此，在实际的决策过程中，犹豫度不能被忽略。

定义 7.18　直觉模糊数的运算法则　有两个直觉模糊数

$$A_1=\langle(a_{11},a_{12},a_{13},a_{14}),(b_{11},b_{12},b_{13},b_{14})\rangle$$
$$A_2=\langle(a_{21},a_{22},a_{23},a_{24}),(b_{21},b_{22},b_{23},b_{24})\rangle$$

式中，$r\geqslant 0$，那么二者之间的运算法则如下：

$$A_1+A_2=\langle(a_{11}+a_{21},a_{12}+a_{22},a_{13}+a_{23},a_{14}+a_{24}),(b_{11}+b_{21},b_{12}+b_{22},b_{13}+b_{23},b_{14}+b_{24})\rangle \tag{7.33}$$

$$A_1\cdot A_2=\langle(a_{11}\cdot a_{21},a_{12}\cdot a_{22},a_{13}\cdot a_{23},a_{14}\cdot a_{24}),(b_{11}\cdot b_{21},b_{12}\cdot b_{22},b_{13}\cdot b_{23},b_{14}\cdot b_{24})\rangle \tag{7.34}$$

$$rA_1=\langle(ra_{11},ra_{12},ra_{13},ra_{14}),(rb_{11},rb_{12},rb_{13},rb_{14})\rangle \tag{7.35}$$

$$A_1^r=\langle(a_{11}^r,a_{12}^r,a_{13}^r,a_{14}^r),(b_{11}^r,b_{12}^r,b_{13}^r,b_{14}^r)\rangle \tag{7.36}$$

7.3.3　直觉模糊多准则决策的近似推理方法

根据 ITFN 的相似性测度可给出广义的相似性测度公式，这是建立在距离测度的基础上，把距离测度看作独立的变量，则广义的相似性测度公式为

$$S(A,B)=\frac{f(d(A,B))-f(1)}{f(0)-f(1)} \tag{7.37}$$

式中，$f(x)$ 是递减的函数，$f(1)\leqslant f(d(A,B))\leqslant f(0)$，$0\leqslant d(A,B)\leqslant 1$。函数 $f(x)$ 最简单的形式，可以选择为 $f(x)=1-x$。在这种情况下，式（7.37）中的取值 $f(0)=1-0=1$，$f(1)=$

$1-1=0$，$f(d(A,B))=1-d(A,B)$。因此，上述广义的相似性测度公式可改写为

$$S(A,B)=1-d(A,B) \tag{7.38}$$

定义 7.19　直觉模糊集的相似度　设有一个映射 S：$\mathrm{IFS}(X)\times\mathrm{IFS}(X)\to[0,1]$，且有 $A\in\mathrm{IFS}(X)$ 与 $B\in\mathrm{IFS}(X)$，如果 $S(A,B)$ 称为两个直觉模糊集之间的相似度，那么 $S(A,B)$ 需满足如下的特性：

（P1）$0\leqslant S(A,B)\leqslant 1$；

（P2）如果 $A=B$，那么 $S(A,B)=1$；

（P3）$S(A,B)=S(B,A)$；

（P4）如果 $A\subseteq B\subseteq C$，$A,B,C\in\mathrm{IFS}(X)$，那么 $S(A,C)\leqslant S(A,B)$，$S(A,C)\leqslant S(B,C)$ 也可用一个条件（P2′）来取代（P2），即（P2′）当且仅当 $A=B$，$S(A,B)=1$。

定义 7.20　直觉模糊集的距离测度　距离测度 $d_p(A,B)$ 带有下标 $1\leqslant p\leqslant\infty$，对于 ITFN

$$A=\langle(a_{11},a_{12},a_{13},a_{14}),(b_{11},b_{12},b_{13},b_{14})\rangle$$
$$B=\langle(a_{21},a_{22},a_{23},a_{24}),(b_{21},b_{22},b_{23},b_{24})\rangle$$

则

$$d_p(A,B)=\left(\frac{1}{4}\int_0^1|A_{\mathrm{low}}^{+}-B_{\mathrm{low}}^{+}|^p\mathrm{d}x+\frac{1}{4}\int_0^1|A_{\mathrm{up}}^{+}-B_{\mathrm{up}}^{+}|^p\mathrm{d}x+\frac{1}{4}\int_0^1|A_{\mathrm{low}}^{-}-B_{\mathrm{low}}^{-}|^p\mathrm{d}x+\frac{1}{4}\int_0^1|A_{\mathrm{up}}^{-}-B_{\mathrm{up}}^{-}|^p\mathrm{d}x\right)^{\frac{1}{p}},1\leqslant p\leqslant\infty \tag{7.39}$$

及

$$d_p(A,B)=\left(\frac{1}{4}\sup|A_{\mathrm{low}}^{+}-B_{\mathrm{low}}^{+}|+\frac{1}{4}\sup|A_{\mathrm{up}}^{+}-B_{\mathrm{up}}^{+}|+\frac{1}{4}\sup|A_{\mathrm{low}}^{-}-B_{\mathrm{low}}^{-}|+\frac{1}{4}\sup|A_{\mathrm{up}}^{-}-B_{\mathrm{up}}^{-}|\right)^{\frac{1}{p}},0\leqslant\alpha\leqslant 1,p=\infty \tag{7.40}$$

将截集公式（7.28）~（7.31）和距离测度公式（7.39）代入相似性测度公式（7.38）中，则得到以下的 ITFN 相似性测度公式：

$$\begin{aligned}S_p(A,B)=1-\Bigg(&\frac{1}{4}\int_0^1|(a_{12}-a_{11})\alpha+a_{11}-((a_{22}-a_{21})\alpha+a_{21})|^p\mathrm{d}\alpha+\\&\frac{1}{4}\int_0^1|(a_{13}-a_{14})\alpha+a_{14}-((a_{23}-a_{24})\alpha+a_{24})|^p\mathrm{d}\alpha+\\&\frac{1}{4}\int_0^1|(\mathrm{b}_{11}-b_{12})\alpha+b_{12}-((b_{21}-b_{22})b+b_{22})|^p\mathrm{d}\alpha+\\&\frac{1}{4}\int_0^1|(b_{14}-b_{13})\alpha+b_{13}-((b_{24}-b_{23})\alpha+b_{23})|^p\mathrm{d}\alpha\Bigg)^{\frac{1}{p}},1\leqslant p\leqslant\infty\end{aligned} \tag{7.41}$$

定义 7.3　直觉梯形模糊数的相似性测度　$S_p(A,B)$ 是两个 IFTN

$$A=\langle(a_{11},a_{12},a_{13},a_{14}),(b_{11},b_{12},b_{13},b_{14})\rangle$$
$$B=\langle(a_{21},a_{22},a_{23},a_{24}),(b_{21},b_{22},b_{23},b_{24})\rangle$$

的相似性测度。

证明： 很明显，$S_p(A,B)$ 满足条件（P1）~（P3），所以只需证明 $S_p(A,B)$ 满足条件（P4）。

对于 ITFN 来说，如果 $A\subseteq B\subseteq C$，根据边函数 $f_A(x)$ 与 $k_A(x)$ 是递增的连续函数，则有

$A_{\mathrm{low}}^{+}B_{\mathrm{low}}^{+}C_{\mathrm{low}}^{+}$，$A_{\mathrm{up}}^{-}B_{\mathrm{up}}^{-}C_{\mathrm{up}}^{-}$。根据边函数 $g_A(x)$ 与 $h_A(x)$ 是递减的连续函数，$A_{\mathrm{low}}^{-}B_{\mathrm{low}}^{-}C_{\mathrm{low}}^{-}$，$A_{\mathrm{up}}^{+}B_{\mathrm{up}}^{+}C_{\mathrm{up}}^{+}$。因此得到，以下排序关系式 $|A_{\mathrm{low}}^{+}-C_{\mathrm{low}}^{+}|^{p}\ |A_{\mathrm{low}}^{+}-B_{\mathrm{low}}^{+}|^{p}$，$|A_{\mathrm{up}}^{-}-C_{\mathrm{up}}^{-}|^{p}\ |A_{\mathrm{up}}^{-}-B_{\mathrm{up}}^{-}|^{p}$，$|A_{\mathrm{up}}^{+}-C_{\mathrm{up}}^{+}|^{p}\ |A_{\mathrm{up}}^{+}-B_{\mathrm{up}}^{+}|^{p}$，$|A_{\mathrm{low}}^{-}-C_{\mathrm{low}}^{-}|^{p}\ |A_{\mathrm{low}}^{-}-B_{\mathrm{low}}^{-}|^{p}$。绝对值内部是定值的大小比较，因此很容易得到以上大小排序。通过以上关系式，可以得到 $d_p(A,C)\geqslant d_p(A,B)$，即 $S_p(A,C)\geqslant S_p(A,B)$。同理，可以得到 $S_p(A,C)\geqslant S_p(A,B)$。

由于不同的属性之间有不同的匹配度，在一条规则中，综合考虑它们的和对激活规则结论所起的作用，则需要求出一条规则中所有属性的匹配度进行加权求和运算。如果各个属性权重为 δ_{ki}，则有以下计算公式：

$$S_{ps}(A,B)=\frac{1}{T_k}\sum_{i=1}^{T_k}\delta_{ki}\cdot S_{pi}(A,B) \tag{7.42}$$

直觉梯形模糊系统的近似推理模型，在基于规则的直觉模糊系统（Intuitionistic Fuzzy Rule - Based System，IFRBS）中，建立了直觉模糊系统近似推理模型（Approximate Reasoning for Intuitionistic Fuzzy Model，ARIFM）。其中，输入 A^* 与先验属性 A 被用直觉模糊数 ITFN 表征。在输入 A^* 的作用下，$\boldsymbol{\Phi}$ 是输出 $\boldsymbol{B}^*$ 隶属度和非隶属度的联合函数，μ_B 与 v_B 分别是结论的隶属度和非隶属度。用下式计算：

$$\boldsymbol{\Phi}=I_k(C_i(\tau_1(A_1^*(\mathrm{x}),A_{k,1}(\mathrm{x})),\tau_2(A_2^*(\mathrm{x}),A_{k,2}(\mathrm{x})),\cdots,\tau_i(A_i^*(\mathrm{x}),A_{k,i}(\mathrm{x}))),\mu_B,v_B) \tag{7.43}$$

式中，k 为规则条数，$k=1$，2，…，L；i 为属性的个数，$i=1$，2，…，T_k。

输出 B^* 隶属度和非隶属度如下：

$$\mu_{B^*}(\mathrm{y}_k)=I_k(C_i(\psi_i(A_i^*(\mathrm{x}),A_{k,i}(\mathrm{x})),\lambda_i),\mu_B(\mathrm{y}_k)) \tag{7.44}$$

$$v_{B^*}(\mathrm{y}_k)=I_k(C_i(v_i(A_i^*(\mathrm{x}),A_{k,i}(\mathrm{x})),\gamma_i),v_B(\mathrm{y}_k)) \tag{7.45}$$

直觉模糊系统（ARIFM）的推理过程，是建立在 Cordon 与 Casillas 的模糊系统的推理系统上扩展为直觉模糊系统的推理系统，分为几个步骤

（1）求取匹配度（Matching Degree）。在式（7.43）中，$\tau_i(\cdot)$ 是输入 A^* 与先验属性 A 之间的匹配程度。$\tau_i(\cdot)$ 由两部分组成：$\Psi_i(\mu_{A^*},\mu_A)$ 和 $v_i(v_{A^*},v_A)$。$\Psi_i(\mu_{A^*},\mu_A)$ 是输入 A^* 与先验属性 A 之间隶属度的匹配度，$v_i(v_{A^*},v_A)$ 是输入 A^* 与先验属性 A 之间非隶属度的匹配度。隶属度的匹配度 $\Psi_i(\mu_{A^*},\mu_A)$ 的计算公式是由 ITFN 的距离测度公式来计算，非隶属度的匹配度 $v_i(v_{A^*},v_A)$ 的计算公式是由公式（7.41）的 ITFN 相似度公式来计算。输入 A^* 与先验属性 A 之间的隶属度与非隶属度的匹配度为

$$\begin{aligned}\psi_i(\mu_{A^*},\mu_A)&=\frac{1}{2}\int_0^1|(a_{i,2}^*-a_{i,1}^*)\alpha+a_{i,1}^*-[(a_{i,2}-a_{i,1})\alpha+a_{i,1}]|\mathrm{d}\alpha+\\&\quad\frac{1}{2}\int_0^1|(a_{i,3}^*-a_{i,4}^*)\alpha+a_{i,4}^*-[(a_{i,3}-a_{i,4})\alpha+a_{i,4}]|\mathrm{d}\alpha\end{aligned} \tag{7.46}$$

式中，$i=1$，2，…，T_k。

$$\begin{aligned}v_i(v_{A^*},v_A)&=1-\Big\{\frac{1}{2}\int_0^1|(b_{i,1}^*-b_{i,2}^*)\alpha+b_{i,2}^*-[(b_{i,1}-b_{i,2})\alpha+b_{i,2}]|\mathrm{d}\alpha+\\&\quad\frac{1}{2}\int_0^1|(b_{i,4}^*-b_{i,3}^*)\alpha+b_{i,3}^*-[(b_{i,4}-b_{i,3})\alpha+b_{i,3}]|\mathrm{d}\alpha\Big\}\end{aligned} \tag{7.47}$$

式中，$i=1$，2，…，T_k。

（2）求取关联度（Association Degree）。λ_i 是先验属性隶属度的匹配度 $\psi_i(\mu_{A*},\mu_A)$ 的自适应因子。γ_i 是先验属性非隶属度的匹配度 $v_i(v_{A*},v_A)$ 的自适应因子。i 个先验属性的隶属度的匹配度的连接函数 $C_i(\psi_i(\mu_{A*},\mu_A),\gamma_i)$ 是用三角模（t－norm）算子求解，i 个先验属性的非隶属度的匹配度的连接函数 $C_i(v_i(v_A^*,v_A),\gamma_i$ 是用三角余模（t－conorm）算子求解。

（3）求取合理性（Soundness Degree）。k 条规则中隶属度的连接函数 I_k 是用三角余模（t－conorm）算子求解，即 $I_k(C_i(\psi_i(\mu_A^*,\mu_A),\lambda_i),\mu_B)$。$k$ 条规则中非隶属度的连接函数 $I_k(C_i(v_i(v_A^*,v_A),\gamma_i),v_B)$ 用三角模（t－norm）算子求解。

（4）解模糊（Defuzzification）。在输入 A^* 的作用下，激活输出 B^*。输出 B^* 包括两部分：$\mu_{B*}(y_k)$ 与 $v_{B*}(y_k)$。Yager 给出了直觉模糊数的解模糊方法，得到每一个结论对应的隶属度为 $\mu_{B'}(y_k)$。其中，$\mu_{B'}(y_k)$ 的最后取值是由输出 B^* 的隶属度 $\mu_{B*}(y_k)$ 与犹豫度 $\pi_{B*}(y_k)$ 决定的，即有 $\mu_{B*}(y_k)+\sigma\pi_{B*}(y_k)$，式中的变量 $\sigma\in[0,1]$。即 $\mu_{B*}(y_k)+\sigma\cdot(1-\mu_{B*}(y_k)-v_{B*}(y_k))$，进而推导出 $(1-\sigma)\cdot\mu_{B*}(y_k)+\sigma\cdot(1-v_{B*}(y_k))$。变量 σ 的取值根据决策者的态度来决定，即决策者对于犹豫度的接纳程度。如果偏重于接纳犹豫度，σ 的取值会增大。这里，σ 的取值为 0.5，由下式计算：

$$\mu_{B'}(y_k)=\frac{1}{2}\cdot\mu_{B*}(y_k)+\frac{1}{2}\cdot[1-v_{B*}(y_k)] \tag{7.48}$$

式中，$\mu_{B'}(y_k)$ 代表每一条规则被激活的程度。

因此，第 k 条规则的激活权重公式为

$$w_k=\frac{\mu_{B'}(y_k)}{\sum_{k=1}^{L}\mu_{B'}(y_k)} \tag{7.49}$$

解模糊化的方法采用先解模糊后聚集的方法。结合以往的研究，对解模糊化方法进行了分析和总结。$\hat{y}$ 在输入 A^* 作用下，直觉模糊系统的仿真输出的表达式如下：

$$\hat{y}=\sum_{k=1}^{L}w_k\cdot y_k=\frac{\sum_{k=1}^{L}\mu_{B'}(y_k)\cdot y_k}{\sum_{k=1}^{L}\mu_{B'}(y_k)} \tag{7.50}$$

如果考虑到每一条规则的初始权重值 θ_k，那么系统的仿真输出 $\hat{y}$ 的表达式为

$$\hat{y}=\frac{\sum_{k=1}^{L}(\theta_k\cdot\mu_{B'}(y_k))\cdot y_k}{\sum_{k=1}^{L}\theta_k\cdot\mu_{B'}(y_k)} \tag{7.51}$$

为了验证直觉梯形模糊数相似性测度 S_{ps} 以及 ARIFM 推理方法的有效性，采用医疗诊断实例进行数据验证。医疗诊断规则的病症和诊断结果是带有模糊不确定性的语言变量。在临床实践中，医师根据病症得到诊断结果，这是实际推理的过程。本节给出的模型采用直觉梯形模糊数进行近似推理的过程，采用来自北京大学第三医院的诊断脑卒中的数据库。在临床实践中，领域专家经常采用一些评价量表来询问脑卒中患者的身体状况。在多数情况下，评价量表的项目是用语言变量来表达的。鉴于此，如何准确地去表征患者的症状？如何自动地评价脑卒中患者的状况？在脑卒中数据库中，规则的条数是 52 条。患者的状况划分为三个阶段：R1～R24 是软瘫期、R25～R28 是痉挛期以及 R29～R52 是康复期。这三个时期可以

看作是医疗诊断规则库的结论（规则后件）。在规则库中，有四个先验属性，分别是日常生活能力（Activities of Daily Living，ADL）、痉挛（Spasm）、肌力（Muscle strength）和肌张力（Muscle tone）。这四个先验属性以及患者的三个时期都是用语言来描述的。如何更准确地表征这些语言变量，减少在量化的过程中造成的一些信息损失？传统的模糊集采用单个实数来模糊化。这里选用ITFN来量化以上提到的语言项目。四个属性所对应的评价等级如下所示：

日常生活能力{非常高,高,中,低,非常低}

痉挛{非常高,高,相当低,低,非常低}

肌力{绝对高,非常高,高,相对高,中,相对低,低,非常低,绝对低}

肌张力{非常高,高,相对低,低,非常低}

例7.2　利用ITFN相似性测度S_{ps}以及ARIFM推理方法，对脑卒中患者给出准确的症状表征和状况评价。

解：数据是来自临床中一组患者的实际问卷，有136个脑卒中患者参加测试。他们处于脑卒中的不同时期，这136个脑卒中患者的信息是用语言变量来描述他们的症状和目前所处的状况。将136个数据均分为两组，一组作为训练数据，另一组作为测试数据。医师根据患者所处于的不同时期区分患者的康复情况。医师给出这三个时期所对应的实际打分是{0.082，0.071，0.049}。表7－1给出了模糊化过程中语言变量与直觉梯形模糊数对应的数值。

表7－1　ITFN

语言变量	直觉梯形模糊数ITFN
绝对高（G_1）	<（1.0，1.0，1.0，1.0），（1.0，1.0，1.0，1.0）>
非常高（G_2）	<（0.7，0.8，0.9，1.0），（0.7，0.8，0.9，1.0）>
高（G_3）	<（0.5，0.6，0.7，0.8，0.4，0.6，0.7，0.9）>
相对高（G_4）	<（0.4，0.5，0.6，0.7，0.3，0.5，0.6，0.8）>
中（G_5）	<（0.3，0.4，0.5，0.6，0.2，0.4，0.5，0.7）>
相对低（G_6）	<（0.2，0.3，0.4，0.5，0.1，0.3，0.4，0.6）>
低（G_7）	<（0.1，0.2，0.3，0.4，0.0，0.2，0.3，0.5）>
非常低（G_8）	<（0.0，0.1，0.2，0.3，0.0，0.1，0.2，0.3）>
绝对低（G_9）	<（0.0，0.0，0.0，0.0，0.0，0.0，0.0，0.0）>

现有三个脑卒中患者信息$T=\{Ja,Da,Wi\}$，采集他们的临床病症，得到属性为$S=${日常生活能力，痉挛，肌力，肌张力}，领域专家根据脑卒中身体康复的不同程度，评价其康复效果给出的诊断的结果集$D=${软瘫期，痉挛期，恢复期}。由于不同的病患携带有不用的病症，从病患信息到病症的关系$T \to S$，如表7－2所示。特定的病症往往导致患者处于不同的治疗时期，从病症到诊断结果的关系$S \to D$，如7.3.4节中的规则库表7－4所示。

表 7－2　患者信息与病症的关系

输入集	日常生活能力	痉挛	肌力	肌张力
Ja	$\begin{pmatrix}(0.3,0.4,0.5,0.6),\\(0.2,0.4,0.5,0.7)\end{pmatrix}$	$\begin{pmatrix}(0.1,0.2,0.3,0.4),\\(0.0,0.2,0.3,0.5)\end{pmatrix}$	$\begin{pmatrix}(0.5,0.6,0.7,0.8),\\(0.4,0.6,0.7,0.9)\end{pmatrix}$	$\begin{pmatrix}(0.5,0.6,0.7,0.8),\\(0.4,0.6,0.7,0.9)\end{pmatrix}$
Da	$\begin{pmatrix}(0.5,0.6,0.7,0.8),\\(0.4,0.6,0.7,0.9)\end{pmatrix}$	$\begin{pmatrix}(0.4,0.5,0.6,0.7),\\(0.3,0.5,0.6,0.8)\end{pmatrix}$	$\begin{pmatrix}(0.2,0.3,0.4,0.5),\\(0.1,0.3,0.4,0.6)\end{pmatrix}$	$\begin{pmatrix}(0.4,0.5,0.6,0.7),\\(0.3,0.5,0.6,0.8)\end{pmatrix}$
Wi	$\begin{pmatrix}(0.0,0.1,0.2,0.3),\\(0.0,0.1,0.2,0.3)\end{pmatrix}$	$\begin{pmatrix}(0.7,0.8,0.9,1.0),\\(0.7,0.8,0.9,1.0)\end{pmatrix}$	$\begin{pmatrix}(0.7,0.8,0.9,1.0),\\(0.7,0.8,0.9,1.0)\end{pmatrix}$	$\begin{pmatrix}(0.4,0.5,0.6,0.7),\\(0.3,0.5,0.6,0.8)\end{pmatrix}$

在这个推理过程，最后得到患者信息到诊断结果之间的关系。推理的过程建立了实际输入与仿真输出的关系。但是在整个推理过程，计算患者病症集与知识库病症之间的匹配度是重点，推理过程分为以下几个步骤。

（1）用 ITFN 来近似代替患者病症以及规则库中属性。

（2）计算每一个患者的病症与不同治疗时期所对应病症之间的匹配程度，这时采用直觉梯形模糊相似度公式（7.41）。

（3）将一条规则所求出的 T_k 个匹配度进行加权运算，求得最大匹配度。

（4）最大的相似性测度 $S_{ps_m}(A,B)$ 对应的规则的结论，就是患者所对应的诊断结果。

表 7－3　患者信息与病症的关系

诊断结果集	瘫痪期	痉挛期	恢复期
Ja	0.222 0	0.218 8	0.172 5
Da	0.187 5	0.193 8	0.176 5
Wi	0.149 2	0.177 0	0.237 5

从表 7－3 中的诊断结果可以得到患者的实际病症与先验属性之间的最大相似度（相似性测度公式取 $p=1$ 时），患者是 *Ja* 对应的相似度为 0.222 0，患者是 *Da* 对应的相似度为 0.193 8，患者是 *Wi* 对应的相似度为 0.237 5。从表 7－3 得到患者 *Ja* 的最大的相似性测度 $S_{ps_m}(A,B)$ 的大小关系式为 $S_{ps_m(Ja\text{痉挛期})} > S_{ps_m(Ja\text{痉挛期})} > S_{ps_m(Ja\text{恢复期})}$，可以得出相应的结果，即患者 *Ja* 处于软瘫期。而第二个患者 *Da* 的最大的相似性测度 $S_{ps_m}(A,B)$ 的大小关系式为 $S_{ps_m(Da\text{痉挛期})} < S_{ps_m(Da\text{痉挛期})} > S_{ps_m(Da\text{恢复期})}$，可以得出患者 *Da* 处于痉挛期。患者 *Wi* 的最大的相似度 $S_{ps_m}(A,B)$ 的大小关系式为，$S_{ps_m(Wi\text{痉挛期})} > S_{ps_m(Wi\text{痉挛期})} > S_{ps_m(Wi\text{恢复期})}$ 可以得出患者 *Wi* 处于恢复期。

7.3.4　规则库表

脑卒中诊断知识库如表 7－4 所示。

表7-4　脑卒中诊断知识库

规则	日常生活能力	痉挛	肌力	肌张力
Rule1	非常高	非常低	绝对低	非常低
Rule2	非常高	非常低	绝对低	低
Rule3	非常高	非常低	低	非常低
Rule4	非常高	非常低	相当高	低
Rule5	非常高	非常低	高	非常低
Rule6	非常高	非常低	高	低
Rule7	非常高	低	绝对低	非常低
Rule8	非常高	低	绝对低	非常低
Rule9	非常高	低	低	非常低
Rule10	非常高	低	低	低
Rule11	非常高	低	相当低	非常低
Rule12	非常高	低	相当低	低
Rule13	高	非常低	中	非常低
Rule14	高	非常低	中	低
Rule15	高	非常低	相当高	非常低
Rule16	高	非常低	相当高	低
Rule17	高	非常低	高	非常低
Rule18	高	非常低	高	低
Rule19	高	低	中	低
Rule20	高	低	中	非常低
Rule21	高	低	相当高	非常低
Rule22	高	低	相当高	低
Rule23	高	低	高	非常低
Rule24	高	低	高	非常低
Rule25	中	相当低	高	高
Rule26	中	相当低	高	非常高
Rule27	低	相当低	高	高
Rule28	低	相当低	高	非常高
Rule29	低	高	非常高	非常低

续表

规则	日常生活能力	痉挛	肌力	肌张力
Rule30	低	高	非常高	低
Rule31	低	高	非常高	相当低
Rule32	低	高	绝对高	非常低
Rule33	低	高	绝对高	低
Rule34	低	高	绝对高	相当低
Rule35	低	非常高	非常高	非常低
Rule36	低	非常高	非常高	低
Rule37	低	非常高	非常高	相当低
Rule38	低	非常高	绝对高	非常低
Rule39	低	非常高	绝对高	低
Rule40	低	非常高	绝对高	相当低
Rule41	非常低	高	非常高	非常低
Rule42	非常低	高	非常高	低
Rule43	非常低	高	非常高	相当低
Rule44	非常低	高	绝对高	非常低
Rule45	非常低	高	绝对高	低
Rule46	非常低	高	绝对高	相当低
Rule47	非常低	非常高	非常高	非常低
Rule48	非常低	非常高	非常高	低
Rule49	非常低	非常高	非常高	相当低
Rule50	非常低	非常高	绝对高	非常低
Rule51	非常低	非常高	绝对高	低
Rule52	非常低	非常高	绝对高	相当低

7.4 带有置信度的直觉模糊证据推理与决策

7.4.1 直觉模糊证据推理概述

直觉模糊证据推理（IFER）方法的主要目的在于，在不确定条件下，建立一个可以表征语言知识并且对其进行推理的框架，通过重构证据推理的结构来减少推理过程中的信息损失，使得推理结果更准确。IFER 方法是 RIMER 方法的拓展形式，并且研究以下两个问题。

第一个问题是对于不确定知识的表征采用连续的 ITFN，而不是采用传统的离散模糊集。这样在模糊化的过程中可以减少信息损失。

第二个问题是在输入转换的过程中，输入集与规则库中的先验属性之间的匹配度，采用直觉模糊包含测度测量代替最大最小算子来进行计算，减少了极值对于决策结果的影响。

IFER 方法的主要推理过程，是在输入的作用下，完成输入转换后，规则库中的结论被更新为区间置信度的形式。与此同时，规则的权重也得到了更新。更新完毕的结论的置信度与规则权重，用以建立一个非线性证据推理模型，进而融合区间证据。采用效用函数，为融合后的联合置信度分配效用值，实现对证据融合后的结果进行排序。

7.4.2　直觉模糊证据推理相关预备知识

在传统的 IF - THEN 规则中，决策者定义一个先验属性对结论的影响或者是 100% 真或者是 100% 假。考虑到置信度，属性的权重以及规则的权重，传统的规则拓展如下：

$$R_k\text{:如果}(X_1,\varepsilon_1)\text{ 是 }A_1^k \wedge (X_2,\varepsilon_2)\text{ 是 }A_2^k \wedge \cdots \wedge (X_i,\varepsilon_i)\text{ 是 }A_i^k,$$

$$\text{那么}\{(\theta_1,\overline{p_{1k}}),(\theta_2,\overline{p_{2k}}),\cdots,(\theta_n,\overline{p_{nk}})\},\sum_{n=1}^{N}\overline{p_{nk}}\leqslant 1 \tag{7.52}$$

式中，i 为先验属性的个数，$i=1,2,\cdots,T_k$；k 为规则数目，$k=1,2,\cdots,L$；n 为结论的评价等级数，$n=1,2,\cdots,N$；$X_i=\{A_i^*,i=1,2,\cdots,T_k\}$）为输入集，输入的置信度不再默认为 100%，输入的置信度设为 ε_i 并且 $0\leqslant\varepsilon_i\leqslant 1$，置信度 ε_i 表示输入分配在相应的评价等级上的确信程度。A_i^* 代表输入集，且集合 $A_i^k\in A_{ij}$是先验属性的一簇参考变量，j 是第 i 个先验属性的评价等级，$j=1,2,\cdots,J_i$。输入 A_i^* 与先验属性的一簇参考变量之间的匹配程度为 α_{ij}，也就是输入被分配到第 j 个评价等级上的置信度为 δ_{ij}。属性的权重为 T_{ki}，在一条规则中 T_k 个属性的权重之和为 1。规则的权重为 ω_k，k 条规则的权重之和为 1。k 条规则输入的评价采用以下形式：

$$S(A_i^*,\varepsilon_i)=\{(A_{ij},\alpha_{ij}),i=1,2,\cdots,T_k,j=1,2,\cdots,J_i\} \tag{7.53}$$

式中，θ_n 代表结论的集合；$\overline{p_{nk}}$代表第 k 条规则中 θ_n 被决策者认为是规则结论的信任程度，即代表结论的置信度。置信度$\overline{p_{nk}}$是领域专家根据经验确定的，也可以由实验数据来决定。在输入的作用下，结论的评价等级采用以下形式：

$$S(A_i^*,\varepsilon_i)=S(A_{ij})=\{(\theta_1,\overline{p_{1k}}),(\theta_2,\overline{p_{2k}}),\cdots,(\theta_N,\overline{p_{Nk}})\} \tag{7.54}$$

式中，$\overline{p_{nk}}\geqslant 0$，$\sum_{n=1}^{N}\overline{p_{nk}}1$，$n=1,2,\cdots,N$，$k=1,2,\cdots,L$。

从输入到结论，信息之间的传递是依靠置信度。置信度从输入 ε_i 到结论 p_{Nk}，中间的桥梁是输入与规则库先验属性之间的匹配度 α_{ij}与初始的结论置信度$\overline{p_{Nk}}$。在这些变量当中，ε_i 与$\overline{p_{Nk}}$是已知的。在进行决策前，领域专家给出 ε_i 与$\overline{p_{Nk}}$的初始值。其中，计算匹配度 α_{ij}是这个置信度传递过程中的输入接口。

输入集 A_i^* 与先验属性的参考变量集 A_i^k，这两个集合中的变量可以是数字的或者非数字的，连续的或者是离散的。非数字型属性可以被实数、传统的模糊集以及模糊集的扩展形式来表征。在进行证据推理的过程中，怎样得到这两个集合之间的匹配程度是一个亟待解决的问题。相似性测度，三角模（t - norm）和三角余模（t - conorm）、模糊集的面积法，以及

模糊集之间的最大 - 最小算子等方法可以用来计算匹配度，即

$$v(A_i^*, A_{ij}) = \max_x [\min(A_i^*(x), A_{ij}(x))] \tag{7.55}$$

前面提到的匹配度的计算方法中，最大 - 最小算子主要考虑到了极值点对结果的影响。Grzegorzewski 提出了 IFS 的可能性包含测度（Possible Inclusion，PI）与必要性包含测度（Necessary Inclusion，NI）。本章在此基础上，研究了直觉梯形模糊数的可能性包含测度与必要性包含测度，并将其用于 IFER。

规则库 R_k 中着重考虑了两种权重，分别是规则权重 ω_k 和属性权重 δ_{ki}。其中，规则权重的限定条件有 $\omega_k \geqslant 0$，k 条规则的权重之和为 1。在第 k 条规则中，属性权重的限定条件为 $\delta_{ki} \geqslant 0$，T_k 个属性的权重之和为 1。如果给定一个输入，它的规则权重 $\omega_k > 0$，那么相对应的规则被激活。

7.4.3 直觉梯形模糊证据推理系统

IFER 中的一条规则由三部分组成，即先验属性（规则前件）、结论（规则的后件）以及二者之间的逻辑关系。这三部分是组成一个 IF - THEN 规则必不可少的三要素。而规则库正是由多条 IF - THEN 规则组成。不同的推理结构，主要的区别在于两点：

（1）在模糊系统里，如何表征先验属性与结论？即用何种量化工具来近似代替先验属性与结论。

（2）根据先验属性与结论之间的逻辑关系来进行推理。即在规则库中原有逻辑关系的基础上，在外加输入的驱动下，相应的规则被激活，随即对应的结论得以更新。

如果多条规则被激活且其对应的结论得到更新，那么涉及更新后的结论之间的排序或者融合。即如何通过更新后结论，得到系统在输入驱动下的最终结果？这是传统规则库在数据集驱动下的信息传递过程。而在带有置信度的规则中，由于表征规则结论的不确定性多了一维置信度，即由规则中的先验属性推导出结论的置信度不再是 100%。结论的信任程度存在部分忽略或者缺失，不再像传统规则那样，直接由先验属性可以 100% 推导出结论。另外，由于输入数据集中也增加了一维不确定性（置信度）来描述数据，即在进行信息传递的过程中，更多的是依靠置信度来传递信息，在这种情况下，信息的更新过程是输入数据驱动规则库。由输入集与先验属性互相匹配后的匹配度作为中间桥梁，建立输入到结论的置信度更新关系式。因此，得到结论更新后的置信度。

在证据推理中，推理的结果往往依赖于领域知识和不确定性的合理表征即模型化。对于直觉模糊集，Dymova 提出了三种命题：证据的隶属度 yes($x \in A$)、证据的非隶属度 no($x \notin A$)和证据的犹豫度（yes，no）(hesitation)。其中，它们的基本概率指派为 $m(A)$(yes)，$m(A)$(no)，$m(A)$(yes,no)，分别表征基本概率分配的焦元，三者之和为 1。

设有一组命题 $2^\Theta = \{\varnothing, \theta_1, \theta_2, \cdots, \theta_n, \{\theta_1, \theta_2\}, \cdots, \{\theta_1, \theta_n\}, \cdots, \{\theta_1, \cdots, \theta_{n-1}\}, \Theta\}$ 是一个穷举集合，且其中的假设是两两互斥的，称为一个辨识框架。N 是所有证据的评价等级数目，而 θ_n 是 Θ 辨识框架上的任何子集。IFER 的结构表示为

$$R = \{(A, [m(A)(\text{yes}), m(A)(\text{yes}) + m(A)(\text{yes, no})], \mu_A(x), v_A(x)) \mid A \in \Theta, x \in U\} \tag{7.56}$$

式中，$m(A)$(yes) 代表分给子集 A 的置信度的隶属度；$m(A)$(yes，no) 代表分给子集 A 的置信度的犹豫度；U 代表论域。

置信度区间 BI_A 是一个可能性区间 $BI_A=[Bel_A, Pl_A]$。直觉模糊假设 A 的置信度与可能度表示如下：

$$Bel_A=\sum_{n=1}^{N}[m(A)(yes)], A\in\Theta \tag{7.57}$$

$$Pl_A=\sum_{n=1}^{N}[1-m(A)(no)], A\in\Theta \tag{7.58}$$

匹配度的计算，在输入集 A_i^* 的作用下，输入集 A_i^* 与规则库中先验属性的参考变量 A_{ij} 之间的匹配度计算公式如下：

$$\alpha_{ij_\mu}=\frac{v(\mu_{A_i^*}(x),\mu_{A_{ij}}(x))\varepsilon_i}{\frac{1}{2}\left[\sum_{j=1}^{J_i}v(\mu_{A_i^*}(x),\mu_{A_{ij}}(x))+\sum_{j=1}^{J_i}v(1-v_{A_i^*}(x),1-v_{A_{ij}}(x))\right]} \tag{7.59}$$

$$\alpha_{ij_v}=\frac{v(1-v_{A_i^*}(x),1-v_{A_{ij}}(x))\varepsilon_i}{\frac{1}{2}\left[\sum_{j=1}^{J_i}v(\mu_{A_i^*}(x),\mu_{A_{ij}}(x))+\sum_{j=1}^{J_i}v(1-v_{A_i^*}(x),1-v_{A_{ij}}(x))\right]} \tag{7.60}$$

式中，$j=1, 2, \cdots, J_i$，$i=1, 2, \cdots, T_k$，且有 $\mu_{A_i^*}(x)$，$v_{A_i^*}(x)$ 分别为输入集 A_i^* 的隶属度与非隶属度。$\mu_{A_{ij}}(x)$，$v_{A_{ij}}(x)$ 分别为先验属性的参考变量 A_{ij} 的隶属度与非隶属度。由于输入集 A_i^* 与先验属性的参考变量 A_{ij} 是非数字型变量，用ITFN来表征这两种集合。α_{ij_μ}，α_{ij_v} 分别为两种集合之间隶属度和非隶属度的匹配度。根据已有公式，输入集 A_i^* 的第一个属性 X_1 由 α 截集处理为 $\langle x_1, [A^{+*}_{x_1 low}, A^{+*}_{x_1 up}], [A^{-*}_{x_1 low}, A^{-*}_{x_1 up}]\rangle$。在共有 T_k 个属性的规则中，第 T_k 个属性 X_{T_k} 由 α 截集处理为 $\langle x_1, [A^{+*}_{x_{T_k} low}, A^{+*}_{x_{T_k}} up], [A^{-*}_{x_{T_k} low}, A^{-*}_{x_{T_k} up}]\rangle$。同理，先验属性的参考变量 A_{ij} 由 α 截集处理为如下形式：

$$A_i^*=\left\{\begin{matrix}\langle x_1,[A^{+*}_{x_1 low},A^{+*}_{x_1 up}],[A^{-*}_{x_1 low},A^{-*}_{x_1 up}]\rangle,\\ \langle x_2,[A^{+*}_{x_2 low},A^{+*}_{x_2 up}],[A^{-*}_{x_2 low},A^{-*}_{x_2 up}]\rangle,\\ \cdots,\langle x_{T_k},[A^{+*}_{x_{I_k} low},A^{+*}_{x_{I_k} U_p}],[A^{-*}_{x_{T_k} low},A^{-*}_{x_{I_k} U_p}]\rangle\end{matrix}\right\} \tag{7.61}$$

$$A_{ij}=\left\{\begin{matrix}\langle x_1,[A^{+}_{x_1 low},A^{+}_{x_1 up}],[A^{-}_{x_1 low},A^{-}_{x_1 up}]\rangle,\\ \langle x_2,[A^{+}_{x_2 low},A^{+}_{x_2 up}],[A^{-}_{x_2 low},A^{-}_{x_2 up}]\rangle,\\ \cdots,\langle x_{T_k},[A^{+}_{x_{I_k} low},A^{+}_{x_{I_k} U_p}],[A^{-}_{x_{T_k} low},A^{-}_{x_{I_k} U_p}]\rangle\end{matrix}\right\} \tag{7.62}$$

式中，输入 A^i 的下界 A_i^{*-} 为 $\langle x_i,[A^{+*}_{x_i low},A^{+*}_{x_i up}]\rangle$；输入 A_i^* 的上界 A_i^{*+} 为 $\langle x_i,[A^{-*}_{x_i low},A^{-*}_{x_i up}]\rangle$。先验属性的参考变量 A_{ij} 的下界 A_{ij}^- 为 $\langle x_i,[A^{+}_{x_i low},A^{+}_{x_i up}]\rangle$；先验属性的参考变量 A_{ij} 的上界 A_{ij}^+ 为 A_i^{*+} 为 $\langle x_i,[A^{-}_{x_i low},A^{-}_{x_i up}]\rangle$。

因此，输入集 A_i^* 与先验属性的参考变量 A_{ij} 的下界和上界如下：

$$A_i^{*-}=\{\langle x_1,[A^{+*}_{x_1 low},A^{+*}_{x_1 up}]\rangle,\langle x_2,[A^{+*}_{x_2 low},A^{+*}_{x_2 up}]\rangle,\cdots,\langle x_{T_k},[A^{+*}_{x_{T_k} low},A^{+*}_{x_{T_k} up}]\rangle\} \tag{7.63}$$

$$A_i^{*+}=\{\langle x_1,[A^{-*}_{x_1 low},A^{-*}_{x_1 up}]\rangle,\langle x_2,[A^{-*}_{x_2 low},A^{-*}_{x_2 up}]\rangle,\cdots,\langle x_{T_k},[A^{-*}_{x_{T_k} low},A_{x_{\bar{T}_k}{}^* up}]\rangle\} \tag{7.64}$$

$$A_{ij}^-=\{\langle x_1,[A^{+}_{x_1 low},A^{+}_{x_1 up}]\rangle,\langle x_2,[A^{+}_{x_2 low},A^{+}_{x_2 up}]\rangle,\cdots,\langle x_{T_k},[A^{+}_{x_{T_k} low},A^{+}_{x_{T_k} up}]\rangle\} \tag{7.65}$$

$$A_{ij}^+=\{\langle x_1,[A^{-}_{x_1 low},A^{-}_{x_1 up}]\rangle,\langle x_2,[A^{-}_{x_2 low},A^{-}_{x_2 up}]\rangle,\cdots,\langle x_{T_k},[A^{-}_{x_{T_k} low},A_{x_{\bar{T}_k} up}]\rangle\} \tag{7.66}$$

在提出 IFS 的可能性与必要性包含测度的基础上，本节阐述了 ITFN 的可能性与必要性包含测度计算方法，则

$$v(\mu_{A_i^*}(x),\mu_{A_{ij}}(x)) = Inc_d(A_i^{*+},A_{ij}^-) = 1 - d(A_i^{*+},A_i^{*+} \cap A_{ij}^-) \tag{7.67}$$

$$v(1 - v_{A_i^*}(x),1 - v_{A_{ij}}(x)) = Inc_d(A_i^{*-},A_{ij}^+) = 1 - d(A_i^{*-},A_i^* \cap A_{ij}^+) \tag{7.68}$$

式（7.67）与式（7.68）中所提到的区间模糊集的交集是按照区间模糊集的运算法则来计算，即

$$A_i^{*+} \cap A_{ij}^- = \left\{\begin{array}{l}\langle x_1,[\inf(A_{x_1\text{low}}^{-*},A_{x_1\text{low}}^+),\inf(A_{x_1\text{up}}^{-*},A_{x_1\text{up}}^+)],\\ \langle x_2,[\inf(A_{x_2\text{low}}^{-*},A_{x_2\text{low}}^+,),\inf(A_{x_2\text{up}}^{-*},A_{x_2U_p}^+)],\\ \cdots,\langle x_{T_k},[\inf(A_{x_{T_k}\text{low}}^{-*},A_{x_{T_k}\text{low}}^+),\inf(A_{x_{T_k}\text{up}}^{-*},A_{x_{T_k}\text{up}}^+)]\rangle\end{array}\right\} \tag{7.69}$$

$$A_i^{*-} \cap A_{ij}^+ = \left\{\begin{array}{l}\langle x_1,[\inf(A_{x_1\text{low}}^{+*},A_{x_1\text{low}}^-),\inf(A_{x_1\text{up}}^{+*},A_{x_1\text{up}}^-)]\rangle,\\ \langle x_2,[\inf(A_{x_2\text{low}}^{+*},A_{x_2\text{low}}^-),\inf(A_{x_2\text{up}}^{+*},A_{x_2U_p}^-)],\\ \cdots,\langle x_{T_k},[\inf(A_{x_{T_k}\text{low}}^{+*},A_{x_{T_k}\text{low}}^-),\inf(A_{x_{T_k}\text{up}}^{+*},A_{x_{T_k}\text{up}}^-)]\rangle\end{array}\right\} \tag{7.70}$$

式（7.67）与式（7.68）中所提到的 $d(\cdot)$ 根据直觉模糊集之间的距离，得到直觉梯形模糊数的匹配度计算公式如下：

$$v(\mu_{A_i^*}(x),\mu_{A_{ij}}(x)) = 1 - \left(\begin{array}{l}\dfrac{1}{2}\displaystyle\int_0^1 |A_{x_i\text{low}}^{-*} - \inf(A_{x_i\text{low}}^{-*},A_{x_i\text{low}}^+)|^p \mathrm{d}\alpha\\ +\dfrac{1}{2}\displaystyle\int_0^1 |A_{x_i\text{up}}^{-*} - \inf(A_{x_i\text{up}}^{-*},A_{x_i\text{up}}^+)|^p \mathrm{d}\alpha\end{array}\right)^{\frac{1}{p}} \tag{7.71}$$

$$v(1 - v_{A_i^*}(x),1 - v_{A_{ij}}(x)) = 1 - \left(\begin{array}{l}\dfrac{1}{2}\displaystyle\int_0^1 |A_{x_i\text{low}}^{+*} - \inf(A_{x_i\text{low}}^{+*},A_{x_i\text{low}}^-)|^p \mathrm{d}\alpha\\ +\dfrac{1}{2}\displaystyle\int_0^1 |A_{x_i\text{up}}^{+*} - \inf(A_{x_i\text{up}}^{+*},A_{x_i\text{up}}^-)|^p \mathrm{d}\alpha\end{array}\right)^{\frac{1}{p}} \tag{7.72}$$

权重分配及置信度的计算，Tesfamariam 提到权重分配类似于确定度因子（Credibility Factors，CF）的分配方式，即权重可以用相同的方式进行分配。Aminravan 同样将确定度因子 CF 看作权重。本节也仿照这样的做法，属性的权重 δ_{ki} 被分配为 CF_{k1}，CF_{k2}，CF_{kT_k}，属性权重的规范化方程为

$$\bar{\delta}_{ki} = \frac{CF_{ki}}{\max\limits_{i=1,\cdots,T_k}\{CF_{ki}\}},k=1,2,\cdots,L;i=1,2,\cdots,T_k \tag{7.73}$$

在一条规则中，对于所有的属性，采用加权运算得到如下公式：

$$\alpha_k = \prod_{i=1}^{T_k}\left(\sum_{j=1}^{J_i}\alpha_{ij_k}\right)^{\bar{\delta}_{ki}},k = 1,2,\cdots,L;i = 1,2,\cdots,T_k \tag{7.74}$$

式中，α_k 代表 k 条规则中，各个属性的匹配度的加权乘积。运用“∧”运算符来连接各个先验属性。ω_k 是预先分配的 k 条规则的权重，$\overline{\omega_k}$ 是系统在输入 A_i^* 的作用下更新后的规则权重，即

$$\overline{\omega_k} = \frac{\omega_k\alpha_k}{\sum\limits_{k=1}^{L}\omega_k\alpha_k} \tag{7.75}$$

式中，$\overline{\omega_k}>0$ 代表第 k 条规则被激活。

如果得到匹配度，也就是计算得到输入集与规则库先验属性之间的关系式。在规则 R_k 中，A_1^k，A_2^k，…，$A_{T_k}^k$ 哪一个属性对结论置信度的更新起作用是由函数 $\tau(i,k)$ 决定的。如果在规则 R_k 中，函数 $\tau(i,k)$ 的值设定为 1，那么属性 A_i^k 在置信度的传递过程中起作用。其他情况下，函数 $\tau(i,k)$ 的值被设定为 0。匹配度的连接函数 $C(\cdot)$ 是每一条规则的激活度。这样就有 $p_{nk_u}=\overline{P_{nk}}\cdot C(\alpha_{ij_u})$ 和 $p_{nk_v}=\overline{P_{nk}}\cdot C(\alpha_{ij_v})$，即

$$p_{nk_u}=\overline{P_{nk}}\frac{\sum_{i=1}^{T_k}\left(\tau(i,k)\sum_{j=1}^{J_t}\alpha_{ij_u}\right)}{\sum_{i=1}^{T_k}\tau(i,k)} \tag{7.76}$$

$$p_{nk_v}=\overline{P_{nk}}\frac{\sum_{i=1}^{T_k}\left(\tau(i,k)\sum_{j=1}^{J_t}\alpha_{ij_v}\right)}{\sum_{i=1}^{T_k}\tau(i,k)} \tag{7.77}$$

式中，α_{ij_u} 和 α_{ij_v} 为 A_i^* 和 A_{ij} 之间的隶属度和非隶属度的匹配度；($\overline{P_{1k}}$，$\overline{P_{2k}}$，…，$\overline{P_{nk}}$) 为已知的，领域专家事先给定它们的值。

综上所述，在输入集 A_i^* 的激活下，系统原有的评价形式为式（7.52）所示。而被更新为置信度是区间值的形式为

$$S(A_i^*,\varepsilon_i)=\{(\theta_1,[p_{1k_u},p_{1k_v}]),(\theta_2,[p_{2k_u},p_{2k_v}]),\cdots,(\theta_N,[p_{Nk_u},p_{N_k}])\} \tag{7.78}$$

融合法则及排序，规则的结论更新为区间置信度形式，包括上界和下界两个部分。当获得了区间置信度后，需要考虑相应的权重，将其转换成为区间基本概率分配（BPA），转换后的区间 BPA 为

$$m_{n,k}=[\overline{\omega_k}p_{nk_u},\overline{\omega_k}p_{nk_v}] \tag{7.79}$$

如果评价 $S(A_i^*)$ 是不完全的，那么造成这种不完全的因素有两种：第一种是由不完全的权重决定的，即

$$\overline{m_{D,k}}=1-\overline{\omega_k} \tag{7.80}$$

第二种是由不完全的置信度决定的，即

$$\hat{m}_{D,k}=[\overline{\omega_k}p_{D,k_u},\overline{\omega_k}p_{D,k_v}] \tag{7.81}$$

隶属度的不完全置信度为

$$p_{D,k_u}=\max\left(0,1-\sum_{i=1}^{N}p_{nk_v}\right) \tag{7.82}$$

非隶属度的不完全置信度为

$$p_{D,k_v}=1-\sum_{i=1}^{N}p_{nk_u} \tag{7.83}$$

正因为如此，DS 理论可以用来处理不完全信息，这些不完全信息在其他的理论中常常被忽略。通过求解如下所示的非线性优化模型，融合结论中所有的区间基本概率分配，得到总的区间置信度。尽管如此，这里有一个初始条件，即规范化因子的分母设定为非零。融合证据的非线性优化模型的求解目标如下：

$$\max/\min\ p_n(A_i^*) = \frac{\left[\prod_{k=1}^{L}(m_{n,k}+\bar{m}_{D,k}+\hat{m}_{D,k}) - \prod_{k=1}^{L}(\bar{m}_{D,k}+\hat{m}_{D,k})\right]}{\left[\sum_{n=1}^{N}\prod_{k=1}^{L}(m_{n,k}+\bar{m}_{D,k}+\hat{m}_{D,k}) - (N-1)\prod_{k=1}^{L}(\bar{m}_{D,k}+\hat{m}_{D,k})\right] - \left[\prod_{k=1}^{L}\bar{m}_{D,k}\right]} \tag{7.84}$$

$$\max/\min\ p_D(A_i^*) = \frac{\left[\prod_{k=1}^{L}(\bar{m}_{D,k}+\hat{m}_{D,k}) - \prod_{k=1}^{L}(\bar{m}_{D,k})\right]}{\left[\sum_{n=1}^{N}\prod_{k=1}^{L}(m_{n,k}+\bar{m}_{D,k}+\hat{m}_{D,k}) - (N-1)\prod_{k=1}^{L}(\bar{m}_{D,k}+\hat{m}_{D,k})\right] - \left[\prod_{k=1}^{L}\bar{m}_{D,k}\right]} \tag{7.85}$$

融合证据的非线性优化模型的约束条件如下：

$$\overline{\omega_k} p_{nk_u} m_{n,k} \overline{\omega}_k p_{nk_v} \tag{7.86}$$

$$\overline{\omega_k} p_{D,k_u} m_{D,k} \overline{\omega}_k p_{D,k_v} \tag{7.87}$$

$$\left[\sum_{n=1}^{N}\prod_{k=1}^{L}(m_{n,k}+\bar{m}_{D,k}+\hat{m}_{D,k}) - (N-1)\prod_{k=1}^{L}(\bar{m}_{D,k}+\hat{m}_{D,k})\right] \tag{7.88}$$

在融合方法中，式（7.84）与式（7.85）中的目标函数是非线性函数。式（7.86）和式（7.87）决定了变量 $m_{n,k}$和 $\hat{m}_{D,k}$的上界和下界。在这个优化模型中，决策矩阵 $m_{n,k}$的维数是 $N \times L$。

对于融合后的分布式评价，ER 方法经常使用效用函数，对融合结果进行比较或者排序，即

$$u_{\max}(A_i^*) = \sum_{n=1}^{N-1} p_n(A_i^*)u(D_n) + (p_N(A_i^*) + p_D(A_i^*))u(D_N) \tag{7.89}$$

$$u_{\min}(A_i^*) = (p_1(A_i^*) + p_D(A_i^*))u(D_1) + \sum_{n=2}^{N} p_n(A_i^*)u(D_n) \tag{7.90}$$

$$u_{\text{aver}}(A_i^*) = \frac{u_{\max}(A_i^*) + u_{\min}(A_i^*)}{2} \tag{7.91}$$

式中，$i=1, 2, \cdots, T_k$，$n=1, 2, \cdots, N$，且有 $u(D_n)$为结论 D_n 的评价等级分配的效用函数。在输入集 A_i^* 的作用下，与先验属性 A_ij 相匹配后，激活相应的结论 D_n。而在结论 D_n 中，更新后的置信度是 $p_n(A_i^*)$。如果将最偏好的评价等级分配给结论 D_N，即 $u(S(A_i^*))$达到最大。如果将最不偏好的评价等级分配给结论 D_1，即 $u(S(A_i^*))$达到最小。采用非线性优化模型，计算最大 - 最小效用值。同样，优化模型的约束条件为式（7.86）和式（7.87）。如式（7.91）所述，期望效用区间的中间值的大小可用作结论的排序依据。

试 7.3 试使用 IFER 的算法进行决策。

解：IFER 的算法具体步骤，如下所示。

（1）用式（7.71）与式（7.72），计算输入集与知识库中的先验属性之间隶属度的匹配度 $v(\mu_{A_i^*}(x), \mu_{A_{ij}}(x))$以及非隶属度的匹配度 $v(1-v_{A_i^*}(x), 1-v_{A_{ij}}(x))$。其中，关于痉挛期的直觉模糊包含测度计算结果如表 7－5 所示。

表7-5 输入集与知识库中的先验属性之间的直觉模糊包含测度（痉挛期）

痉挛期 规则条数	日常行为能力直觉 模糊包含测度	痉挛直觉 模糊包含测度	肌力直觉 模糊包含测度	肌张力直觉 模糊包含测度
R25	中 [0.145 3, 0.151 6] 高 [0.021 2, 0.026 5] 低 [0.075 0, 0.075 0]	低 [0.214 7, 0.214 7] 相当低 [0.025 4, 0.026 5] 非常低 [0.012 5, 0.012 5]	高 [0.181 6, 0.189 5] 非常高 [0.031 8, 0.039 7] 相当高 [0.025 0, 0.025 0]	相当低 [0.113 7, 0.113 7] 相当高 [0.052 9, 0.052 9] 低 [0.087 5, 0.087 5]
R26	中 [0.145 3, 0.151 6] 高 [0.021 2, 0.026 5] 低 [0.075 0, 0.075 0]	低 [0.214 7, 0.214 7] 相当低 [0.025 4, 0.026 5] 非常低 [0.012 5, 0.012 5]	高 [0.181 6, 0.189 5] 非常高 [0.031 8, 0.039 7] 相当高 [0.025 0, 0.025 0]	相当低 [0.113 7, 0.113 7] 相当高 [0.052 9, 0.052 9] 低 [0.087 5, 0.087 5]
R27	中 [0.123 7, 0.154 7] 高 [0.016 3, 0.027 2] 低 [0.072 3, 0.075 4]	低 [0.219 1, 0.219 1] 相当低 [0.026 0, 0.027 2] 非常低 [0.012 6, 0.012 6]	高 [0.185 3, 0.193 3] 非常高 [0.032 6, 0.040 8] 相当高 [0.025 1, 0.025 1]	相当低 [0.116 0, 0.116 0] 相当高 [0.054 4, 0.054 4] 低 [0.088 0, 0.088 0]
R28	中 [0.127 7, 0.127 7] 高 [0.017 9, 0.017 9] 低 [0.072 6, 0.072 6]	低 [0.226 2, 0.226 2] 相当低 [0.028 5, 0.028 5] 非常低 [0.012 6, 0.012 6]	高 [0.191 2, 0.191 2] 非常高 [0.035 7, 0.035 7] 相当高 [0.025 3, 0.025 3]	相当低 [0.119 7, 0.119 7] 相当高 [0.059 6, 0.059 6] 低 [0.088 4, 0.088 4]

(2) 用式（7.59）与式（7.60），计算得到的直觉模糊包含测度，得出隶属度与非隶属度的加权匹配度为 $\alpha\, ij_{\mu}$ 和 $\alpha\, ij_{v}$。

(3) 用式（7.76）与式（7.76），知识库中结论的置信度被更新为

$$\{(D_1,[p_{1k_u},p_{1k_r}]),(D_2,[p_{2k_u},p_{2k_v}]),\cdots,(D_N,[p_{Nk_u},p_{Nk_r}])\}$$

被更新后的结论（R1~R24）的区间置信度，如表7-6所示。

表7-6 更新后的结论置信度

规则条数（R1~R24）	软瘫期	痉挛期	恢复期
1	[0.191 6, 0.256 4]	[0.017 0, 0.022 8]	[0.004 3, 0.005 7]
2	[0.194 7, 0.253 4]	[0.015 1, 0.019 7]	[0.006 5, 0.008 4]

续表

规则条数（R1~R24）	软瘫期	痉挛期	恢复期
3	[0.198 4，0.244 8]	[0.020 1，0.024 8]	[0.004 5，0.005 5]
4	[0.210 4，0.233 1]	[0.018 9，0.021 0]	[0.007 1，0.007 9]
5	[0.207 9，0.230 8]	[0.023 6，0.026 2]	[0.004 7，0.005 2]
6	[0.210 5，0.228 3]	[0.021 5，0.023 4]	[0.007 2，0.007 8]
7	[0.203 0，0.231 1]	[0.025 7，0.029 2]	[0.004 7，0.005 3]
8	[0.188 1，0.245 7]	[0.021 6，0.028 2]	[0.006 5，0.008 5]
9	[0.191 1，0.237 8]	[0.026 7，0.033 2]	[0.004 4，0.005 5]
10	[0.197 0，0.231 9]	[0.025 2，0.029 7]	[0.006 9，0.008 1]
11	[0.195 3，0.228 7]	[0.029 9，0.035 0]	[0.004 6，0.005 4]
12	[0.197 8，0.226 2]	[0.027 9，0.031 9]	[0.007 0，0.008 0]
13	[0.193 4，0.225 2]	[0.032 2，0.037 5]	[0.004 6，0.005 4]
14	[0.195 9，0.222 7]	[0.030 3，0.034 5]	[0.007 0，0.008 0]
15	[0.193 7，0.220 0]	[0.035 0，0.039 8]	[0.004 7，0.005 3]
16	[0.196 1，0.217 6]	[0.033 1，0.036 7]	[0.007 1，0.007 9]
17	[0.193 7，0.215 3]	[0.037 8，0.042 0]	[0.004 7，0.005 3]
18	[0.196 0，0.212 9]	[0.035 9，0.039 0]	[0.007 2，0.007 8]
19	[0.191 3，0.213 0]	[0.040 1，0.044 7]	[0.004 7，0.005 3]
20	[0.188 9，0.215 3]	[0.037 3，0.042 5]	[0.007 0，0.008 0]
21	[0.189 0，0.210 3]	[0.042 5，0.047 3]	[0.004 7，0.005 3]
22	[0.191 3，0.208 0]	[0.040 7，0.044 2]	[0.007 2，0.007 8]
23	[0.188 8，0.205 7]	[0.045 4，0.049 5]	[0.004 8，0.005 2]
24	[0.196 9，0.197 2]	[0.044 9，0.044 9]	[0.007 5，0.007 5]

（4）用式（7.73）计算属性权重的规范化方程 $\bar{\delta}_{ki}$。用式（7.75）计算规则权重 ω_k。为区间置信度分配相应的权重，得到区间基本概率分配（BPA）。

（5）用式（7.78）~式（7.81）求解非线性优化模型，将区间 BPA 融合成总的区间置信度 $p_n(A_i^*)$ 与 $p_D(A_i^*)$。所得的结果如表 7－7 所示

表 7－7　融合后总的区间置信度

类型	软瘫期	痉挛期	恢复期
R1~R24	[0.224 4，0.260 5]	[0.311 3，0.379 3]	[0.006 8，0.008 4]
R25~R28	[0.013 6，0.013 8]	[0.221 3，0.227 9]	[0.019 1，0.020 2]
R29~R52	[0.005 9，0.007 6]	[0.033 2，0.037 2]	[0.238 7，0.262 1]

(6) 用式 (7.82) 与用式 (7.83) 对区间置信度 $\beta_1(A_i^*)$、$\beta_n(A_i^*)$、$\beta_N(A_i^*)$ 与 $\beta_D(A_i^*)$ 分配效用值，即总的区间置信度进行排序。用式 (7.84) 期望效用区间的中间值 $u_{\text{aver}}(A_i^*)$，计算所获得的结果如表7-8所示。

表7-8 融合后的期望效用值及排序

期望效用值	软瘫期	痉挛期	恢复期
期望效用最小值	0.213 5	0.278 0	0.353 4
期望效用最大值	0.655 0	0.725 4	0.786 5
期望效用的中间值	0.434 3	0.501 7	0.570 1
排序	3	2	1

在表7-8中，对期望效用的中间值的大小进行排序，得到排序的结果为

$$u_{\text{aver}}(A_i^*)_{(\text{Jack软瘫期})} < u_{\text{aver}}(A_i^*)_{(\text{Jack痉挛期})} < u_{\text{aver}}(A_i^*)_{(\text{Jack恢复期})}$$

习 题

1. 基于证据推理的决策方法的关键在于利用模糊系统进行近似推理，简述利用证据进行近似推理的过程包括哪两大主要阶段。

2. 请根据7.2节内容，利用直觉语言模糊偏好关系，简述加法一致性和群共识的群决策算法。

3. 设有一个映射 S：$\text{IFS}(X)\times\text{IFS}(X)\to[0,1]$ 且有 $A\in\text{IFS}(X)$ 与 $B\in\text{IFS}(X)$，如果 $S(A,B)$ 是两个IFS之间的相似度，那么 $S(A,B)$ 需要满足哪些特性?

4. 根据7.3节中IFS的相似度定义和IFS的距离测度定义，证明 $S_p(A,B)$ 是两个ITFN ($A=\langle(a_{11},a_{12},a_{13},a_{14}),(b_{11},b_{12},b_{13},b_{14})\rangle$ 和 $B=\langle(a_{21},a_{22},a_{23},a_{24}),(b_{21},b_{22},b_{23},b_{24})\rangle$) 的相似性测度。

5. 设有一组命题 $2^\Theta=\{\varnothing,\theta_1,\theta_2,\cdots,\theta_n,\{\theta_1,\theta_2\},\cdots,\{\theta_1,\theta_n\},\cdots,\{\theta_1,\cdots,\theta_{n-1}\},\Theta\}$ 是一个穷举集合，且其中的假设是两两互斥的，称为一个辨识框架。N 是所有证据的评价等级数目，而 θ_n 是 Θ 辨识框架上的任何子集。根据7.4节内容给出IFER的结构表达形式。

第8章
基于二型模糊的决策支持方法

8.1　基于二型模糊的决策概述

模糊集合与模糊决策以其令人满意的性能，在智能控制、图像处理、时序预测、信号分类等决策领域中得到了广泛应用。相比于传统集合论，模糊集能够表示现实生活中广泛存在的如“大”“小”“年轻”“快”“慢”等无法用二值逻辑描述的对象。模糊 DSS 不仅能够以数据为基础进行建模，同时由于其系统的建立以 IF－THEN 规则语言描述为基本形式，因此还能够结合专家的经验与知识对目标对象进行结合反馈。但是，由于现实世界中存在着各种噪声、变化的和非结构化的环境、不同人对不同语言标签理解的差异等大量高阶不确定性。与此同时一型模糊集（传统模糊集）的隶属度为确定的数值（区间［0，1］内的数），其对不确定性的处理能力有限。这就导致以一型模糊集为基础的一型模糊 DSS 在面对高阶不确定性时失去效力（DSS 性能变差）。相比于一型模糊集和一型模糊 DSS，二型模糊集和二型模糊 DSS 具有处理高阶不确定性的能力。

8.1.1　二型模糊决策支持系统的起源

作为一型模糊集的扩展，二型模糊集同样是由美国加州大学的扎德教授于 1975 年在文章“The concept of a linguistic variable and its application to approximate reasoning－I”中提出。与一型模糊集不同的是，二型模糊集的隶属度为单位区间［0，1］上的模糊集（其隶属度为三维空间中的函数），同时包含一个不确定覆盖域。正因如此，二型模糊集额外的第三维和不确定覆盖域便为二型模糊决策支持系统（FDSS）提供了更多的自由度，使得二型 FDSS 能够处理现实世界中一型 FDSS 无法处理的大量高阶不确定性和不精确性。然而在二型模糊集提出早期，由于一型模糊理论刚起步，大家正热衷于一型模糊理论的研究，因而二型模糊理论以及二型 FDSS 在当时并未受到广泛关注。直到 1998 年，Mendel 成功将区间二型 FDSS 应用于时变信道处理，二型模糊理论和二型 FDSS 才逐渐发展起来。时至今日，在众多科研工作者的不断探索下，二型模糊理论得到了长足发展，二型 FDSS 得到了广泛应用，并取得了一系列结果。国外方面，Hani Hagras 团队将二型模糊应用于智慧环境（Ambient Intelligence，AmI）中对环境内人物的检测、识别，提出了以平衡膳食、健康生活为目的的饮食 DSS；Galluzzo 等将二型 FDSS 应用于生物反应器的控制；Runkler 等介绍了基于区间二型模糊集的多准则决策方法；Mousakhani 等讨论了基于二型模糊评价模型的群决策分析在绿色能源选择问题中的应用。国内对二型模糊理论的研究仍较少，但也取得了一定的研究成果，如莫红、王飞跃等重新定义了二型模糊集同时纠正了不确定覆盖域的定义，并将二型模糊集应用于建立语言动力学轨迹；卞扣成等介绍了二型 FDSS 在水位控制中的应用；曹江涛等介绍了一种改进的区间二型模糊决策控制器；韩红贵等介绍了二型模糊神经网络在污水处理过程中溶解氧浓度的决策控制。

时至今日，经过将近 20 年的发展，二型模糊理论逐步完善，二型 FDSS 得到了广泛应用。与一型 FDSS 不同的是，由于二型 FDSS 经过规则库推理后得到的输出为二型模糊集，而可直接反馈的决策结果一般是确定数值。为了获得确定数值输出，首先需要将二型模糊集降型为一型模糊集；然后再将降型得到的一型模糊集进行解模糊得到最终的决策数值并输出。如图 8－1 所示，二型模糊系统包括模糊化、规则库、推理决策、降型和解模糊五部分。

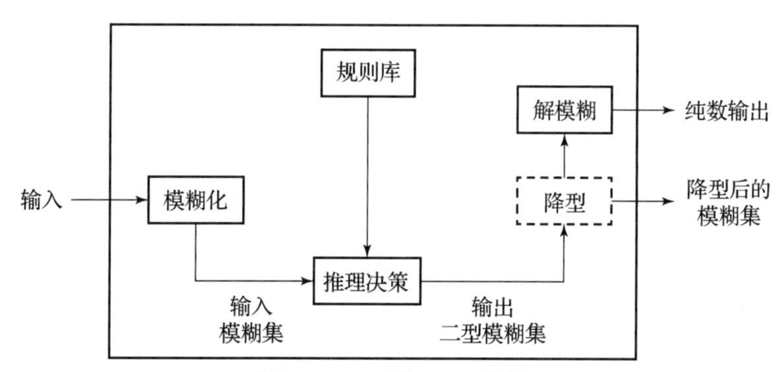

图 8－1　二型 FDSS 结构

8.1.2　二型模糊决策支持系统的分类

通常一型 FDSS 按照后件的类型可以分为 Mamdani 型（后件为一型模糊集）和 Takagi－Sugeno－Kang（TSK）型（后件为线性函数）。虽然二型 FDSS 也可以分为 Mamdani 型和 TSK 型两大类，但只要一个模糊推理架构中有一部分为二型模糊集，则该系统即为二型模糊决策支持系统。因此，在每一大类中又可以细分为多种小类，其具体分类如下。假设以下模糊决策支持系统的决策规则数为 M，变量维数为 n，模糊化方法为单点模糊化法。

1. 二型 TSK 模糊决策支持系统

对二型 TSK 模糊决策支持系统，可分为以下两类

1）前件为二型模糊集，而后件为一型模糊集，通常记为 A2C1，其结构如下：

$$\begin{aligned}&\text{If } x_1 \text{ is } \tilde{A}_{i1} \text{ and } x_2 \text{ is } \tilde{A}_{i2} \text{ and } \cdots \text{ and } x_n \text{ is } \tilde{A}_{in}\\&\text{then } y_i = B_{i0} + B_{i1}x_1 + \cdots + B_{in}x_n\end{aligned} \tag{8.1}$$

式中，$\tilde{A}_{ij}$为第 i 条规则第 j 维输入的区间二型模糊集；B_{i0}，B_{ij}为一型模糊集，$i=1, 2, \cdots, M$；$j=1, 2, \cdots, n$。

（2）前件为二型模糊集，而后件为线性函数，通常记为 A2C0，其结构如下：

$$\begin{aligned}&\text{If } x_1 \text{ is } \tilde{A}_{i1} \text{ and } x_2 \text{ is } \tilde{A}_{i2} \text{ and } \cdots \text{ and } x_n \text{ is } \tilde{A}_{in}\\&\text{then } y_i = a_{i0} + a_{i1}x_1 + \cdots + a_{in}x_n\end{aligned} \tag{8.2}$$

式中，$\tilde{A}_{ij}$为第 i 条规则第 j 维输入的区间二型模糊集；a_{i0}，$a_{ij} \in \mathbb{R}$，$i=1, 2, \cdots, M$；$j=1, 2, \cdots, n$。

2. Mamdani 模糊决策支持系统

对 Mamdani 模糊决策支持系统，依照上述讨论也可分为以下三类。

（1）前件和后件均为二型模糊集，则可记为 A2C2，其结构如下：

$$\text{If } x_1 \text{ is } \widetilde{A}_{i1} \text{ and } x_2 \text{ is } \widetilde{A}_{i2} \text{ and } \cdots \text{ and } x_n \text{ is } \widetilde{A}_{in}\text{, then } y_i = \widetilde{B}_i \tag{8.3}$$

式中，$\widetilde{A}_{ij}$为第 i 条规则第 j 维输入的区间二型模糊集；B_i 为第 i 条规则输出的二型模糊集，$i=1, 2, \cdots, M$；$j=1, 2, \cdots, n$。

（2）前件和后件均为二型模糊集，则可记为 A2C1，其结构如下：

$$\text{If } x_1 \text{ is } \widetilde{A}_{i1} \text{ and } x_2 \text{ is } \widetilde{A}_{i2} \text{ and } \cdots \text{ and } x_n \text{ is } \widetilde{A}_{in}\text{, then } y_i = B_i \tag{8.4}$$

式中，$\widetilde{A}_{ij}$为第 i 条规则第 j 维输入的区间二型模糊集；B_i 为第 i 条规则输出的二型模糊集，$i=1, 2, \cdots, M$；$j=1, 2, \cdots, n$。

（3）前件和后件均为二型模糊集，则可记为 A1C2，其结构如下：

$$\text{If } x_1 \text{ is } A_{i1} \text{ and } x_2 \text{ is } A_{i2} \text{ and } \cdots \text{ and } x_n \text{ is } A_{in}\text{, then } y_i = \widetilde{B}_i \tag{8.5}$$

式中，A_{ij}为第 i 条规则第 j 维输入的区间二型模糊集；$\widetilde{B}_i$ 为第 i 条规则输出的二型模糊集，$i=1, 2, \cdots, M$；$j=1, 2, \cdots, n$。

8.2 二型模糊集构造

构造合理的模糊集合是提升模糊决策支持系统的关键所在。在以往的研究中，可以找到大量的关于一型模糊集隶属度函数估计方法的研究，其中一些方法利用了人类对目标对象的判断，如基于投票或者成对比较的方法（如层次分析法），还有的另一类常见方法则是基于实验数据来确定隶属度函数。然而，对二型模糊集构造的研究不仅方法有限而且缺乏系统的、一般的、令人信服的准则。由于所构造的二型模糊集不仅要反映实验证据（数据），同时还需要通过保证相当程度的具体性来保证此二型模糊集的意义。因此，本章着重介绍以平衡粒原则为基础构造二型模糊集的基本方法。

8.2.1 平衡粒原则

假设带有权重的数据为

$$D_w = \{(x_1, w_1), (x_2, w_2), \cdots, (x_n, w_n)\} \tag{8.6}$$

式中，$x_i \in \mathbb{R}$，$w_i \in [0, 1]$，$i=1, 2, \cdots, N$。

若对任意一点 x_i 其权重未知则该数据集变为

$$D = \{x_1, x_2, \cdots, x_n\} \tag{8.7}$$

式中，$x_i \in \mathbb{R}$，$i=1, 2, \cdots, N$。

将数据集中所有点的最大和最小值分别记为 $x_{\max} = \max(x_i)$ 和 $x_{\min} = \min(x_i)$。利用平衡粒原则，可以通过最大化如下所示的性能函数 Q，构造与数据集 D_w（或 D）相对应的模糊集合 A：

$$Q = \text{cov}(A) * \text{sp}(A)$$

式中，$\text{cov}(\cdot)$和 $\text{sp}(\cdot)$分别表示覆盖性和具体性函数。

最重要的是，由于函数 cov(·)和 sp(·)对其自变量的增减变化具有相反性，因此不仅可以保证这两个函数的乘积存在最大值点，而且可以保证所构造的模糊集不仅具有实验的合理性而且语义上有意义。

已知模糊集 A 的隶属度函数为 f，则其参数可以通过最大化式（8.8）得到。具体来说，若 f 是具有有限支撑的单峰函数，则该函数可以由三个参数表示——两个端点（左端点 a 和右端点 b）以及模态值（峰值点 m）。求解隶属度函数的详细步骤如下

（1）确定模态值点 m。可取所有点的加权平均值为模态值点：

$$m = \frac{\sum_{i=1}^{N} x_i w_i}{\sum_{i=1}^{N} w_i} \text{ 或 } m = \frac{\sum_{i=1}^{N} x_i}{N} \tag{8.9}$$

式中，$(x_i, w_i) \in D_w$ 或 $x_i K \in D$，$i=1, 2, \cdots, N$。

（2）优化边界值点 a 和 b。由于 a 和 b 的优化过程相似（通过最大化 Q），因此在这里仅以 b 的优化为例进行讨论。记 $\text{range} = 2x_{\max} - m$，则 A 的覆盖性函数应具有如下形式：

$$\text{cov}(A) = \sum_{k:m \leqslant x_k \leqslant x_{\max}} \min(f(x_k), w_k) \text{ 或 } \text{cov}(A) = \sum_{k:m \leqslant x_k \leqslant x_{\max}} f(x_k) \tag{8.10}$$

A 的具体性函数具有如下形式（其中 f^{-1} 为其隶属度函数的反函数）：

$$sp(A) = \int_0^1 \left(1 - \frac{f^{-1}(\alpha) - m}{2x_{\max} - m}\right) d\alpha = \int_0^1 \left(1 - \frac{f^{-1}(\alpha) - m}{\text{range}}\right) d\alpha \tag{8.11}$$

（3）根据式（8.8）所述目标函数，可得

$$b_{\text{opt}} = \arg\max_b Q(b) \tag{8.12}$$

例 8.1　利用平衡粒原则构造三角模糊集 A，求解三角模糊集 A 的隶属度函数 f_L。

解：由题可知，三角模糊集 A 的隶属度函数 f_L 可表示为

$$f_L(x;a,m,b) = \begin{cases} (x-a)/(m-a), & x \in [a,m] \\ (b-x)/(b-m), & x \in (m,b] \\ 0, & \text{其他} \end{cases}$$

对于三角模糊集 A，其对应的覆盖性和具体性函数如下：

$$\text{cov}(A) = \sum_{k:mx_k x_{\max}} \min((b - x_i)/(b - m), w_i)$$

$$\text{sp}(A) = \int_0^1 \left(1 - \frac{b - (b-m)\alpha - m}{\text{range}}\right) d\alpha = 1 - \frac{b-m}{\text{range}}$$

令 $Q(b)$ 对 b 求导数，可得

$$\frac{dQ(b)}{db} = \frac{-(c+d)(b-m)^2 + 2\text{range}(h - cm)}{2\text{range}\ (b-m)^2}$$

考虑到显然有 $c+d>0$，$b>m$，$\text{range}>0$，且 $x_k \geqslant m$。令 $\frac{dQ(b)}{db}=0$，可得

$$b = m + \sqrt{(2\text{range}\ (h-cm))/(c+d)}$$

同理，可求解得到 a，而 m 则可由式（8.9）直接计算得到。

8.2.2　区间二型模糊集构造

为增强对数据的表示，本节主要讨论将一型模糊集推广为区间二型模糊集的一般过程。

这个过程是在平衡粒原则的基础上，通过最小化具体性对数据的覆盖性带来的负面影响，从而将一型模糊集扩展为区间二型模糊集。

为控制区间二型模糊集的规模，本节的讨论将引入阈值水平因子 ε。类似地，对于一个特定的模糊集 A，本节仍以其隶属度函数 f 中的参数 b 为例，介绍其优化求解过程。令 $r=\text{sign}(b)$，则通过原有的边界值 b，可诱导出如下区间：

$$b^-=(1-r\varepsilon_1)b,\ b^+=(1-r\varepsilon_2)b,\varepsilon_1+\varepsilon_2=1 \tag{8.13}$$

或

$$b^-=(1-r\varepsilon_1)b,b^+=[1+r(\varepsilon-\varepsilon_1)b,0\leqslant\varepsilon_1\leqslant\varepsilon_1 \tag{8.14}$$

通过优化参数 ε_1 便可得到区间二型模糊集的上、下界函数 f^- 和 f^+，这两个函数 f^- 和 f^+ 可分别由参数对（b^-，m）和（b^+，m）表示。在点 x_k 处其权值 w_k 由区间 $[f^-(x_k),f^+(x_k)]$ 覆盖性的函数可表示为

$$\text{cov}(A)=\sum_{k:m\leqslant x_k\leqslant b_+}\min(\text{incl}(f^-(x_k),w_k),\text{incl}(w_k,f^+(x_k)))\ 或\ \text{cov}(A)=\sum_{k:m\leqslant x_k\leqslant b_+}f^+(x_k) \tag{8.15}$$

式中，二元函数 $\text{incl}(u,v)$：$\mathbb{R}^2\to\mathbb{R}$ 由下式确定：

$$\text{incl}(u,v)=\begin{cases}1, & u\leqslant v\\ v, & 其他\end{cases}$$

而具体性函数则可定义如下：

$$sp(A_\alpha)=1-\frac{|(f^+)^{-1}(\alpha)-(f^-)^{-1}(\alpha)|}{\text{range}} \tag{8.16}$$

$$sp(A)=\int_0^1 sp(A_\alpha)\text{d}\alpha \tag{8.17}$$

则待优化目标函数为

$$Q(\varepsilon_1)=\text{cov}(A)*sp(A) \tag{8.18}$$

对任意给定的阈值 ε，有

$$\varepsilon_1^{\text{opt}}=\arg\max_Q(\varepsilon_1) \tag{8.19}$$

则边界值分别为 $b^-=(1-r\varepsilon_1^{\text{opt}})b$ 和 $b^+=(1+r\varepsilon-r\varepsilon_1^{\text{opt}})b$。

例 8.2 利用平衡粒原则构造如图 8-2 所示的二型三角模糊集 A，求解隶属度 f_L^- 和 f_L^+。

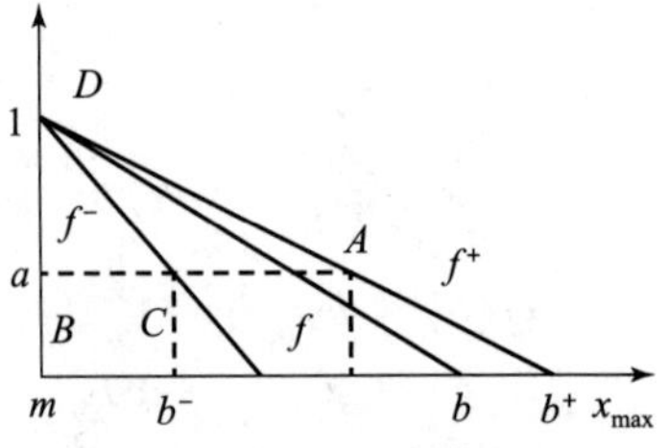

图 8-2　二型三角模糊集的优化边界示意图

解：由题可知，二型三角模糊集 A 的隶属度函数 f_L^- 和 f_L^+（$b^-<a^-<a^+<b^+$）可表示为

$$f_L^-(x;a^-,m,b^-)=\begin{cases}(x-a^-)/(m-a^-), & x\in[a^-,m]\\(b^--x)/(b^--m), & x\in(m,b^-]\\0, & 其他\end{cases}$$

$$(bf_L^+(x;a^+,m,b^+)=\begin{cases}(x-a^+)/(m-a^+), & x\in[a^+,m]\\(b^+-x)/(b^+-m), & x\in(m,b^+]\\0, & 其他\end{cases}$$

由式（8.15）可得其覆盖性函数为

$$\mathrm{cov}(A)=\sum_{k;mx_kb_+}\min(\mathrm{incl}((b^- - x_k)/(b^- - m),w_k),\mathrm{incl}(w_k,(b^+ - x)/(b^+ - m)))\tag{8.20}$$

同时有

$$f^{-1}(\alpha)=b-(b-m)\alpha$$

由图 8-2 可得到如下关系：

$$\frac{CB}{CM}=\frac{CD}{CB^-}=\frac{AD}{B^-B^+}$$

则

$$|CB|=1-\alpha,\ |CM|=\alpha,\ 且|AD|=|(f^+)^{-1}(\alpha)-(f^-)^{-1}(\alpha)|$$

由于

$$|(f^+)^{-1}(\alpha)-(f^-)^{-1}(\alpha)|=|AD|=(1-\alpha)(b^+-b^-)$$

因此可得

$$|AD|=|B^-B^+|*\frac{|CB|}{|CM|}$$

所以

$$\mathrm{sp}(A)=1-\frac{b^+-b^-}{2\mathrm{range}}\tag{8.21}$$

由式（8.20）和式（8.21）可得待优化目标函数为

$$Q(\varepsilon_1)=\mathrm{cov}(A)*\mathrm{sp}(A)\tag{8.22}$$

利用遗传算法（Genetic Algorithm，GA）、粒子群算法（Particle Swarm Optimization，PSO）、微分进化算法（Differential Evolution，DE）等进化计算方法对式（8.22）进行优化求解即可得到 $\varepsilon_1^{\mathrm{opt}}$，进而分别求得边界值 $b^-=(1-r\varepsilon_1^{\mathrm{opt}})b$，$b^+=(1+r\varepsilon-r\varepsilon_1^{\mathrm{opt}})b$。

依照上述方法构造的区间二型三角模糊集如图 8-3 所示。

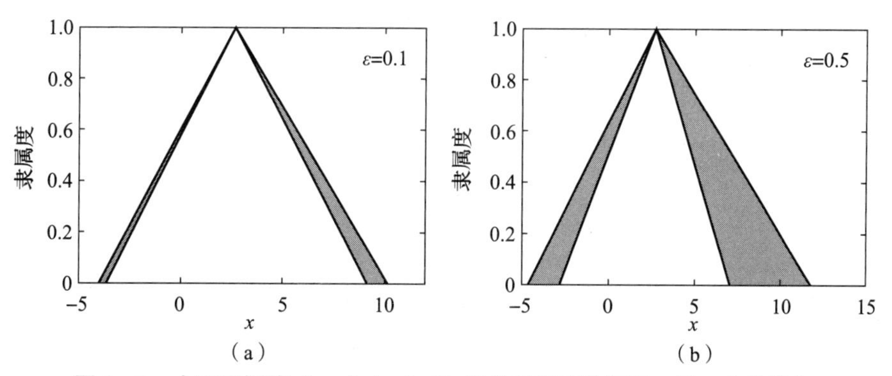

图 8-3　由不同阈值（ε=0.1，0.5）优化后得到的区间二型三角模糊集

8.2.3　广义二型模糊集的构造

根据区间二型模糊集的实验经验（区间二型 FDSS 的性能优于一型模糊决策支持系统），诸多学者认为相比于区间二型模糊集，广义二型模糊集能够更加准确地表达现实世界中的不确定性。一型和区间二型模糊集一样，广义二型模糊集的隶属度函数的确定仍然是其研究的核心问题。相比于区间二型模糊集来说，广义二型模糊集更加复杂，本章主要介绍如何根据平衡粒原则和最小二乘拟合，分阶段从数据得到其相应的广义二型模糊集的隶属度函数。

本章所用方法是建立在平衡粒原则之上的，该方法的详细步骤已经在前面小节中介绍，在此不再赘述。图 8-4 给出了不确定覆盖域边界为抛物线型和次隶属度函数为三角形的广义二型模糊集示意图。

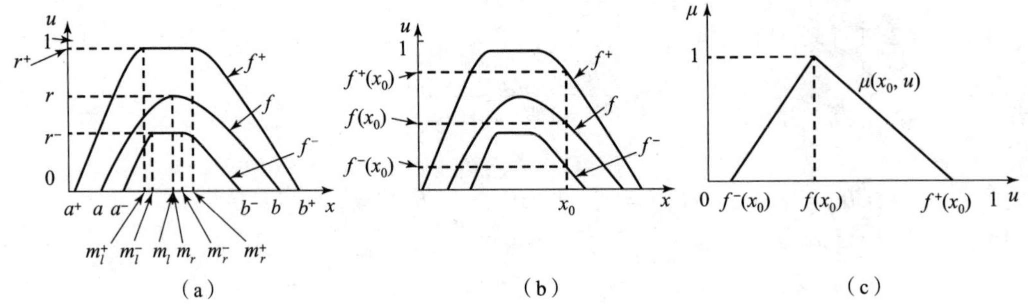

图 8-4　二型模糊集的不确定覆盖域及其相应的主隶属度的上下边界函数 $f^-(x)$ 和 $f^+(x)$ 以及其上所有点的次隶属度为 1 的重要隶属度函数 $f(x)$

定义 8.1　二型模糊集　一个二型模糊集 $\tilde{A}$ 由隶属度函数 $\tilde{\mu}=g(x,u)$，其中 x 属于论域 $\boldsymbol{X}$，$u\in J_x\in[0,1]$ 是主隶属度，即

$$\tilde{A}=\{((x,u),\mu)\mid x\in X,u\in J_x\subset[0,1],\mu=g(x,u)\in[0,1]\}$$

$\tilde{A}$ 可以表示为

$$\tilde{A}=\int_{x\in X}\int_{u\in J_x}g(x,u)\,\mathrm{d}u\mathrm{d}x$$

式中，$\iint$ 表示所有 x 和 u 的可能取值的并。

定义 8.2　不确定覆盖域　不确定覆盖域（Footprint of Uncertainty，FOU）是指二型模糊集隶属度函数在 $x\times u$ 平面上的投影。设存在数据集 $X=\{x_1,x_2,\cdots,x_N\}$，$X\in\mathbb{R}$ 对任意一点 x_i 其隶属 $u_{ij}\in$ [0, 1]，$j=1$，2，…，n_i，即具有如下形式：

$$\begin{matrix} x_1 & u_{11} & u_{12} & \cdots & u_{1n_1} \\ x_2 & u_{21} & u_{22} & \cdots & u_{2n_2} \\ \vdots & \vdots & \vdots & \ddots & \vdots \\ x_N & u_{n1} & u_{n2} & \cdots & u_{Nn_N} \end{matrix}$$

本节主要介绍广义二型模糊集的两阶段构造法。顾名思义，该方法存在两个构造阶段，其中第一阶段对应次隶属度函数的构造；第二阶段则对应不确定覆盖域上、下边界函数以及重要隶属度函数的设计。具体操作过程如下。

（1）设计次隶属度函数。对任意 $x_i(x_i\in X)$，基于点集 $\{u_{i1},u_{i2},\cdots,u_{in_i}\}$，利用平衡粒原则构造其次隶属度函数 $\mu(x_i,u)$。对函数 $\mu(x_i,u)$ 首先给出其分析形式，如三角形、抛物线型或平方根等；而后估计其参数，则所得隶属度函数可由其下边界 a_i、上边界 b_i 和模态值 m_i 表示。

（2）设计不确定覆盖域边界函数和重要隶属度函数。根据第一阶段得到的三元组（a_i，b_i，m_i），利用最小二乘拟合优化得到不确定覆盖域的边界函数和重要隶属度函数的参数。

据此根据上、下边界和模态值分别构造$f^-(x)$、$f(x)$和$f^+(x)$，即利用点集(x_i, a_i)，$i=1, 2, \cdots, N$，构造$f^-(x)$；利用点集(x_i, m_i)，$i=1, 2, \cdots, N$，构造$f(x)$；而利用点集(x_i, b_i)，$i=1, 2, \cdots, N$，构造$f^+(x)$。该问题是一个带有不等式约束的优化过程。

8.3　二型模糊集的降型与解模糊

对于区间二型模糊集，每个点对应的主隶属度是区间［0，1］的子集，因此解模糊过程分为降型和解模糊两步。作为二型模糊系统的必要组成部分，降型和解模糊十分耗费时间，为解决这一问题，研究人员提出了包括 Karnik - Mendel（KM）迭代法、Nie - Tan（NT）法等在内的一系列降型和解模糊算法。对于二型模糊系统而言，系统的精确性、稳定性和计算时间均与所使用的降型和解模糊方法相关。本节将以 A2C1 和 A2C0 这两类区间二型 Takagi - Sugeno - Kang（TSK）模型为对象，介绍 Karnik - Mendel 迭代法、Nie - Tan 法、q 因子法（q - Factor，QF）和修正的 q 因子法（Modified q - Factor，MQ）这四种降型与解模糊方法。

8.3.1　TSK 型区间二型模糊系统

本章采用多输入/单输出的模型，其输入数据集为 $X \subset \mathbb{R}^n$，输出数据集为 $Y \subset \mathbb{R}$。其前件中的隶属度函数采用具有不确定均值的高斯函数，其定义式为

$$\mu_{\tilde{A}} = \exp\left(-\frac{1}{2}\left(\frac{x-m}{\sigma}\right)^2\right) \tag{8.23}$$

式中，$m \in [m_1, m_2]$，$\sigma \in \mathbb{R}$，且 $\bar{\mu}_{\tilde{A}}$ 和 $\underline{\mu}_{\tilde{A}}$ 分别为上、下边界函数：

$$\bar{\mu}_{\tilde{A}} = \begin{cases} \exp\left(-\frac{1}{2}\left(\frac{x-m_1}{\sigma}\right)^2\right), & x \leqslant m_1 \\ 1, & m_1 < x < m_2 \\ \exp\left(-\frac{1}{2}\left(\frac{x-m_2}{\sigma}\right)^2\right), & x \geqslant m_2 \end{cases} \text{或} \ \underline{\mu}_{\tilde{A}} = \begin{cases} \exp\left(-\frac{1}{2}\left(\frac{x-m_1}{\sigma}\right)^2\right), & x \geqslant (m_1+m_2)/2 \\ \exp\left(-\frac{1}{2}\left(\frac{x-m_2}{\sigma}\right)^2\right), & x < (m_1+m_2)/2 \end{cases} \tag{8.24}$$

假设所讨论的模糊系统有 M 条规则，则基于 TSK 的区间二型 FDSS 主要分为两类：

（1）前件为区间二型模糊集而后件为线性函数的 A2C0 FDSS。

（2）前件为区间二型模糊集、后件为区间的 A2C1 FDSS。

对 A2C1 和 A2C0 的前件部分，第 i 条规则，第 j 维输入的隶属度函数均为

$$\mu_{\tilde{A}_{ij}} = [\underline{\mu}_{\tilde{A}_{ij}}(x_j), \bar{\mu}_{\tilde{A}_{ij}}(x_j)] \tag{8.25}$$

因此，第 i 条规则的激活强度为

$$\underline{f}_i = \prod_{j=1}^{n} \underline{\mu}_{\tilde{A}_{ij}}(x_j), \bar{f}_i = \prod_{j=1}^{n} \bar{\mu}_{\tilde{A}_{ij}}(x_j) \tag{8.26}$$

对 A2C1 模型第 i 条规则的结论部分，有

$$\begin{cases} y_{il} = a_{ij}^l + \sum_{j=1}^{n}\left(\frac{\operatorname{sign}(x_j)a_{ij}^l + a_{ij}^l}{2} + \frac{\operatorname{sign}(x_j)a_{ij}^r - a_{ij}^r}{2}\right)|x_j| \\ y_{ir} = a_{ij}^r + \sum_{j=1}^{n}\left(\frac{\operatorname{sign}(x_j)a_{ij}^l - a_{ij}^l}{2} + \frac{\operatorname{sign}(x_j)a_{ij}^r + a_{ij}^r}{2}\right)|x_j| \end{cases} \tag{8.27}$$

式中，sign(·)为符号函数，$i=1,\ 2,\ \cdots,\ M$。

前件和后件的参数可分别采用梯度下降法和卡尔曼滤波法进行训练。

8.3.2 A2C0 模型的降型和解模糊算法

1. Karnik - Mendel 迭代法

1）计算左端点 y_l

（1）对 $y_1,\ y_2,\ \cdots,\ y_M$ 进行排序，其结果记为 $u_1,\ u_2,\ \cdots,\ u_M$，$u_1 \leqslant u_2 \leqslant \cdots \leqslant u_M$。依照该输出对激活强度重新标号记为 $\underline{g}_1,\ \underline{g}_2,\ \cdots,\ \underline{g}_M$ 和 $\bar{g}_1,\ \bar{g}_2,\ \cdots,\ \bar{g}_M$。

（2）计算

$$u=\frac{\sum_{i=1}^{M} u_i \bar{g}_i+\sum_{i=1}^{M} u_i \underline{g}_i}{\sum_{i=1}^{M} \bar{g}_i+\sum_{i=1}^{M} \underline{g}_i} \tag{8.28}$$

（3）搜索 L 使 $u_L \leqslant u \leqslant u_{L+1}$，其中 $1 \leqslant L \leqslant M-1$。

（4）计算

$$u'=\frac{\sum_{i=1}^{L} u_i \bar{g}_i+\sum_{i=L+1}^{M} u_i \underline{g}_i}{\sum_{i=1}^{L} \bar{g}_i+\sum_{i=L+1}^{M} \underline{g}_i} \tag{8.29}$$

（5）若 $u=u'$，那么令 $y_l=u$，返回 y_l 和 L 的值并终止程序；否则令 $u=u'$，并从第（3）步开始执行。

2）计算右端点 y_r

（1）该步与计算左端点 y_l 相同。

（2）计算

$$u=\frac{\sum_{i=1}^{M} u_i \bar{g}_i+\sum_{i=1}^{M} u_i \underline{g}_i}{\sum_{i=1}^{M} \bar{g}_i+\sum_{i=1}^{M} \underline{g}_i} \tag{8.30}$$

（3）搜索 R 使 $u_R \leqslant u \leqslant u_{R+1}$，其中 $1 \leqslant R \leqslant M-1$。

（4）计算

$$u'=\frac{\sum_{i=1}^{R} u_i \bar{g}_i+\sum_{i=R+1}^{M} u_i \underline{g}_i}{\sum_{i=1}^{R} \bar{g}_i+\sum_{i=R+1}^{M} \underline{g}_i} \tag{8.31}$$

（5）若 $u=u'$，那么令 $y_r=u$，返回 y_r 和 R 的值并终止程序；否则令 $u=u'$，并从第（3）步开始执行。

根据 Karnik - Mendel 迭代法，有

$$y_l=\frac{\sum_{i=1}^{L} u_i \bar{g}_i+\sum_{i=L+1}^{M} u_i \underline{g}_i}{\sum_{i=1}^{L} \bar{g}_i+\sum_{i=L+1}^{M} \underline{g}_i} \text{ 或 } y_r=\frac{\sum_{i=1}^{R} u_i \bar{g}_i+\sum_{i=R+1}^{M} u_i \underline{g}_i}{\sum_{i=1}^{R} \bar{g}_i+\sum_{i=R+1}^{M} \underline{g}_i} \tag{8.32}$$

则最终解模糊值为

$$y=\frac{1}{2}(y_l+y_r) \tag{8.33}$$

2. Nie－Tan 法

Nie－Tan 法是由 Nie 和 Tan 提出，它以每条规则上下激活强度的均值作为权重，它的定义式为

$$y=\frac{\sum_{i=1}^{M}y_i(\underline{f}_i+\bar{f}_i)}{\sum_{i=1}^{M}(\underline{f}_i+\bar{f}_i)} \tag{8.34}$$

3. q 因子法

q 因子法的计算方法如下：

$$y=q\frac{\sum_{i=1}^{M}y_i\underline{f}_i}{\sum_{i=1}^{M}\underline{f}_i}+(1-q)\frac{\sum_{i=1}^{M}y_i\bar{f}_i}{\sum_{i=1}^{M}\bar{f}_i} \tag{8.35}$$

式中，q 为可调参数。

4. 修正 q 因子法

修正 q 因子法应用于 A2C1 型模糊结构，而对 A2C0 模型其结构如下：

$$y=q\frac{\sum_{i=1}^{M}y_i\underline{f}_i}{\sum_{i=1}^{M}\bar{f}_i}+(1-q)\frac{\sum_{i=1}^{M}y_i\bar{f}_i}{\sum_{i=1}^{M}\underline{f}_i} \tag{8.36}$$

式中，q 为可调参数。

8.3.3　A2C1 模型的降型和解模糊算法

1. Karnik－Mendel 迭代法

1）计算左端点 y_l

（1）对 y_{1l}，y_{2l}，…，y_{Ml}进行排序，记其结果为 u_{1l}，u_{2l}，…，u_{Ml}，$u_{1l}\leqslant u_{2l}\leqslant\cdots\leqslant u_{Ml}$。依照该输出对激活强度重新标号记为 $\underline{g}_1$，$\underline{g}_2$，…，$\underline{g}_M$ 和 $\bar{g}_1$，$\bar{g}_2$，…，$\underline{g}_M$。

（2）计算

$$u=\frac{\sum_{i=1}^{M}u_{il}\bar{g}_i+\sum_{i=1}^{M}u_{il}\underline{g}_i}{\sum_{i=1}^{M}\bar{g}_i+\sum_{i=1}^{M}\underline{g}_i} \tag{8.37}$$

（3）搜索 L 使 $u_{Ll}\leqslant u\leqslant u_{(L+1)l}$，$1\leqslant L\leqslant M-1$。

（4）计算

$$u'=\frac{\sum_{i=1}^{L}u_{il}\bar{g}_i+\sum_{i=L+1}^{M}u_{il}\underline{g}_i}{\sum_{i=1}^{L}\bar{g}_i+\sum_{i=L+1}^{M}\underline{g}_i} \tag{8.38}$$

（5）若 $u=u'$，那么令 $y_l=u$，返回 y_l 和 L 的值并终止程序；否则令 $u=u'$，并从第（3）步开始执行。

2）计算右端点 y_r

（1）对 y_{1r}，y_{2r}，…，y_{Mr}进行排序，记其结果为 u_{1r}，u_{2r}，…，u_{Mr}，$u_{1r}\leqslant u_{2r}\leqslant\cdots\leqslant u_{Mr}$。依照该输出对激活强度重新标号记为 $\underline{h}_1$，$\underline{h}_2$，…，$\underline{h}_M$ 和 $\bar{h}_1$，$\bar{h}_2$，…，$\bar{h}_M$。

（2）计算

$$u=\frac{\sum_{i=1}^{M}u_{ir}\bar{h}_i+\sum_{i=1}^{M}u_{ir}\underline{h}_i}{\sum_{i=1}^{M}\bar{h}_i+\sum_{i=1}^{M}\underline{h}_i} \tag{8.39}$$

（3）搜索 R 使得 $u_{Rr}\leqslant u\leqslant u_{(R+1)r}$，$1\leqslant R\leqslant M-1$。

（4）计算

$$u'=\frac{\sum_{i=1}^{R}u_{ir}\bar{h}_i+\sum_{i=R+1}^{M}u_{ir}\underline{h}_i}{\sum_{i=1}^{R}\bar{h}_i+\sum_{i=R+1}^{M}\underline{h}_i} \tag{8.40}$$

（5）若 $u=u'$，那么令 $y_r=u$，返回 y_r 和 R 的值并终止程序；否则令 $u=u'$，并从第（3）步开始执行。

根据 Karnik－Mendel 迭代法，有

$$y_l=\frac{\sum_{i=1}^{L}u_{il}\bar{g}_i+\sum_{i=L+1}^{M}u_{il}\underline{g}_i}{\sum_{i=1}^{L}\bar{g}_i+\sum_{i=L+1}^{M}\underline{g}_i}\text{和 }y_r=\frac{\sum_{i=1}^{R}u_{ir}\bar{h}_i+\sum_{i=R+1}^{M}u_{ir}\underline{h}_i}{\sum_{i=1}^{R}\bar{h}_i+\sum_{i=R+1}^{M}\underline{h}_i} \tag{8.41}$$

2. Nie－Tan 法

对 A2C1 结构，Nie－Tan 法可依据下式计算：

$$y_l=\frac{\sum_{i=1}^{M}y_{il}(\underline{f}_i+\bar{f}_i)}{\sum_{i=1}^{M}(\underline{f}_i+\bar{f}_i)}\text{和 }y_r=\frac{\sum_{i=1}^{M}y_{ir}(\underline{f}_i+\bar{f}_i)}{\sum_{i=1}^{M}(\underline{f}_i+\bar{f}_i)} \tag{8.42}$$

3. q 因子法

q 因子法可应用于对 A2C0 模糊结构的解模糊过程，对 A2C1 型结构将 q 因子法计算公式调整如下：

$$y_l=q_l\frac{\sum_{i=1}^{M}y_{il}\underline{f}_i}{\sum_{i=1}^{M}\underline{f}_i}+(1-q_l)\frac{\sum_{i=1}^{M}y_{il}\bar{f}_i}{\sum_{i=1}^{M}\bar{f}_i}\text{或 }y_r=q_r\frac{\sum_{i=1}^{M}y_{ir}\underline{f}_i}{\sum_{i=1}^{M}\underline{f}_i}+(1-q_r)\frac{\sum_{i=1}^{M}y_{ir}\bar{f}_i}{\sum_{i=1}^{M}\bar{f}_i} \tag{8.43}$$

式中，q_l 与 q_r 为可调参数。

4. 修正 q 因子法

修正 q 因子法是分别调换式（8.43）中的前、后两个分式中的分母得到的，其公式如下：

$$y_l = q_l \frac{\sum_{i=1}^{M} y_{il} \underline{f}_{-i}}{\sum_{i=1}^{M} \overline{f}_i} + (1 - q_l) \frac{\sum_{i=1}^{M} y_{il} \overline{f}_i}{\sum_{i=1}^{M} \underline{f}_i} \text{ 或 } y_r = q_r \frac{\sum_{i=1}^{M} y_{ir} \underline{f}_i}{\sum_{i=1}^{M} \overline{f}_i} + (1 - q_r) \frac{\sum_{i=1}^{M} y_{ir} \overline{f}_i}{\sum_{i=1}^{M} \underline{f}_i} \quad (8.44)$$

式中，q_l 与 q_r 为可调参数。

对于所述的 Karnik－Mendel（KM）迭代法、Nie－Tan（NT）法、q 因子（QF）法以及修正 q 因子（MQ）法这四种降型和解模糊方法，下面我们将从算法训练速度、算法稳定性以及算法准确度三个方面给出这四种降型和解模糊方法的性能分析结果。

（1）模型训练速度：无论对 A2C0 模型还是 A2C1 模型来说，一般以 NT 法作为降型和解模糊算法的模型的训练速度最快，其次为以 QF 法和 MQ 法为降型和解模糊算法的模型，而以 KM 迭代法为降型和解模糊算法的模型的训练速度最慢，耗时最长。

（2）模型准确度：对于 A2C0 模型，以 KM 迭代法、NT 法和 MQ 法为降型和解模糊算法的 A2C0 模型的准确度相差不大（以 KM 迭代法为降型法的 A2C0 模型对以 NT 法或以 MQ 法为降型法的 A2C0 模型准确度的提升率不足 5%）。以 KM 迭代法、NT 法和 MQ 法为降型和解模糊法的 A2C0 模型的准确度均优于以 QF 法为降型和解模糊法的 A2C0 模型（以 KM 迭代法为降型和解模糊算法的 A2C0 模型对以 QF 法为降型和解模糊算法的 A2C0 模型的准确度的提升超过 20%）。而对于 A2C1 模型，以 KM 迭代法、NT 法和 QF 法为降型和解模糊算法的 A2C1 模型的准确度相差不大（以 KM 迭代法为降型和解模糊算法的 A2C1 模型对以 NT 法或以 QF 法为降型和解模糊算法的 A2C1 模型准确度的提升不足 5%），而就训练集而言，以 KM 迭代法、NT 法和 QF 法为降型和解模糊算法的 A2C1 模型的准确度均优于以 MQ 法为降型和解模糊算法的 A2C1 模型（以 KM 迭代法为降型和解模糊算法的 A2C1 模型对以 MQ 法为降型和解模糊算法的 A2C0 模型的准确度的提升超过 10%）。

（3）模型稳定性：对于 A2C0 模型，以 KM 迭代法作为降型和解模糊算法的 A2C0 模型的稳定性优于以 NT 法、QF 法和 MQ 法为降型和解模糊算法的 A2C0 模型的稳定性（以 KM 迭代法为降型法的 A2C0 算法的稳定性对以 NT 法为降型和解模糊算法的稳定性的提升超过 20%（对测试集）；对以 QF 法为降型和解模糊算法的 A2C0 模型的稳定性的提升超过 40%（对测试集和训练集）；对以 MQ 法为降型和解模糊算法的 A2C0 模型的稳定性的提升超过 20%（对训练集））。对于 A2C1 模型，以 KM 迭代法和以 NT 法作为降型和解模糊算法的 A2C1 模型的稳定性优于以 QF 法和 MQ 法作为降型和解模糊算法的 A2C1 模型的稳定性（以 KM 迭代法为降型法的 A2C1 模型的稳定性对以 NT 法为降型和解模糊算法的 A2C1 模型的稳定性的提升率在 10% 左右；对以 QF 法和 MQ 法作为降型和解模糊算法的 A2C1 模型的降型法的稳定性的提升率在 20% 左右）。

综上所述可知，依照根据 KM 迭代法、NT 法、QF 法和 MQ 法就 A2C0 模型和 A2C1 模型的训练时间、模型准确度和模型稳定性的分析可得，虽然以 KM 迭代法作为降型和解模糊算法的 A2C0 模型的训练时间较长，但模型的准确度和稳定性较高，其次为 NT 法，之后为 MQ 法，而 QF 法最差。同样，对 A2C1 模型而言，虽然以 KM 迭代法为降型和解模糊算法其训练时间较长但模型的准确度和稳定性较高，NT 法次之，QF 法和 MQ 法最差。综合模型准确度、稳定性和运算时间，相比于 KM 迭代法、QF 法和 MQ 法，NT 法更加简单易用。

8.4 二型模糊决策支持模型

8.4.1 二型模糊决策支持系统的逻辑结构

对于多输入/单输出模糊模型，其中 $x \subset \mathbb{R}^n$ 为输入，$y \subset \mathbb{R}$ 为输出。数据（x_k，target_k）（$x_k \subset \mathbb{R}^n$，$\text{target}_k \subset \mathbb{R}$，$k=1, 2, \cdots, N$）被划分为训练集 $\boldsymbol{X}_{tr}$ 和测试集 $\boldsymbol{X}_{te}$。对所有模型，使用模型的最小化平方和的均值作为性能函数 Q 表示模型的准确度，其表达式为

$$Q = \frac{\left(\sum_{k=1}^{M} (FM(x_k) - \text{target}_k)\right)^2}{M} \tag{8.45}$$

式中，FM 表示的模糊模型有 $M=N_{tr}$ 或 $M=N_{te}$，$N_{tr}=\text{Card}(\boldsymbol{X}_{tr})$ 且 $N_{te}=\text{Card}(\boldsymbol{X}_{te})$。

8.4.2 基于聚类算法的模糊模型

1. 基于模糊C均值聚类的一型模糊模型

模糊模型中较常见的模糊系统为 Takagi – Sugeno – Kang（TSK）模糊模型。在利用训练集对模型进行训练时，根据模糊C均值聚类法（Fuzzy C – Means，FCM）构造模糊规则的前件部分（也称为前件）。假设有 c 条规则（聚类中心）v_1，v_2，$\cdots$，v_c，则模糊规则具有如下形式：

$$\text{If } x \text{ is } A^i, \text{ then } y^i = a_0^i + a_1^i x_1 + \cdots + a_n^i x_n \tag{8.46}$$

式中，A^i（$i=1, 2, \cdots, c$）为具有以下隶属度函数（事实上，以下用来描述模糊集隶属度的式子为使用 FCM 对数据进行分类后的直接结果）的定义在输入空间中的模糊规则的前件部分（模糊集）$\boldsymbol{x}=(x_1, x_2, \cdots, x_n)^{\mathrm{T}}$：

$$\mu_{A^i}(\boldsymbol{x}) = \frac{1}{\sum_{j=1}^{c}\left(\frac{\|\boldsymbol{x}-\boldsymbol{v}_i\|}{\|\boldsymbol{x}-\boldsymbol{v}_j\|}\right)^{\frac{2}{m-1}}} \tag{8.47}$$

令 $\boldsymbol{a}_i=(a_0^i, a_1^i, \cdots, a_n^i)^{\mathrm{T}}$，$\boldsymbol{a}=(\boldsymbol{a}_1^{\mathrm{T}}, \boldsymbol{a}_2^{\mathrm{T}}, \cdots, \boldsymbol{a}_c^{\mathrm{T}})$，且 $\mathrm{z}_i(\boldsymbol{x})=\mu_{A^i}(\boldsymbol{x})(1, \boldsymbol{x}^{\mathrm{T}})^{\mathrm{T}}$，$i=1, 2, \cdots, c$。根据性能函数的形式，模糊模型结论部分的参数的最优估计值具有以下形式：

$$\boldsymbol{a}_{\text{opt}} = (\boldsymbol{F}_{tr}^{\mathrm{T}}\boldsymbol{F}_{tr})^{-1}\boldsymbol{F}_{tr}^{\mathrm{T}}\boldsymbol{y}_{tr} \tag{8.48}$$

其中，

$$\boldsymbol{F}_{tr} = \begin{pmatrix} z_1^{\mathrm{T}}(x_1) & z_2^{\mathrm{T}}(x_1) & \cdots & z_c^{\mathrm{T}}(x_1) \\ z_1^{\mathrm{T}}(x_2) & z_2^{\mathrm{T}}(x_2) & \cdots & z_c^{\mathrm{T}}(x_2) \\ \vdots & \vdots & \ddots & \vdots \\ z_1^{\mathrm{T}}(x_{N_{tr}}) & z_2^{\mathrm{T}}(x_{N_{tr}}) & \cdots & z_c^{\mathrm{T}}(x_{N_{tr}}) \end{pmatrix}, x_i \in \boldsymbol{X}_{tr}, y_{tr} = (y_1, y_2, \cdots, y_{N_{tr}})^{\mathrm{T}}$$

记具有该结构的模糊模型为 FCMT1 – 1。为了进一步分析的目的，考虑模型的结论部分对输入的二次多项式的形式：

$$\text{If } x \text{ is } A^i, \text{ then } y^i = a_0^i + a_1^i x_1 + \cdots + a_n^i x_n + a_{n+1}^i x_1^2 + a_{n+2}^i x_2^2 + \cdots + a_{2n}^i x_n^2 \tag{8.49}$$

式中，$i=1, 2, \cdots, c$。

该模型记为 FCMT1 -2。虽然 FCMT1 -2 的结论部分的参数相对于 FCMT1 -1 增加了，但是其结论部分仍然为线性结构。从优化的角度来看，该模型（FCMT1 -2）同 FCMT1 -1 构造方法（优化方法）相同。

2. 基于模糊分类法的区间二型模糊模型

下面介绍基于聚类算法的区间二型模糊模型。基于聚类算法的区间二型模糊模型主要有两种：基于区间二型模糊 C 均值聚类的区间二型模糊模型（Interval Type -2 Fuzzy C - Means Based Interval Type -2 Fuzzy Model，IT2FCMIT2 -1）和基于模糊 C 均值聚类的区间二型模糊模型（Fuzzy C - Means Based Interval Type -2 Fuzzy Model，FCMIT2 -1）。对这两种模型，只有它们的前件为二型模糊集，后件则为线性函数。这两种区间二型模糊模型的结构如下：

$$\text{If } x \text{ is } \tilde{A}^i\text{, then } y^i = a_0^i + a_1^i x_1 + \cdots + a_n^i x_n + a_{n+1}^i x_1^2 + a_{n+2}^i x_2^2 + \cdots + a_{2n}^i x_n^2 \tag{8.50}$$

式中，$\tilde{A}^i$（$i=1, 2, \ldots, c$）为定义在输入空间上的前件部分的模糊集（区间二型模糊集），其隶属度函数如式（8.51）和式（8.52）（对基于区间二型模糊 C 均值聚类的模型）或式（8.53）和（8.54）（对基于模糊 C 均值聚类的模型）且 $\boldsymbol{x}=(x_1, x_2, \cdots, x_n)^{\mathrm{T}}$，隶属度函数如下：

$$\underline{\mu}_{\tilde{A}^i}(\boldsymbol{x}) = \min\left(\frac{1}{\sum_{j=1}^{c}\left(\frac{\|\boldsymbol{x}-\boldsymbol{v}_i\|}{\|\boldsymbol{x}-\boldsymbol{v}_j\|}\right)^{\frac{2}{m_1-1}}}, \frac{1}{\sum_{j=1}^{c}\left(\frac{\|\boldsymbol{x}-\boldsymbol{v}_i\|}{\|\boldsymbol{x}-\boldsymbol{v}_j\|}\right)^{\frac{2}{m_2-1}}}\right) \tag{8.51}$$

$$\bar{\mu}_{\tilde{A}^i}(\boldsymbol{x}) = \max\left(\frac{1}{\sum_{j=1}^{c}\left(\frac{\|\boldsymbol{x}-\boldsymbol{v}_i\|}{\|\boldsymbol{x}-\boldsymbol{v}_j\|}\right)^{\frac{2}{m_1-1}}}, \frac{1}{\sum_{j=1}^{c}\left(\frac{\|\boldsymbol{x}-\boldsymbol{v}_i\|}{\|\boldsymbol{x}-\boldsymbol{v}_j\|}\right)^{\frac{2}{m_2-1}}}\right) \tag{8.52}$$

$$\underline{\mu}_{\tilde{A}^i}(\boldsymbol{x}) = \min\left(\frac{1}{\sum_{j=1}^{c}\left(\frac{\|\boldsymbol{x}-\boldsymbol{v}_i^1\|}{\|\boldsymbol{x}-\boldsymbol{v}_j^1\|}\right)^{\frac{2}{m_1-1}}}, \frac{1}{\sum_{j=1}^{c}\left(\frac{\|\boldsymbol{x}-\boldsymbol{v}_i^2\|}{\|\boldsymbol{x}-\boldsymbol{v}_j^2\|}\right)^{\frac{2}{m_2-1}}}\right) \tag{8.53}$$

$$\bar{\mu}_{\tilde{A}^i}(\boldsymbol{x}) = \max\left(\frac{1}{\sum_{j=1}^{c}\left(\frac{\|\boldsymbol{x}-\boldsymbol{v}_i^1\|}{\|\boldsymbol{x}-\boldsymbol{v}_j^1\|}\right)^{\frac{2}{m_1-1}}}, \frac{1}{\sum_{j=1}^{c}\left(\frac{\|\boldsymbol{x}-\boldsymbol{v}_i^2\|}{\|\boldsymbol{x}-\boldsymbol{v}_j^2\|}\right)^{\frac{2}{m_2-1}}}\right) \tag{8.54}$$

其主要区别在于获得聚类中心的方法——对 IT2FCMIT2，其聚类中心根据区间二型模糊 C 均值聚类得到。在区间二型模糊 C 均值聚类中，给定两个不同的模糊因子 m_1 和 m_2（不失一般性，可假设 $m_1 < m_2$）。则与第 i 个聚类中心 v_i 相关联的上、下界函数值可根据式（8.51）和式（8.52）分别得到。所有聚类中心 v_i（由式（8.55）表示）则根据 KM 迭代法进行更新，直到每个 v_i 的值都不再变化时止（$i=1, 2, 3, \cdots, c$）。

$$v_i = \frac{v_i^L + v_i^R}{2} \tag{8.55}$$

式中，v_i^L 和 v_i^R 别为由 KM 迭代法得到的降型后的区间的左右边界，$i=1, 2, \cdots, n$。

对基于模糊 C 均值聚类的模型，根据不同的模糊因子 m_1 和 m_2（仍旧假设 $m_1 < m_2$）可分别得到两组聚类中心（$v_1^1, v_2^1, \cdots, v_c^1$）和（$v_1^2, v_2^2, \cdots, v_c^2$）。则上、下隶属度函数可按照式（8.53）和式（8.54）得到，其中，（$v_1^1, v_2^1, \cdots, v_c^1$）和（$v_1^2, v_2^2, \cdots, v_c^2$）为利用模糊 C 均值聚类得到的分别和模糊系数 m_1 和 m_2 相关的聚类中心，同时有 $v_k^2 = \mathrm{argmax}_{1 \leqslant j \leqslant c}(\|v_i^1 -$

$v_j^2\|)$，$i=1，2，\cdots，c$。

8.4.3 其他区间二型模糊模型

1. 自组织区间二型模糊神经网络（Self－Evolving Interval Type－2 Fuzzy Neural Network，SEIT2）

SEIT2 模糊神经网络是一个区间二型 TSK 型模糊模型，其结构如下：

$$\begin{aligned}&\text{If } x_1 \text{ is } \tilde{A}_1^i \text{ and } x_2 \text{ is } \tilde{A}_2^i \text{ and } \cdots \text{ and } x_n \text{ is } \tilde{A}_n^i,\\&\text{then } y_i=\tilde{a}_0^i+\tilde{a}_1^i x_1+\cdots+\tilde{a}_n^i x_n\end{aligned}\tag{8.56}$$

式中，$\tilde{A}_j^i$ 为带有高斯型隶属度函数的区间二型模糊集；$\tilde{a}_0^i=[b_0^i-s_0^i,b_0^i+s_0^i]$；$\tilde{a}_j^i=[b_j^i-s_j^i,b_j^i+s_j^i]$；$b_0^i\in\mathbb{R}$，$s_0^i\in\mathbb{R}$，$b_j^i\in\mathbb{R}$；$s_j^i\in\mathbb{R}$，$i=1，2，\cdots，c$；$j=1，2，\cdots，n$，隶属度函数为

$$\mu_{\tilde{A}_j^i}=\exp\left(\frac{-(x_j-m_j^i)^2}{2(\sigma_j^i)^2}\right)\tag{8.57}$$

式中，$m_j^i=[m_{j1}^i,m_{j2}^i]$，$m_j^i\in\mathbb{R}$，$m_{j1}^i\in\mathbb{R}$，$m_{j2}^i\in\mathbb{R}$，$i=1，2，\cdots，c$；$j=1，2，\cdots，n$。

具体来说，其上、下边界函数 $\underline{\mu}_{\tilde{A}_j^i}$ 和 $\bar{\mu}_{A_j^i}$ 分别定义如下：

$$\underline{\mu}_{\tilde{A}_j^i}(x_j)=\begin{cases}\exp\left(\dfrac{-(x_j-m_{j_j}^i)^2}{2(\sigma_j^i)^2}\right), & x_j\geqslant(m_{j1}^i+m_{j2}^i)/2\\ \exp\left(\dfrac{-(x_j-m_{j1}^i)^2}{2(\sigma_j^i)^2}\right), & x_j<(m_{j2}^i+m_{j2}^i)/2\end{cases}\tag{8.58}$$

$$\bar{\mu}_{\tilde{A}_j^i}(x_j)=\begin{cases}\exp\left(\dfrac{-(x_j-m_{j1}^i)^2}{2(\sigma_j^i)^2}\right), & x_j\leqslant m_{j1}^i\\ 1, & m_{j1}^i<x_j<m_{j2}^i\\ \exp\left(\dfrac{-(x_j-m_{j2}^i)^2}{2(\sigma_j^i)^2}\right), & x_j\geqslant m_{j2}^i\end{cases}\tag{8.59}$$

该模型包含两个阶段的学习：结构学习和参数学习。该模型为自组织模型，即在模型初始化时的规则库中并没有规则，直到数据输入模型，SEIT2 才根据相应的学习条件产生规则，该步骤称为结构学习过程。当规则产生后，则根据训练算法对自由参数进行相应的优化训练，该步骤称为参数学习过程。该模型后件部分的自由参数根据梯度下降法进行调节。而对前件部分的参数，则根据卡尔曼滤波算法进行调节。该模型以 KM 迭代法作为降型法来获得最终的确定数值输出。

2. 自组织补偿区间二型模糊神经网络（Self－Evolving Compensatory Interval Type－2 Fuzzy Neural Network，SCIT2）

SCIT2 同样为区间二型模糊模型，其结构如下：

$$\begin{aligned}&\text{If } (x_1 \text{ is } \tilde{A}_1^i \text{ and } x_2 \text{ is } \tilde{A}_2^i \text{ and } \cdots \text{ and } x_n \text{ is } \tilde{A}_n^i)^{1-\gamma_i+\gamma_i/n},\\&\text{then } y_i=a_0^i+a_1^i x_1+\cdots+a_n^i x_n\end{aligned}\tag{8.60}$$

式中，$\tilde{A}_j^i$ 为带有高斯型隶属度函数的区间二型模糊集，其隶属度函数定义如式（8.57）～式（8.59）；$a_0^i \in \mathbb{R}$，$a_j^i \in \mathbb{R}$，$\gamma^i \in [0,1]$ 为补偿度，$i=1, 2, \cdots, c$；$j=1, 2, \cdots, n$。

该模型同样为具有自组织结构的模型，包含结构学习和参数学习两部分。其学习过程同SEIT2 模型相类似。其降型法为 QF 法，定义如下：

$$y = q\frac{\sum_{i=1}^{c}\underline{\varphi}^i y^i}{\sum_{i=1}^{c}\underline{\varphi}^i} + (1-q)\frac{\sum_{i=1}^{c}\bar{\varphi}^i y^i}{\sum_{i=1}^{c}\bar{\varphi}^i} \tag{8.61}$$

式中，

$$\underline{\varphi}^i = \left(\prod_{j=1}^{n}\underline{\mu}_{\tilde{A}_j^i}\right)^{1-\gamma^i+\frac{\gamma^i}{n}}, \bar{\varphi}^i = \left(\prod_{j=1}^{n}\bar{\mu}_{\tilde{A}_j^i}\right)^{1-\gamma^i+\frac{\gamma^i}{n}} \tag{8.62}$$

3. 基于扩展卡尔曼滤波算法的区间二型模糊逻辑系统（Extended Kalman Filter Based Learning Algorithm for Type－2 Fuzzy Logic Systems，EKFT2）

该模型的结构如下：

$$\begin{aligned}&\text{If } x_1 \text{ is } \tilde{A}_1^i \text{ and } x_2 \text{ is } \tilde{A}_2^i \text{ and } \cdots \text{ and } x_n \text{ is } \tilde{A}_n^i,\\&\text{then } y_i = a_0^i + a_1^i x_1 + \cdots + a_n^i x_n\end{aligned} \tag{8.63}$$

式中，$\tilde{A}_j^i$ 为区间二型模糊模型，其定义式如下：

$$\mu_{\tilde{A}_j^i}(x_j) = \begin{cases}\left(1-\left|\dfrac{x_j-e_j}{d_j}\right|^{h_j}\right)^{\frac{1}{h_j}}, & |x_j-e_j| \leqslant d_j\\ 0, & \text{其他}\end{cases} \tag{8.64}$$

式中，$h_j^i \in [h_{j2}^i, h_{j1}^i]$，$h_j^i \in \mathbb{R}$，$h_{j1}^i > 1$，$0 < h_{j2}^i < 1$，$i=1, 2, \cdots, c$；$j=1, 2, \cdots, n$。

其主隶属度的上、下边界函数定义如下：

$$\underline{\mu}_{\tilde{A}_j^i}(x_j) = \begin{cases}\left(1-\left|\dfrac{x_j-e_j^i}{d_j^i}\right|^{i_{j2}^i}\right)^{\frac{1}{h_{j2}^i}}, & |x_j-e_j^i| \leqslant d_j^i\\ 0, & \text{其他}\end{cases} \tag{8.65}$$

$$\bar{\mu}_{\tilde{A}_j^i}(x_j) = \begin{cases}\left(1-\left|\dfrac{x_j-e_j^i}{d_j^i}\right|^{h_{j1}^i}\right)^{\frac{1}{h_{j1}^i}}, & |x_j-e_j^i| \leqslant d_j^i\\ 0, & \text{其他}\end{cases} \tag{8.66}$$

该模型的规则数为预先设定，其前件和后件参数均通过扩展卡尔曼率波算法进行优化。其降型法为 NT 法，其定义式如下：

$$y = \frac{\sum_{i=1}^{c}(\underline{f}^i + \bar{f}^i)y_i}{\sum_{i=1}^{c}(\underline{f}^i + \bar{f}^i)} \tag{8.67}$$

式中，$\underline{f}^i = \prod_{j=1}^{n}\underline{\mu}_{\tilde{A}_j^i}, \bar{f}^i = \prod_{j=1}^{n}\bar{\mu}_{\tilde{A}_j^i}, i = 1,2,\cdots,c$。

由该模型诱导得到的一型模糊模型为 EKFT1，其结构如下：

$$\begin{aligned}&\text{If } x_1 \text{ is } A_1^i \text{ and } x_2 \text{ is } A_2^i \text{ and } \cdots \text{ and } x_n \text{ is } A_n^i,\\&\text{then } y_i = a_0^i + a_1^i x_1 + \cdots + a_n^i x_n\end{aligned} \tag{8.68}$$

式中，A_j^i 为区间二型模糊模型，其定义式如下：

$$\mu_{A_j^i}(x_j) = \begin{cases} 1 - \left|\dfrac{x_j - e_j^i}{d_j^i}\right| &, \quad |x_j - e_j^i| \leqslant |d_j^i| \\ 0 &, \quad \text{其他} \end{cases} \tag{8.69}$$

式中，$d_j^i \in \mathbb{R}$，$e_j^i \in \mathbb{R}$，$i=1, 2, \cdots, c$；$j=1, 2, \cdots, n$。

该模型与 EKFT2 模型具有相同的规则条数，同时其前、后件部分的参数也由扩展卡尔曼滤波算法进行优化。接下来介绍两种标准区间二型模糊型。

4. 两种标准区间二型 TSK 模糊模型（Antecedents Type－2 and Consequent Type－1 Fuzzy Model，A2C1 和 Antecedents Type－2 and Consequent Crisp Number Fuzzy Model，A2C0）

对 A2C0 模型其结构如下：

$$\begin{aligned}&\text{If } x_1 \text{ is } \tilde{A}_1^i \text{ and } x_2 \text{ is } \tilde{A}_2^i \text{ and } \cdots \text{ and } x_n \text{ is } \tilde{A}_n^i,\\&\text{then } y_i = a_0^i + a_1^i x_1 + \cdots + a_n^i x_n\end{aligned} \tag{8.70}$$

式中，$\tilde{A}_j^i$ 为区间二型模糊模型，其隶属度函数定义如式（8.57）~式（8.59）；$a_0^i \in \mathbb{R}$，$\tilde{a}_j^i \in \mathbb{R}$，$i=1, 2, \cdots, c$；$j=1, 2, \cdots, n$。

对 A2C1 模型，其结构如下：

$$\begin{aligned}&\text{If } x_1 \text{ is } \tilde{A}_1^i \text{ and } x_2 \text{ is } \tilde{A}_2^i \text{ and } \cdots \text{ and } x_n \text{ is } \tilde{A}_n^i,\\&\text{then } y_i = \tilde{a}_0^i + \tilde{a}_1^i x_1 + \cdots + \tilde{a}_n^i x_n\end{aligned} \tag{8.71}$$

式中，$\tilde{A}_j^i$ 为区间二型模糊模型，其隶属度函数定义如式（8.57）~式（8.59）；$\tilde{a}_0^i = [a_{0l}^i, a_{0r}^i]$ $\tilde{a}_j^i = [a_{jl}^i, a_{jr}^i]$，$a_{0l}^i \in \mathbb{R}$，$a_{0r}^i \in \mathbb{R}$，$a_{jl}^i \in \mathbb{R}$，$a_{jl}^i \in \mathbb{R}$，$i=1, 2, \cdots, c$；$j=1, 2, \cdots, n$。

对 A2C1 和 A2C0 而言，其规则数是预先设定的。它们前件和后件的参数均根据梯度下降法进行优化。同对 A2C1 和 A2C0，均采用四种降型法（KM 迭代法，NT 法，QF 法和 MQF 法）来得到其确定数值输出。与以上两种区间二型模糊集对应的具有同样规则数的标准一型模糊逻辑系统（Standard Type－1 Fuzzy Logic Model，ST1）的定义如下：

$$\begin{aligned}&\text{If } x_1 \text{ is } A_1^i \text{ and } x_2 \text{ is } A_2^i \text{ and } \cdots \text{ and } x_n \text{ is } A_n^i\\&\text{then } y_i = a_0^i + a_1^i x_1 + \cdots + a_n^i x_n\end{aligned} \tag{8.72}$$

式中，A_j^i 为带有以式（8.57）为定义式的高斯型隶属度函数的一型模糊集；$a_0^i \in \mathbb{R}$，$a_j^i \in \mathbb{R}$，$i=1, 2, \cdots, c$；$j=1, 2, \cdots, n$。

8.5 基于二型模糊的多准则决策支持优化

主隶属度边界函数的构造与优化是提升基于二型模糊的多准则 DSS 的关键。

通过平衡粒原则构造每点所对应的次隶属度函数，可以得到与空间 $\boldsymbol{X}=x_1,x_2,\cdots,x_N\}$ 中每个点相对应的函数的边界点和模态值的集合，即 $\{a_1, a_2, \cdots, a_N\}$，$\{m_1, m_2, \cdots, m_N\}$ 和 $\{b_1, b_2, \cdots, b_N\}$。利用此三个点集，构造如下带有权重的数据集：

$$\boldsymbol{D}_a=\{(x_i,a_i,\xi_i)\mid x_i\in\boldsymbol{X},a_i\in[0,1],i=1,2,\cdots,N\} \tag{8.73}$$

$$\boldsymbol{D}_m=\{(x_i,m_i,\xi_i)\mid x_i\in\boldsymbol{X},m_i\in[0,1],i=1,2,\cdots,N\} \tag{8.74}$$

$$\boldsymbol{D}_b=\{(x_i,b_i,\xi_i)\mid x_i\in\boldsymbol{X},b_i\in[0,1],i=1,2,\cdots,N\} \tag{8.75}$$

则可分别根据数据集 $\boldsymbol{D}_a$，$\boldsymbol{D}_m$ 和 $\boldsymbol{D}_b$ 通过函数拟合构造 $f^-(x)$、$f(x)$ 和 $f^+(x)$，其模型为

$$\begin{cases}\min \quad V_2=\sum_{i=1}^{N}\xi_i[(f^-(x_i)-a_i)^2+(f(x_i)-m_i)^2+(f^+(x_i)-b_i)^2] \\ \text{s. t.} \quad f^-(x_i)-f(x_i)\leqslant 0 \\ \qquad f(x_i)-f^+(x_i)\leqslant 0, i=1,2,\cdots,N\end{cases} \tag{8.76}$$

该约束问题可通过引入拉格朗日乘子将其转换为无约束优化问题求解，求解过程如下。

1. 拉格朗日乘子法求解

假设待拟合函数是凸的且是二阶连续可导的。按照式（8.77）及其中的讨论，该不等式约束问题可通过一组辅助变量 $\boldsymbol{z}=\{z_1, z_2,\cdots,z_N\}$ 转化为等式约束优化问题。引入辅助变量后，该问题可转化为

$$\begin{cases}\min V_2(w)=\sum_{i=1}^{N}\xi_i[(f^-(x_i)-a_i)^2+(f(x_i)-m_i)^2+(f^+(x_i)-b_i)^2] \\ \text{s. t.} f^-(x_i)-f(x_i)+z_i^2=0, f(x_i)-f^+(x_i)+z_{i+N}^2=0, i=1,2,\cdots,N\end{cases} \tag{8.77}$$

下面，引入惩罚因子 $c>0$ 和一组拉格朗日乘子 $\boldsymbol{\lambda}=\{\lambda_1, \lambda_2, \cdots,\lambda_{2N}\}$ 将该问题转化为无约束优化问题。待优化向量记为 $\boldsymbol{w}=\{w_1, w_2, \cdots, w_d\}$，其中 d 为优化问题解空间的维数。简便起见，记为 $\psi_i(\boldsymbol{w})=f^-(x_i)-f(x_i)$，$\psi_{i+N}(\boldsymbol{w})=f(x_i)-f^+(x_i)$（$i=1, 2, \cdots, N$）。则原优化问题可转化为

$$\begin{aligned}\bar{L}(w,\boldsymbol{\lambda},z,c)=&\sum_{i=1}^{N}\xi_i[(f^-(x_i)-a_i)^2+(f(x_i)-m_i)^2+(f^+(x_i)-b_i)^2]+ \\ &\sum_{i=1}^{2N}\left[\lambda_i(\psi_i(w)+z_i^2)+\frac{1}{2}c\,|\psi_i(w)+z_i^2|^2\right]\end{aligned} \tag{8.78}$$

则目标函数为

$$L(w,\boldsymbol{\lambda},c)=\sum_{i=1}^{N}\xi_i[(f^-(x_i)-a_i)^2+(f(x_i)-m_i)^2+(f^+(x_i)-b_i)^2]+\frac{1}{2c}\sum_{i=1}^{2N}(s_i^2-\lambda_i^2) \tag{8.79}$$

式中，$s_i=\max\{0,\boldsymbol{\lambda}_i+c\psi_i(\boldsymbol{w})\}$，$i=1, 2, \cdots, 2N$。

则该问题可由任意无约束优化方法解决，如 Powell - Hestenes - Rockfellar（PHR）法。PHR 法的详细过程如下。

初始化：初始化 $\boldsymbol{w}_0$，λ_1，$c_1=2$，$0<\varepsilon\ll 10^{-5}$，$\zeta=0.8\in(0,1)$，$\eta=2>1$ 且令 $k=1$。

（1）根据点 $\boldsymbol{w}_{k-1}$，利用 Broyden – Fletcher – Goldfarb – Shanno 算法求解如下的无约束优化子问题并将最优解记为 $\boldsymbol{w}_k$：

$$\min L(\boldsymbol{w},\ \lambda_k,\ c_k) \tag{8.80}$$

（2）检查终止条件，若 $\beta_k=\sum_{i=1}^{2N}\left(\left[\max\left(\psi_i(\boldsymbol{w}_k),\ -\frac{\lambda_{ki}}{c_k}\right)\right]^2\right)^{\frac{1}{2}}\leqslant\varepsilon$，终止且返回可行解 $\boldsymbol{w}_k$；否则继续执行第（3）步。

（3）更新惩罚因子，若 $\lambda_k\geqslant\zeta\beta_{k-1}$，令 $c_{k+1}=\eta c_k$；否则令 $c_{k+1}=c_k$。

（4）更新乘子，$\lambda_{(k+1)i}=\max\{0,\ \lambda_{ki}+\psi_i(\boldsymbol{w}_k)\}$，$i=1,\ 2,\ \cdots,\ 2N$。

（5）更新算法迭代次数并继续执行第（1）步。

2. *差分进化算法求解过程*

若对待拟合函数的假设（二阶连续可微或凸性）不满足，则可根据群优化算法如差分进化算法（Differential Evolution Algorithm，DE）、粒子群算法（Particle Swarm Optimization，PSO）、遗传算法（Genetic Algorithm，GA）等求解该问题。然而由于相比于其他群优化算法如 PSO，GA 等，差分进化算法更加易用，鲁棒性更强，同时需要调节的参数较少。因此，这里选择差分进化算法对该问题进行优化。对该问题，差分进化算法步骤如下。

初始化：在搜索空间中随机产生 p 个个体（通常 p 等于被优化问题空间维数的 10 倍），并将其记为 $\boldsymbol{P}_0=(\boldsymbol{w}_1^0,\ \boldsymbol{w}_2^0,\cdots,\boldsymbol{w}_p^0)$，同时根据下式计算其目标函数值：

$$V_2=\begin{cases}\sum_{i=1}^{N}\xi_i[(f^-(x_i)-a_i)^2+(f(x_i)-m_i)^2+(f^+(x_i)-b_i)^2], & (f^-(x_i)f(x_i)f^+(x_i))\\ +\infty, & \text{其他}\end{cases} \tag{8.81}$$

（1）变异。对第 i 个中间个体 $\tilde{\boldsymbol{w}}_i^{G+1}$，从第 G 代中选择三个不同个体P^G：$w_j^G\ w_k^G$，w_l^G，$1\leqslant j\neq k\neq l\leqslant p$，使 $\tilde{\boldsymbol{w}}_i^{G+1}=w_j^G+F\cdot(w_k^G-w_l^G)$，$i\neq j\neq k\neq l$，其中 F（可设置为 0.5）是突变因子，$i=1,\ 2,\ \cdots,\ p$。

（2）交叉。该过程发生在第 G 代和其中间体上，其交叉过程如下：

$$\hat{w}_{ij}^{G+1}=\begin{cases}\tilde{w}_{ij}^{G+1}, & \text{rand}\leqslant\text{CR}\\ w_{ij}^G, & \text{其他}\end{cases} \tag{8.82}$$

式中，rand 是一个随机数；CR 是交叉因子，其值可设为 0.8，$i=1,\ 2,\ \cdots,\ p$；$j=1,\ 2,\ \cdots,\ d$。

（3）选择。利用贪婪算法选择下一代的个体并检查终止条件，若达到最大迭代次数，停止并返回最优解否则继续第（1）步。第 $G+1$ 代的第 i 个个体产生如下：

$$\boldsymbol{w}_i^{G+1}=\begin{cases}\hat{\boldsymbol{w}}_i^{G+1}, & V_2(\boldsymbol{w}_i^{G+1})V_2(\boldsymbol{w}_i^G)\\ \boldsymbol{w}_i^G, & \text{其他}\end{cases} \tag{8.83}$$

需要注意，通过给不满足约束条件的个体赋值无穷大将其从最优解中消除，而在实际应用中该处可用一个足够大的数替代。

习　题

1. 什么是平衡粒原则？如何利用平衡粒原则建立二型模糊集？
2. 简述广义二型模糊集的两阶段构造法的主要步骤。
3. 基于 TSK 的区间二型 FDSS 主要分为哪几类？它们之间的区别与联系都有哪些？
4. 二型模糊集的降型与解模糊算法都有哪些？

第9章

决策支持系统应用实例

决策支持系统的实现主要依靠三个核心部分：人机交互、逻辑推理、知识库。人机交互是系统与用户之间数据的输入和输出部分的操作界面；逻辑推理是指由一个或几个已知的判断推导出另外一个新的判断的思维形式，一切推理都必须由前提和结论两部分组成；知识库（Knowledge Base）是知识工程中结构化、易操作、易利用、全面有组织的知识集群，是针对某一（或某些）领域问题求解的需要，采用某种知识表示方式在计算机存储器中存储、组织、管理和使用的互相联系的知识片集合。决策支持系统在很多方面获得应用，比如医疗、智能交通、舆情监测与控制等方面都有成功的案例。

9.1 决策支持系统在医疗诊断中的应用

9.1.1 医院诊疗辅助决策技术

20世纪90年代以来，随着计算机技术、现代信息技术的发展和普及，国内许多医疗单位纷纷投入资金进行医院信息系统（Hospital Information System，HIS）的开发，建成HIS已经可以基本满足业务层和中间管理层的信息化工作需求。美国计算机医学应用会议（Symposium on Computer Applications in Medical Care，SCAMC），由阿拉巴马州大学伯明翰分校（The University of Alabama at Birmingham，UAB）的卫生服务系主任Helmush F. Orthner教授创办于1976年，20世纪八九十年代曾刊登了大量HIS领域的文章。近年来，医院诊疗决策支持系统（Medical Decision Support Systems，MDSS）成为信息系统和医疗信息学领域的一个热点课题，吸引了世界各国学者共同关注，为医务人员临床决策提供多方位的帮助。

较严格地说，使用数学开发的系统属于决策支持系统，使用规则的则属于人工智能。从技术发展的角度来看，数学方法和专家系统逐渐结合起来，共同用于医院诊疗决策问题的解决。医院诊疗决策支持技术可以用于需要进行医院诊疗决策的领域，包括医疗诊断、疾病治理与预测、护理与康复等方面。

目前，流行的MDSS软件主要在两个方面为医院诊疗决策提供支持：一方面是帮助医生更好地了解病人状况，建立起有关诊断和预后决策的辅助系统，减少病人当前或将来状况的不定性，这种辅助系统多是从流行病学、症状学、病理学、生理学、解剖学等学科中吸取知识而建立起来；另一方面是给病人提供最佳的治疗策略，考虑如何建立治疗体系，何种病情需要进行哪些身体检验，常规查房时应该注意病人的哪些变化，针对病情应当给予什么样的药物或治疗，告知病情的最佳方法是什么等。此外，MDSS也应当把经济和伦理上的问题一并考虑进来，辅助医生给病人提供最好的治疗支持。

知识推理是 MDSS 的核心，知识发现是 MDSS 的基础。医疗专业知识的数量和质量，会影响 MDSS 对决策的支持能力。在医院诊疗决策过程的建立中至少需要三个方面知识：一是病人症状体征等观察到的信息，它们可以供给 MDSS 做决策支持系统时参考；二是学术知识，包含在医学书籍、医学期刊、杂志中的知识，特别是经典医学著作和高水平医学期刊学术论文，对 MDSS 的知识库建立极具参考价值；三是医疗实践中所必需的专家经验知识，经过记载的历史经验知识，在针对 MDSS 中的智能化诊疗推理方面有重要意义。不同类型的知识在决策过程中具有相互关联的特点，在医疗记录中，可以让 MDSS 自动记录诸如最初诊断和决策等内容，以方便以后 MDSS 的自主学习和修改决策时使用。

MDSS 的研究工作最早始于研制计算机医疗诊断程序，现在已经广泛应用于医疗诊断、病情监控、预测、危机报警等多个领域。医疗诊断、治疗决策是医学领域最基本的活动，在人类的发展历史中积累的大量的经验和知识。由于人类的记忆和生命均是有限的，如何永久保存和充分利用这些医学诊疗知识成为重要的科学问题，同时也由于医疗诊断的非唯一性与不确定性、诊断过程和方法的复杂性，运用计算机诊疗系统代替人力不断地积累科学诊断知识与成果，使 MDSS 的应用范围越来越广阔，并且还在持续不断地向前发展。

9.1.2　基于案例的智能诊疗决策支持系统

人类对于复杂问题的决策过程不是一个简单的规则形式，在计算机智能决策支持系统中如何有效地提供决策推理的“规则”，是设计者面临的首要问题。以基于案例的推理（Case Based Reasoning，CBR）技术为核心的案例智能系统，是对人类思维决策进行模拟的一种推理方法。以 CBR 技术为依托的多种综合推理方法，成为智能决策支持系统的一个发展方向。

基于案例的 IDSS（CBR - DSS）是在 CBR 基础上发展起来的，它可以用于许多决策领域，其功能取决于它所应用的领域和所积累的案例知识。CBR - DSS 的有效性，取决于案例的抽取、案例表示、案例检索、案例修正、案例系统的维护等方面。用于实现决策支持的案例要记录现实环境中已经发生过的决策、在一定决策环境中所产生的决策后果，还需要对整个决策过程进行最终的评估。

CBR - DSS 的决策案例存放在案例库，运用一套案例库管理系统来完成案例存储、特征抽取、案例索引、案例学习和维护等工作。CBR - DSS 的决策模型存放在模型库，运用一套模型库管理系统来建立一套切合实际需要的决策模型。CBR - DSS 的专家知识存放在知识库，运用一套专家知识管理系统，实现专家经验的存储与规则形式表示。

在 CBR - DSS 中解决那些机器很难解决的问题，决策用户扮演着重要的角色，所以 CBR - DSS 的设计与实现者需要跟决策用户深入沟通，通常要求利用决策用户的经验和知识完成以下任务：

（1）在相关算法帮助下抽取当前问题的主要特征。

（2）将基案例解适配到当前问题环境中，形成建议解。

（3）在计算机程序辅助下分析案例匹配失败的原因。

（4）建立收集信息的学习目标。

（5）根据收集到的知识和启发信息分解当前的子问题。

（6）系统设计者与决策用户进行深入交流，在各方面信息的支持下，集成所有子问题的解，综合并形成问题的最终满意解。

用户的接受度是决策支持系统的生命力，如果用户不接受其结果，系统就不可谓之成功。用户能否接受系统的结果和结论，很大程度上取决于系统得出结论的推理过程是否合理。而有些方法是没有逻辑可言的，如神经网络，系统输出的结论是很难从方法的机理来进行解释的。而 CBR - DSS 则根据过去实际发生的经验（案例）来进行推理得出的结论，较为符合人类的思维习惯，易为用户所接受。

CBR 通常解释为利用过去相似问题的解决方案处理新问题的过程。一个汽车的修理工通过回忆以前另一辆汽车出现的相似故障症状及其修理方案进行汽车维修，可以视作是一个案例推理过程。一个医生面对新病人的症状特征，在思考处理方案时，会自觉不自觉地回顾以前历史上有类似症状病人的处理方法，这也是一个基于案例的推理过程。一个律师在审判中基于先前法院判例提出支持某一特定结果，同样是基于案例的推理。有论证认为，案例推理不仅是一个有力的计算机推理方法，还是一个人们日常面临问题处理中无处不在的行为，这种推理是基于历史案例的个人经验而进行的。

因为 CBR 是基于历史经验或知识的推理方法，经验或知识以案例的形式存放在案例库中。CBR 技术通过案例检索获取知识，并对于获取的历史知识进行重用，而不是从头进行问题推导，从而较大幅度提高了问题求解的效率，可以更为有效地利用过去的成功经验或者失败教训来指导问题求解。CBR 中的案例库汇聚了众多而不是个别专家的经验和知识，知识的积累极为丰富。通过对历史案例检索，挖掘蕴涵于历史案例库中的丰富经验知识，可以避免从个别专家那里获取不完全、不确定的信息。CBR 技术是一种柔性信息处理技术，对应用领域没有特殊的要求，只要目标问题与源问题具有相似性，目标问题可以从案例库中得到搜索结果，CBR 就可以获得较好的应用。因此，CBR 适用于那些知识难以获取同时又已积累了丰富历史案例的复杂领域中，如医疗诊断、设备故障诊断、法律咨询、案件辅助判决、汽车产品设计、企业经营决策、天气预测、软件工程、灾害重建等广阔领域。

除了案例库，推理机是 CBR 中另一重要的组成部分。CBR - DSS 以案例作为 IDSS 中知识表达的基本单元，并构造 IDSS 中的知识库——案例库和推理机。由于计算机的记忆特性，故用 CBR 可以方便、快捷地得到求解问题的方法或提示。CBR 在决策问题求解上提供了一种实现决策过程的现实环境和决策技术，是决策者认知心理的决策过程的一个合理描述，因为人类在遇到新问题时，不仅仅是简单地照搬经验，也不一定需要最优解，更多数情况下是需要满意解、可行性提示或启发信息。

案例表示是 CBR 中的知识表示的核心，其主要任务是确定适当的案例特征属性，包括领域专有名词的定义以及用于问题求解的代表性案例的收集和案例库的构建。简单地说，案例就是能推导出特定结果的一系列特征属性的集合。例如，对于乳腺癌案例，其特征属性包括患者症状、体征、肿块大小、形状、硬度、基本诊断情况等特征信息。就最复杂的形式而言，案例就是形成问题求解结构的子案例的关联集合，问题的每一组成部分对整个问题来说可以认为是一个案例。

在 CBR - DSS 中，一般的知识表示形式有基于产生式规则、基于一阶谓词、基于框架、基于语义网络、基于神经网络等方法。CBR 中的知识表达以案例表示为基础，案例表示可以是半结构化或非结构化的，甚至可以用自然语言来表达，不同的案例表示方法对 CBR 系统的运行效率有一定影响。CBR 使用类比推理模式和假设推理模式，是属于从特殊到特殊的推理，案例的表示是整个 CBR 研究的基础。案例表示涉及几个主要问题：案例库中的特征属性和其他属性信息如何选择，案例内容描述结构如何选择，以及案例库如何组织和索引。

理论上用案例进行知识表示并不是一种全新的知识表示方式，而是在以往的各种知识表示上的一种抽象。案例是逻辑上的概念，案例表示也必须基于现有的各种知识表示方法，现有的知识表示几乎都可以作为案例表示的具体实现方式。对于采用原型理论的案例表示，它由原型及其范畴成员两个因素组成。其中，原型是从范畴成员中抽象出来的，在案例表示中处于核心地位，范畴成员的代表性由其与原型的相似性度量。概念之间通过某些相关成员形成直接或间接的关系，从而形成一个复杂的语义网络结构。典型的案例生成实质上是案例库的搜索求解过程，归纳了大量相似案例的共性和经验，减少检索过程中所选集合的对象需要进行反复类比的工作量。

也有使用图解法来进行推理决策的方法，有一种包括层次、空间、时态和因果连弧的嵌套式图结构案例表示方法。每个案例的节点表示一个子案例，用一个邻接矩阵表示一些相互嵌套的图结构案例。该方法通过从上、下文指导的迭代的案例检索机制，可以从多个源案例中构造出新的案例。案例表示的研究实际上是对人类自身记忆和推理体系的研究，有着相当广泛而深远的意义，有关的研究还在继续，各种学说仍处于纷争的局面。心理学的研究者们也提出了许多记忆模型，如情景记忆、语义记忆、联想记忆、动态记忆理论等。

在医院诊疗决策领域，案例的表示不仅是案例的描述方法，更重要的是案例描述中所包含的内容。基于案例推理的决策支持系统利用案例记录以前问题的求解信息，应包括与问题解答相关的一切重要信息。因此在医学诊疗决策中，对案例的描述和表示要坚持有用性原则，以及具体性和抽象性相结合的原则。

9.1.3　基于层析分析法的医疗评估模型

当今的医疗体系中，为了控制发病率、降低死亡率，会定期对医院治疗模式进行评估。在医院治疗患者的过程中，为了衡量医院的治疗效果，需要形成一个合理精确的治疗模式评价体系。层次分析法凭借其的科学性和系统性等特点，广泛应用于运筹学方面，并最终得到优化决策的系统性方案。因此可以用于建立医院治疗模式的评价模型，从降低再次入院率、提高治病效率和效果、降低患者住院治疗成本三方面形成综合评价体系，为各医院提供参考。本节介绍如何通过对一些医院患者的治疗数据进行分析，总结出影响医院治疗患者成效的因素，并比较了各因素对治疗成效的影响程度，运用层次分析法建立出治疗模式评估模型。

1. *模型假设*

首先给出模型的三个假设：

（1）患者在医院能立即接受治疗，不会延误病情；

（2）患者的种族、年龄等都属于自身属性，与医院疗效无关；

（3）模型分析到的各影响因素间相互独立，互不影响。

2. *建立层次分析结构模型*

在建立模型过程中，可以将决策问题分为目标层、标准层和方案层三个层次。通过分析一些医院患者的治疗数据，找出影响医院治疗效果的因素，并将目标层为标准治疗模式，标准层为再次入院率、治病效率和效果及住院成本，方案层为再次入院人数、住院天数、使用药品种类数、诊断次数和短期康复人数的模型定为最终评估模型。

3. 构造成对比较阵、计算权重并进行一致性检验

首先分析目标层和标准层间的关系，我们认为评价治疗模式时，再次入院率这一因素最重要；然后从治病效率和效果、住院成本，根据重要性排序构造成对比较矩阵，将因素两两比较，判断各影响因素之间的关系时，利用前面章节介绍的 1 ~9 尺度，得出成对比较矩阵为

$$\boldsymbol{A}=\begin{bmatrix}1 & 2 & 3\\ 1/2 & 1 & 2\\ 1/3 & 1/2 & 1\end{bmatrix}$$

计算矩阵最大特征根对应的特征向量和一致性指标结果分别为 $\boldsymbol{w}_c=(0.85, 0.48, 0.27)^{\mathrm{T}}$，CI =0. 004 6。

由于矩阵 $\boldsymbol{A}$ 是 3 阶的，取 RI =0. 58，计算得 CR =0. 004 6/0. 580. 007 9 <0. 1，一致性检验通过，其权向量可用。将所求出的特征向量归一化后，得到权向量 $\boldsymbol{w}=(0.54, 0.30, 0.16)^{\mathrm{T}}$。

分析目标层和方案层间的关系，对于再次入院率，其影响程度由强至弱依次为：再次入院人数比例、使用药品种类数、短期康复人数、住院天数和诊断次数，根据重要性排序构造成对比较矩阵为

$$\boldsymbol{B}_1=\begin{bmatrix}1 & 4 & 2 & 5 & 3\\ 1/4 & 1 & 1/3 & 2 & 1/2\\ 1/2 & 3 & 1 & 4 & 2\\ 1/5 & 1/2 & 1/4 & 1 & 1/3\\ 1/5 & 2 & 1/2 & 3 & 1\end{bmatrix}$$

对于治病效率和效果，影响因素从强到弱排序为：住院天数、诊断次数、再次入院人数比例、短期康复人数和使用药品种类数，得成对比较矩阵为

$$\boldsymbol{B}_2=\begin{bmatrix}1 & 1/4 & 4 & 1/3 & 3\\ 4 & 1 & 7 & 2 & 6\\ 1/4 & 1/7 & 1 & 1/6 & 1/2\\ 3 & 1/2 & 6 & 1 & 5\\ 1/3 & 1/6 & 2 & 1/5 & 1\end{bmatrix}$$

对于住院成本，影响因素从强到弱排序为：住院天数、使用药品种类数、诊断次数、再次入院人数比例、短期康复人数，得成对比较矩阵为

$$\boldsymbol{B}_3=\begin{pmatrix}1 & 1/5 & 1/4 & 1/3 & 3\\ 5 & 1 & 2 & 3 & 7\\ 4 & 1/2 & 1 & 2 & 6\\ 3 & 1/3 & 1/2 & 1 & 5\\ 1/3 & 1/7 & 1/6 & 1/5 & 1\end{pmatrix}$$

计算各矩阵最大特征根对应的权向量结果如下：

$$\begin{cases} \boldsymbol{w}_1 = (042, 0.10, 0.26, 0.06, 016)^{\mathrm{T}} \\ \boldsymbol{w}_2 = (014, 0.45, 0.04, 0.30, 007)^{\mathrm{T}} \\ \boldsymbol{w}_3 = (008, 0.43, 0.28, 0.17, 004)^{\mathrm{T}} \end{cases}$$

经计算，以上矩阵均通过一致性检验。

对于组合权向量，通过各准则对目标的权向量和各方案对准则的权向量计算各方案对目标的权向量。方案 P_1 在目标中的组合权重应为相应两项的乘积之和，即 P_1 对总目标的权值为 $P_1 = 0.54 \times 0.42 + 0.30 \times 0.14 + 0.16 \times 0.08 = 0.28$，同理可得方案 P_2、P_3、P_4、P_5 在目标中的组合权重分别为 0.26、0.20、0.15、0.11。分析求出的权重可以看出，评价医院治疗模式时，再次入院人数比例应作为首要判断标准，平均住院天数次之，使用药品种类数位列第三，医生对患者诊断次数第四，经治疗康复的人数的重要性排第五。

9.2 决策支持系统在突发事件中的应用

近年来，突发事件频发，给人民群众的生命财产造成巨大损失。突发事件的发生具有信息不完备、时间紧迫性和任务复杂性三大特点，增加了应急救援难度。目前，应对突发事件主要靠事先制定的文本预案，对决策者指导性不强，作用不明显，因此亟须建立一套突发事件应急决策支持系统，以帮助决策者在最短时间内制定出科学合理的决策方案，有效地开展应急救援行动，减少突发事件造成的损失。突发事件应急决策支持系统，基于案例推理（Case Based Reasoning，CBR），运用相似的历史问题决策方法解决当前问题，在实际应用中几乎没有完全相同的问题，因此案例修正显得十分重要，而 CBR 系统中案例修改基本上都由人工完成，需要较长时间；近年来有学者提出将 CBR 与规则推理（Rule Based Reasoning，RBR）相结合，以实现优势互补，提高决策效率。

9.2.1 系统功能需求分析与总体设计

结合应急决策需求分析，系统主要由五个模块组成，即用户模块、案例推理模块、规则推理模块、案例管理模块和规则管理模块。系统功能模块如图 9－1 所示

（1）用户模块：负责用户登录、管理，以及对当前突发事件信息进行录入。

（2）案例推理模块：对当前待决策案例进行检索，检索出满足相似度阈值的历史案例，生成待优化决策方案，对检索过程中属性权重进行修改。

（3）规则推理模块：利用规则引擎与规则数据库，依据不同突发事件种类，自动生成案例表示所需属性；对当前录入的突发事件进行预处理；修正待优化决策方法，生成优化决策方案。

（4）案例管理模块：维护案例推理用到的历史案例，实现对案例的增加、删除、修改、查询等功能。

（5）规则管理模块：维护规则推理用到的规则，实现对规则的增加、删除、修改、查询等功能。

案例推理解决问题的基本流程中包含四个部分：案例检索（Retrieve），案例修正（Revise），案例重用（Reuse），案例保存（Retain），称为 4R 求解机，也称为 CBR 的生命周期，CBR 流程如图 9－2 所示。

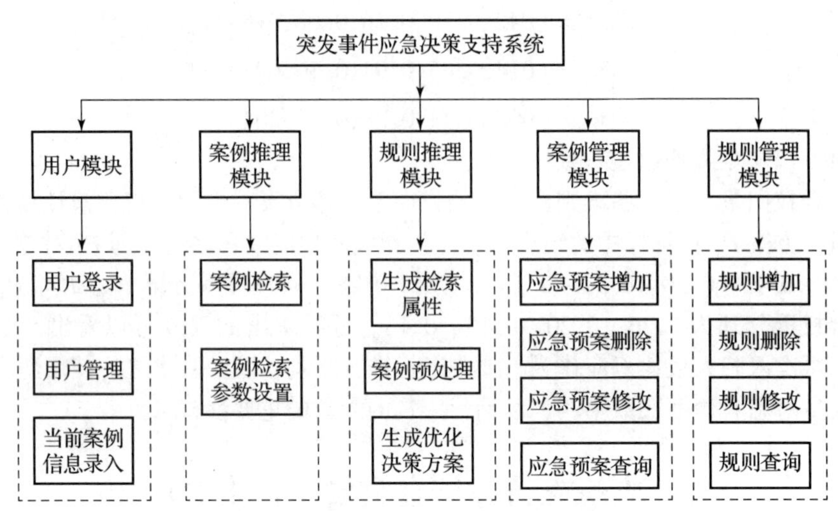

图 9－1　决策支持系统功能模块示意图

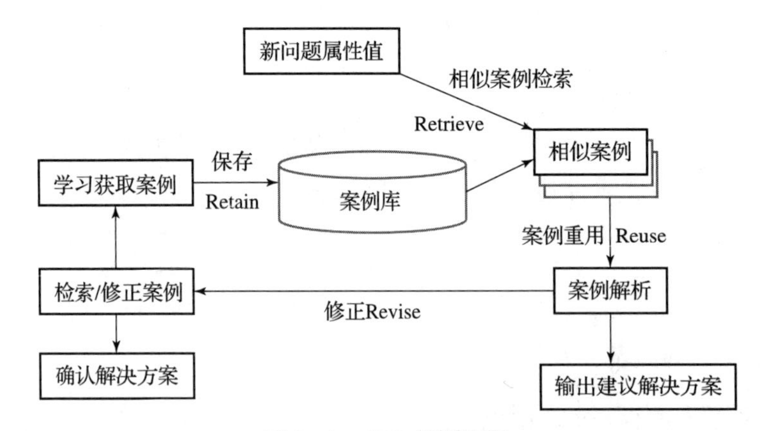

图 9－2　CBR 推理流程

当突发事件发生时，规则推理依据不同突发事件种类生成案例表示所需属性，用户依据原始信息提取对应属性值，案件信息录入完成后，首先运用规则推理对当前突发事件进行预处理，然后使用案例推理对案例库中的历史案例进行相似度匹配，对高于相似度阈值的历史案例进行选择，生成待优化决策方案。若时间紧迫，则直接选择相似度最高的历史案例生成待优化决策方案，再将当前案例属性值以及历史案例属性值使用规则引擎和规则库进行规则推理，在待优化决策方案上生成优化决策方案，使用优化决策方案对此次突发事件提供参考。突发事件解决后，需要记录执行效果，利用执行效果对优化决策方案进行修正生成最优决策方案，将修正结果保存入案例库中，同时修正规则库中的规则。

9.2.2　主要功能模块

1. 案例推理模块

CBR 是模仿人的思维方式产生的一种技术，当人们遇到难题时，会回想过去类似问题的解决策略。CBR 的核心就是重新使用过去的经验案例，将历史成功案例存储入案例数据库，通过相似度匹配算法得出当前待决策案例的相似案例，完成对于当前案例的决策。

案例表示方法可以采用三元组，即问题描述、解决策略描述、执行效果描述。每一元组都由多个属性组成。问题描述分为公共要素与专项要素两部分，公共要素为一般突发事件都具有的属性，专项要素需要根据不同种类突发事件，运用规则推理方法自动生成对应属性，对属性的选取需要将案例描述清楚，还需要与规则推理模块配合使用。

案例检索可以使用应用最广泛的最近邻策略，属性权重使用层次分析法，其对应的公式为

$$\mathrm{Sim}(C_q, C_i) = \sum_{j=1}^{m} w_j \mathrm{Sim}(C_q^j, C_i^j) \tag{9.1}$$

式中，$\mathrm{Sim}(C_q, C_i)$为案例库中第 q 个案例与第 i 个案例的相似度；m 为问题描述中属性个数；w_j 为第 j 个属性的权重；$\mathrm{Sim}(C_q^j, C_i^j)$为第 q 个案例与第 i 个案例第 j 个属性的相似度，即案例 i 与案例 q 的案例相似度为所有属性相似度的加权和。

将案例描述变量分为枚举型、数值型、模糊语言型变量，得到枚举型变量为

$$\mathrm{Sim}(C_q^j, C_i^j) = \begin{cases} 1, & C_q^j = C_i^j \\ 0, & C_q^j \neq C_i^j \end{cases} \tag{9.2}$$

如果采用基于距离的方法和负指数函数计算相似度，可得数值型的变量为

$$\mathrm{Sim}(C_q^j, C_i^j) = \exp\left(- \frac{\sqrt{(C_q^j - C_i^j)^2}}{\sqrt{(C_{\max}^j - C_{\min}^j)^2}} \right) \tag{9.3}$$

式中，$C_{\max}^j$为所有案例中属性 j 的最大值；$C_{\min}^j$为所有案例中属性 j 的最小值。

若 j 属性为模糊型变量，将模糊语言型变量转换为三角模糊数，$\boldsymbol{Y}_j = (y_{j0}, y_{j1}, \cdots, y_{jn})^{\mathrm{T}}$ 对于 y_{jm}（$0 < m < n$）为语言集的一个元素，则该评价结果对应模糊数公式为

$$d_{jm} = (d_{jm}^a, d_{jm}^b, d_{jm}^c) = \left(\frac{m-1}{n}, \frac{m}{n}, \frac{m+1}{n} \right) \tag{9.4}$$

案例 q、案例 i 对于属性 j 的三角模糊数分别为

$$d_{jq} = (d_{jq}^a, d_{jq}^b, d_{jq}^c), d_{ji} = (d_{ji}^a, d_{ji}^b, d_{ji}^c) \tag{9.5}$$

使用基于距离的方法和负指数函数计算相似度，有下式成立，即

$$\mathrm{Sim}(d_{jq}, d_{ji}) = \exp\left[- \frac{\sqrt{(d_{jq}^a - d_{ji}^a)^2 + (d_{jq}^b - d_{ji}^b)^2 + (d_{jq}^c - d_{ji}^c)^2}}{\sqrt{(d_{j\max}^a - d_{j\min}^a)^2 + (d_{j\max}^b - d_{j\min}^b)^2 + (d_{j\max}^c - d_{j\min}^c)^2}} \right] \tag{9.6}$$

式中，$d_{j\max}^a$为 j 属性对应 n 个三角模糊数第一个位置的最大值；$d_{j\min}^a$为 j 属性对应 n 个三角模糊数第一个位置的最小值。

2. 规则推理模块

规则推理模块本质是基于规则的专家系统，是专家系统的重要分支。规则推理的核心是：当事实满足规则特定条件时，执行特定的事件或操作。规则推理模块使用的知识包括事实（用来表示待推理的已知数据或信息）和规则（产生式规则）。规则由条件和动作组成，格式一般为｛IF（条件）；THEN（动作）｝。

对初始方案进行优化，规则推理模块主要由四部分组成：推理引擎，是规则推理的核心，由模式匹配器和议程管理器组成；规则库，存储规则的仓库；工作区，用于存放待推理事实；执行机，执行满足 IF 条件的规则所对应的操作。

以规则推理模块主要功能对案例推理所得方案进行修正为例，具体为当前工作区存放当

前案例以及案例推理模块中检索的相似案例，规则库中存放事先添加好的规则，之后推理引擎开始工作，执行机对历史案例的决策方法进行修正。以火灾突发事件为例，历史案例中火灾发生时间为白天，而当前案例火灾发生时间为夜晚，对解决策略的修正是适当增加照明车数量，规则库中相应规则如下：

IF：historical case（time：“白天”）and current case（time：“夜晚”）

THEN：fire engine：“适当增加照明车数量

规则推理专家系统的建立需要较大人力、物力，通过案例推理与规则推理相结合，使用规则推理进行修正，可减少规则制定所需成本。

3. 系统实现

以事故灾害中的高层建筑类火灾为例，待决策案例为北京某大厦火灾，首先提取当前待决策案例的描述属性。对待决策案例使用规则推理进行预先处理，然后进行案例检索，得到历史案例对于当前待决策案例的相似度，选取相似度阈值为70%，高于阈值的历史案例如表9－1所示。

表9－1　历史案例相似度

案例编号	案例名称	案例时间	突发事件类型	相应级别	相似度/%
1010	广州某大厦火灾	2014－07－07，07：39	高层建筑类：火灾	Ⅰ级	82
1016	福建某大厦火灾	2016－09－28，10：53	高层建筑类：火灾	Ⅰ级	76
1039	天津某大厦火灾	2013－12－18，23：05	高层建筑类：火灾	Ⅰ级	72

选择相似度最高的广州某大厦火灾案例生成待优化决策方案，当前案例及历史案例公共要素详细信息如表9－2所示。

表9－2　案例公共要素详情信息

属性类别	属性	当前案例属性值	历史案例属性值
事故基本信息	案例编号	1052	1010
	案例名称	北京某大厦火灾	广州某大厦火灾
	案例时间	2017－07－23，20：43	2014－07－07，07：39
	突发事件类型	高层建筑类火灾	高层建筑类火灾
	相应级别	Ⅰ级	Ⅰ级
气象条件	天气状况	晴	晴
	相对湿度/%	50	76
	温度	16	15
	风力	2	3
	风向	东南风	西南风
	能见度	视野良好	视野良好

续表

属性类别	属性	当前案例属性值	历史案例属性值
环境条件	水源情况	水量充足	水量充足
	人口密度	市区	市区
	道路畅通情况	畅通	畅通
	地理环境	建筑密集区	建筑密集区

当前案例以及历史案例专项要素详细信息如表 9－3 所示。

表 9－3　案例专项要素详细信息

属性类别	属性	当前案例属性值	历史案例属性值
事故信息	火灾性质	高层建筑类	高层建筑类
	火灾种类	固体火灾	固体火灾
	起火原因	吸烟不慎引起火灾	机械设备故障引起火灾
	燃烧面积/m^2	260	360
	火灾蔓延层数/层	4	3
	建筑分类	一类高层公共建筑	一类高层公共建筑
	建筑高度/m	115	96
	建筑结构	钢结构	钢筋混凝土结构
	日均人流量/人	9 000	4 600
	火灾载荷程度	低	中
	是否存在易燃易爆等其他危险物质	否	否
	是否存在贵重物品	是	否
	是否对火灾上层实施有效防御	是	否
	受困人员数量/人	12	0
	受伤人员数量/人	41	23
	死亡人员数量/人	12	11

对待优化决策方案进行规则推理，生成优化决策方案。人员、车辆调度情况如表 9－4 所示。其中调度数量后加号为规则推理后的修正结果。

表9-4 历史案例相似度

车辆类别	调度数量/辆	车辆类别	调度数量/辆	人员类别	调度数量/人
水罐消防车	16	高举消防车	5	消防员	215
泡沫消防车	0	抢险消防车	0	警员	86
防化消防车	0	照明车	0+4	医生	24
干粉消防车	0	警车	0	护士	48

针对应急举措，对案例中出现的待优话决策方案进行规则修订。

突发事件结束后，利用效果描述域对待优化决策方案进行优化，生成最优方案存入案例数据库中，后对规则库进行修改，新的应急决策制定过程结束。

系统使用Drools规则引擎，Drools是Jboss门下的开源商业规则引擎，具有开源、社区非常活跃、易使用、免费、JSR94（Java Rule Engine API）兼容、工具集强大等特点。Drools的规则引擎包括模式匹配器、议程和执行引擎三部分。模式匹配器将依据规则库与事实集决定规则是否被执行，议程管理待执行规则的执行顺序，执行引擎负责执行规则。

Drools的优点还体现在规则制定及修改上。Jboss官方提供了Drools Guvnor，用于对规则进行集中管理发布，在大多数决策支持系统中，规则的添加都需要开发人员以及应急领域专家共同完成。规则的可读性和用户友好性较差，Drools提供了DSL（领域特殊语言）解决该问题。DSL相当于一个转换器，它能将应急决策术语转换成规则语言，使得决策者只需关注应急领域知识，便可进行规则制定以及修改。

系统开发环境采用B/S架构，可以使用JavaEE企业级应用来设计Web应用系统，电脑操作环境为Windows 10操作系统，采用Myeclipse开发工具，使用Drools规则引擎技术，Web服务器为tomcat-6.0.51，后台数据库为MySQL5.5。系统使用经典的三层架构进行设计，视图层通过jsp和Servlet实现，业务逻辑层则使用Java代码以及Drools实现，数据访问层使用JDBC技术与MYSQL数据库连接。

9.3 其他决策支持系统应用实例

9.3.1 学生课业评估决策支持系统

Malcolm Beynon提出的DS/AHP方法是基于证据推理的多准则决策支持的代表性成果，通过结合Dempster-Shafer证据理论对不确定性的表达能力，对经典AHP多准则决策方法进行了拓展。本节以智慧教育中的教师决策支持系统为大背景，介绍DS/AHP方法在学生课业评估决策支持系统中的应用形式。

随着互联网的发展，云计算、大数据、人工智能的逐步应用，教育逐步从传统教育向智慧教育变革，开启了教育信息化新时代。以数据分析为支撑，为教师的教学活动提供支持，是提升教学质量，提高教学个性化水平的重要手段。在为教师教学提供的各项服务中，学生课业的科学评估一直是重要发展方向。如何科学合理地综合评估学生的学习状况，使得教师对学生学习情况有清晰了解，是实现个性化培养，促进学生全面发展的关键。学生的课业评估是典型的多准则问题，为全范围多角度地评估学生学习程度，学生课业评估 DSS 至少应分析包括课堂表现、作业情况、考勤情况、期末成绩在内的内容；进一步，针对学生课外拓展完成情况、进步程度等因素也需要采用适当的量化评估方案予以考虑。此外，学生的课业评估还是一个不确定信息处理处理问题，对于课业评估中的大量指标，学生的相关记录通常是不完整的，对于某些判别准则而言，我们并不一定能够得到每个学生的评估数据。如在学生课堂表现这一评估指标中，教师在有限的教学学时中通常难以对每位学生均进行提问，进而产生了不完整信息。Dempster – Shafer 证据理论是处理不可知问题的有效数学工具，在证据理论中 $m(\Theta) \in [0,1]$，使之能区分“未知”和“不确定”之间的差异。

针对学生课业评估决策任务做如下工作

（1）应按 AHP 的层次分析思路，弄清楚问题，提出总目标，如图 9 – 3 所示。

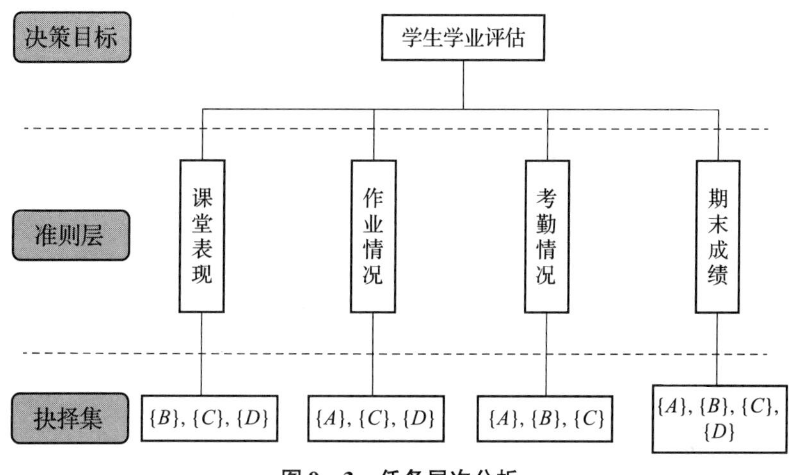

图 9 – 3 任务层次分析

简单起见，取抉择集为 $\Theta = \{A, B, C, D\}$，并选取课堂表现等四个决策准则。学生在各个准则下的表现情况可从 DSS 数据库调取，具体表现情况如表 9 – 5 所示（示例数据）。表中，“ – ”表示数据缺失，表中数据已从原始值使用统一线性映射方法映射到标准标度区间（[1，6]）。

表 9 – 5 学生表现数据表

学生	课堂表现	作业情况	考勤情况	期末成绩
A	—	3.7	1.1	2.8
B	2.8	—	3.2	3.5
C	4.1	4.1	2.8	3.5
D	4.7	4.8	—	3.2

（2）为获取准则层权系数，需要借助 DSS 人机接口获取教师偏好输入的判断矩阵表，记为 $\boldsymbol{A}$，为 4 × 4 矩阵。按 CR < 0.1 校验一致性，若成功，则计算属于 λ_{max} 的标准化特征向量为 $\boldsymbol{\omega}$，即偏好的权系数，否则应通过人机接口请求进行修订，其中令权重 $\boldsymbol{\omega} = [0.5, 0.5, 0.3, 0.9]$，按下式生成 BPA，结果如表 9 – 6 所示。

$$\begin{cases} m(s_i) = \dfrac{a_i\omega}{\sum\limits_{j=1}^{d} a_i\omega + \sqrt{d}} \\ m(\Theta) = \dfrac{\sqrt{d}}{\sum\limits_{j=1}^{d} a_i\omega + \sqrt{d}} \end{cases} \tag{9.7}$$

表 9－6　mass 函数

决策准则	备选抉择集	对应 mass 函数值
课堂表现 m_1	B，C，D，Θ	0.19，0.27，0.31，0.23
作业情况 m_2	A，C，D，Θ	0.23，0.25，0.3，0.22
考勤情况 m_3	A，B，C，Θ	0.09，0.25，0.22，0.44
期末成绩 m_4	A，B，C，D，Θ	0.19，0.23，0.23，0.21，0.14

式中，s_i 代表针对准则 k 的有效（标度大于 0）抉择集；s 表示该准则下所有有效抉择集数量。

得到 mass 函数表后，按 Dempster 合成规则计算融合 mass 函数，即

$$(m_1 \oplus m_2 \oplus \cdots \oplus m_n)(A) = \frac{1}{K} \sum_{A_1 \cap A_2 \cap \cdots \cap A_n = A} m_1(A_1) \cdot m_2(A_2) \cdots m_n(A_n) \tag{9.8}$$

式中，

$$\begin{aligned} K &= \sum_{A_1 \cap \cdots \cap A_n \neq \varnothing} m_1(A_1) \cdot m_2(A_2) \cdots m_n(A_n) \\ &= 1 - \sum_{A_1 \cap \cdots \cap A_n = \varnothing} m_1(A_1) \cdot m_2(A_2) \cdots m_n(A_n) \end{aligned}$$

（3）为方便排序，可将各 mass 转换为 pignistic 概率，以方便比较，在此不再赘述。

总结来看，该基于 DS/AHP 的学生课业评估决策支持方案能较为科学地按照教师偏好进行定量的学生课业评估，能较为准确地体现学生在教师所选取的偏好权重下的表现。

9.3.2　急救车位置选择决策支持系统

模糊决策支持系统（FDSS）领域的研究和开发极其活跃，已取得具有商业价值的可喜成果。开发模糊决策支持系统的宗旨是为决策者提供一种对于决策问题进行有效解答的计算机交互式工作程序，模糊理论的特点使之在凝练领域专家知识方面具有较大优势。FDSS 提供适当的人机对话接口，让决策者直接参与求解过程，是融合专家偏好的重要保障。鉴于模糊领域的理论和模型极为丰富，本节着重讨论其在决策支持系统中的具体应用思路，而尽量略去非必要的公式细节。

区间二型模糊是二型模糊中应用最为广泛和成熟的一类，本节以急救车位置偏好的选择为应用背景，描述一种基于区间二型模糊的决策支持系统实现方案。应急医疗服务（EMS）是拯救患者生命的关键社会保障力量，在该系统中，救护车是提供患者转运的关键一环，其响应速度直接影响到患者的生存概率。EMS 的救护车数量有限，它们在通常位于不同区域的车站、医疗中心或医院部署，并在应急呼叫控制中心的协助下进行调配，通常救护车会定

期进行重新部署，以确保始终具有更好的覆盖范围。根据道路、需求情况等合理安排部署位置是最优化有限的救护资源利用效率，保障患者生命安全的重要决策问题。尽管从运筹学角度看，该问题可建模为典型的约束调配问题并用数学规划化精确求解，但当前EMS中的数据呈现半结构化的特点，多种不可知因素的快速变化为建模工作带来了较大困难，难以超越领域专家协商制定的部署计划。因此，以专家知识为核心设计救护车部署决策支持系统不失为一种有效的解决方案。

要构建救护车部署决策支持系统，首先应组建权威的专家组，并采集其偏好。以由四名专家组成的专家组为例，记 D_1，D_2，D_3，D_4，邀请专家使用与EMS有关的语言变量进行定性评估，以便根据EMS中的标准评估他们对救护车部署的偏好。进一步，为明确决策问题的目标、准则、备选方案，应指定明确的层次化结构，如图9－4所示。

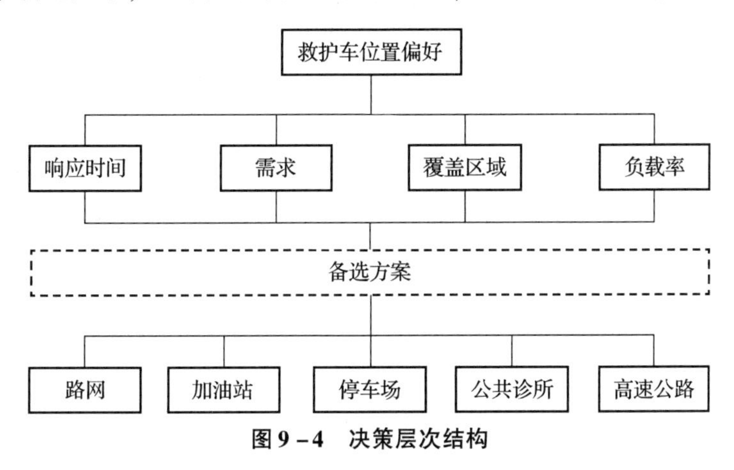

图9－4 决策层次结构

由此可见，该决策问题中，以路网、加油站等备选方案表明救护车的可能放置位置，并考虑响应时间、需求、覆盖区域、负载率为核心的多准则决策问题。为抽取模糊的专家偏好，可设计如表9－7所示的语言变量用以表示准则重要性程度。相应地，表9－8描述了表示各备选方案对独立准则的评价语言变量及其对应的区间二型模糊数。利用表9－7和表9－8，可以收集每位专家对各个备选项在每一准则下的评价和专家们对每一准则的偏好。之后，利用相应的模糊工具，可以得到专家 D_i 的决策矩阵 $\boldsymbol{Y}_i$，并进一步由四名专家决策矩阵构造汇总的模糊评估矩阵 $\bar{\boldsymbol{Y}}$，如图9－5所示。采取相似的思路，求取准则权重矩阵 $\boldsymbol{w}_i$ 并进一步推理得到聚合的模糊权重 $\bar{\boldsymbol{w}}$。经过去模糊处理，得到最终的准则权向量 $\boldsymbol{w}$。结合准则权向量 $\boldsymbol{w}$ 和汇总的模糊评估矩阵 $\bar{\boldsymbol{Y}}$，最终可计算出各备选方案的加权决策矩阵 D。在 D 上，上、下模糊偏好矩阵可被构造处理，最后使用指定的Ranking规则，得到最终实数形式方案评分，完成整个二型模糊推理流程。

表9－7 准则重要性语言变量及其对应的区间二型模糊数

语言变量	区间二型模糊集
极低（VL）	((0.0, 0, 0.1; 1, 1), (0, 0, 0, 0.05; 0.9, 0.9))
低（L）	((0.0, 0.1, 0.1, 0.3; 1, 1), (0.05, 0.1, 0.1, 0.2; 0.9, 0.9))

续表

语言变量	区间二型模糊集
中低（ML）	（(0.1, 0.3, 0.3, 0.5; 1, 1), (0.2, 0.3, 0.3, 0.4; 0.9, 0.9)）
中（M）	（(0.3, 0.5, 0.5, 0.7; 1, 1), (0.4, 0.5, 0.5, 0.6; 0.9, 0.9)）
中高（MH）	（(0.5, 0.7, 0.7, 0.9; 1, 1), (0.6, 0.7, 0.7, 0.8; 0.9, 0.9)）
高（H）	（(0.7, 0.9, 0.9, 1; 1, 1), (0.8, 0.9, 0.9, 0.95; 0.9, 0.9)）
极高（VH）	（(0.9, 1, 1, 1; 1, 1), (0.95, 1, 1, 1; 0.9, 0.9)）

表 9－8　评价语言变量及其对应的区间二型模糊数数

语言变量	区间二型模糊集
极差（VP）	（(0, 0, 0, 0.1; 1, 1), (0, 0, 0, 0.05; 0.9, 0.9)）
差（P）	（(0.0, 0.1, 0.1, 0.3; 1, 1), (0.05, 0.1, 0.1, 0.2; 0.9, 0.9)）
较差（MP）	（(0.1, 0.3, 0.3, 0.5; 1, 1), (0.2, 0.3, 0.3, 0.4; 0.9, 0.9)）
中（F）	（(0.3, 0.5, 0.5, 0.7; 1, 1), (0.4, 0.5, 0.5, 0.6; 0.9, 0.9)）
较好（MG）	（(0.5, 0.7, 0.7, 0.9; 1, 1), (0.6, 0.7, 0.7, 0.8; 0.9, 0.9)）
好（G）	（(0.7, 0.9, 0.9, 1; 1, 1), (0.8, 0.9, 0.9, 0.95; 0.9, 0.9)）
极好（VG）	（(0.9, 1, 1, 1; 1, 1), (0.95, 1, 1, 1; 0.9, 0.9)）

总结来看，该例展示了使用二型模糊理论融合多名专家知识进行多准则决策支持的基本思路。以模糊为基础的决策支持方法充分体现了 DSS 在半结构化决策问题上的优越性，体现了其在提取和融合专家知识方面的显著优势，是同运筹规划、最优化工具互补的重要技术途径。

$$\bar{Y}=\begin{array}{c} \\ c_1 \\ c_2 \\ c_3 \\ c_4 \end{array}\begin{array}{c} \begin{array}{ccccc} A_1 & A_2 & A_3 & A_4 & A_5 \end{array} \\ \begin{bmatrix} \tilde{\tilde{f}}_{11} & \tilde{\tilde{f}}_{12} & \tilde{\tilde{f}}_{13} & \tilde{\tilde{f}}_{14} & \tilde{\tilde{f}}_{15} \\ \tilde{\tilde{f}}_{21} & \tilde{\tilde{f}}_{22} & \tilde{\tilde{f}}_{23} & \tilde{\tilde{f}}_{24} & \tilde{\tilde{f}}_{25} \\ \tilde{\tilde{f}}_{31} & \tilde{\tilde{f}}_{32} & \tilde{\tilde{f}}_{33} & \tilde{\tilde{f}}_{34} & \tilde{\tilde{f}}_{35} \\ \tilde{\tilde{f}}_{41} & \tilde{\tilde{f}}_{42} & \tilde{\tilde{f}}_{43} & \tilde{\tilde{f}}_{44} & \tilde{\tilde{f}}_{45} \end{bmatrix} \end{array}$$

图 9－5　汇总的模糊评估矩阵

9.3.3　临床决策支持系统

本节围绕临床决策支持系统这一典型应用场景予以展开：首先简要介绍其基本背景，说明其可行性与紧迫性；然后分析临床 DSS 的设计指标和基本方案；最后介绍以信息融合为核心构建的多准则决策支持模块在临床决策支持系统中的位置与应用方式。

临床决策支持系统（Clinical Decision Support System，CDSS）是决策支持系统的一个分支，是指能够给临床工作者、患者或个体提供知识或统计信息，并可以自动选择适当的时机，智能地过滤或表示这些信息，以促进临床决策，减少人为的医疗错误，更好地提高医疗质量和患者安全。宏观来看，CDSS 与经典决策支持系统的核心架构基本相同，主要由三大核心部分构成：人机交互、逻辑推理、知识库。其中人机交互是系统与用户之间数据输入和输出部分的操作界面，系统根据手工输入或者从其他系统获得的条件进行判断，从知识库中抽取对应的相关词条或句子显示出来。决策支持系统与医生的工作流程相融合，医生可在工作流程中迅速获得决策支持，可在完全不干预的情况下自动提示，并与电子病历等临床信息系统紧密融合；逻辑推理是利用决策树的原理，对重要关键词语进行判断，把结果与知识库中的关键词进行匹配，等同于一个小型搜索引擎；知识库是临床相关知识的总集，源自权威出版物，并进行结构化处理，按照药品、诊疗指南、专科进行分类整理。按照医疗流程临床决策支持的内容可以分为辅助诊断、辅助诊、疗辅助用药等。辅助诊断的输入数据是患者的主诉和临床观测数据，以及一些检验和检查结果，根据这些结果，知识库给出建议的诊断和依据。辅助用药则根据诊断的结果给出用药参考及禁忌。辅助诊疗则根据诊断从诊疗指南知识库中自动提取治疗方案，辅助临床人员参考。CDSS 在医院电子病历系统上发展而来，在知识库系统建设方面较为完善，近年来数据融合、神经网络的快速发展正进一步推动其智能推理模块的建设，使 CDSS 向智能临床决策支持系统（ICDSS）发展。

随着现代医疗体系逐步向规范化、信息化、个性化方向发展，医学检查在现代医学诊断中的比重逐步增加，为医生的诊断决策提供了量化的、客观的、一致的指标，是规范现代医疗诊断程序，推动诊断从经验型向流程型的重要推手。因此针对医学影像的智能分析推理是 ICDSS 的核心发展方向。从需求层面看，当前医学影像诊断大多还是依赖放射科医生的人工分析，诊断技能建立在大量临床病例影像的观察学习基础上，但放射科医生的年均增速只有 4.1%，远低于医学影像数据 30% 的年均增速。因此，发展 ICDSS 具有较大的现实意义与紧迫性。

ICDSS 基本结构如图 9－6 所示。其中，基于自然语言处理（NLP）的结构化工具包可完成非结构化病例病案的结构化分析，从中抽取时间、诱因、主症状、症状特点、阳性伴随症状、阴性伴随症状等结构化元素，以此构成的知识库可降低问题处理系统的实现难度。

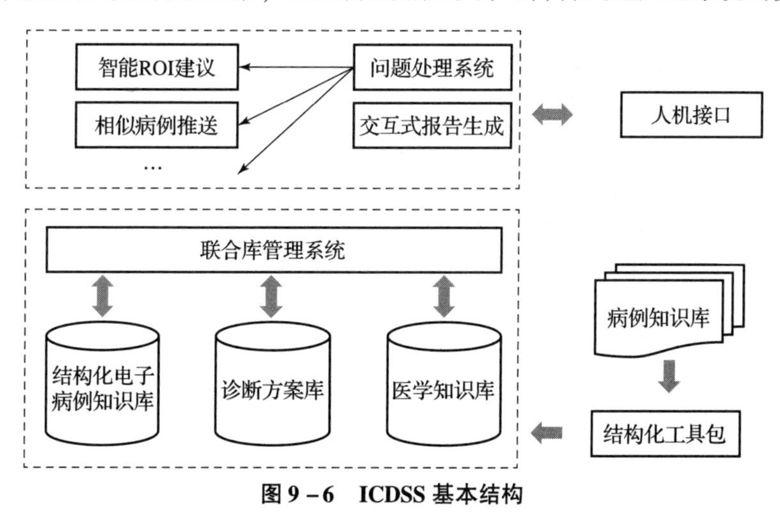

图 9－6　ICDSS 基本结构

在 CDSS 或 ICDSS 中，系统给医生提供的诊断支持需要关注敏感性、特异性、准确性三大指标，即

$$敏感性=\frac{真阳性}{真阳性+假阴性}\times 100\%$$

$$特异性=\frac{真阴性}{真阴性+假阳性}\times 100\%$$

$$准确性 = \frac{真阳性}{真阳性 + 假阳性}100\%$$

从多准则决策的角度来看，这些指标难以归并，也不独立，存在较强耦合性，尤其是敏感性和特异性两大指标难以同时保持较好水平，通过 DSS 人机接口按医生需求进行适应性加权处理是一种较优选项。例如，在肺结节识别应用场景下，病变结节的漏检（假阴性）较为严重，会大大降低医师对 DSS 的信任。但该场景下，因病变结节一般只占全部兴趣结节的 10% 以下，医师进行人工二次筛选的代价较小，故对假阳性结果的容忍度较高。CDSS 用于支持决策的源数据一般为结构化病例数据库，如来自影像归档和通信系统（PACS）的原始影像数据包，亦可包含医学知识库和诊疗指南。医学影像数据是典型的多级、多层次数据，适合应用数据融合方法。信息融合是一个多级、多层面的数据处理过程，主要完成对来自多个信息源的数据进行自动检测、关联、相关及估计的融合处理。人类对客观事物的认知和决策过程，就是对信息的融合过程。人类通过视觉、听觉、触觉等多重感官对客观事物实施多层次、多角度感知，有利获取针对决策问题的完备信息，实现周密精准决策。应用于医学影像领域的数据融合技术在传感器级融合、特征级融合、决策级融合三个层次均可开展。图像理解是医学图像融合的最终目的，在传感器级融合、特征级融合层面，将来自磁共振成像（MRI）、计算机断层扫描（CT）等不同类型医学影像加以配准，即求取影像之间几何变换关系，使得经变换后人体上同一解剖点在两张匹配图像上具有相同的解剖位置，可使得医师能了解同一病灶点的多源影像信息，更好地进行病情诊断。例如，CT 对骨质、钙化灶有较好分辨能力，而 MRI 对软组织分辨力更佳，融合判别可大大增加全域影像解析力。此外，借助健康人体扫描信息可建立影像对照模板，从而决策支持系统能更好地为医师提供直观的对照参考指征。在决策级融合方面，结合历史相似病例匹配技术，基于特征抽取从知识库调取相似病例及其诊断结论，结合愈后效果和被调取对应读片医师的资历信息，也能提供有效的参考。进一步，应用基于三维卷积的神经网络判别模型，对融合影像进行语义分割、目标检测和分类等操作，在人机界面直接显示备选选区或拟诊断结论，是当前 CDSS 发展的重要方向；更近一步，结合自然语言处理（Natural Language Processing，NLP）进行诊断报告端到端处理，在人机接口的有效配合下，实现半自动化的交互式报告生成，也是重要的决策支持形式。

参 考 文 献

[1] 刘晶珠. 决策支持系统导论 [M]. 哈尔滨：哈尔滨工业大学出版社，1990.
[2] 席少霖. 非线性最优化方法 [M]. 北京：高等教育出版社，1992.
[3] 陈文伟. 决策支持系统及其开发 [M]. 北京：清华大学出版社，2000.
[4] 江文年，李明星. 数据仓库与决策支持系统 [J]. 管理科学，1997 (3)：19-21.
[5] 埃弗雷姆·特班，杰伊 E. 阿伦森，梁定澎，等. 决策支持系统与智能系统 [M]. 北京：机械工业出版社，2009.
[6] 胡于进，凌玲. 决策支持系统的开发与应用 [M]. 北京：机械工业出版社，2006.
[7] Wada Y, Mizoguchi T. Decision Support System [M]. New York：Springer US，1994.
[8] Kim K. A Transportation Planning Model for State Highway Management：A Decision Support System Methodology to Achieve Sustainable Development [M]. Berlin：Springer Berlin Heidelberg，1998.
[9] Feldstein A C，Smith D H，Nan R R，et al. Decision Support System Design and Implementation for Outpatient Prescribing：The Safety in Prescribing Study [J]. Advances in Patient Safety：From Research to Implementation，2005，(3).
[10] 马拉卡斯. 21 世纪的决策支持系统 [M]. 北京：清华大学出版社，2002.
[11] 高洪深. 决策支持系统（DSS）理论方法案例 [M]. 南宁：广西科学技术出版社，1996.
[12] 陈木法. 从马尔科夫链到非平衡料子系统 [M]. 上海：上海世界图书出版公司，2013.
[13] 王莲芬，许树柏. 层次分析法引论 [M]. 北京：中国人民大学出版社，1990.
[14] 王伟平. 基于 Vague 集的语言型多准则决策方法 [M]. 北京：经济科学出版社，2013.
[15] 马昌凤. 最优化方法及其 Matlab 程序设计 [M]. 北京：科学出版社，2010.
[16] 李卫国. 最优化方法与策略 [M]. 长春：东北师范大学出版社，2015.
[17] 郭科 陈聆. 最优化方法及其应用 [M]. 北京：高等教育出版社，2007.
[18] 罗中华. 最优化方法及其在机械行业中的应用 [M]. 北京：电子工业出版社，2008.
[19] 徐培德，邱涤珊. 非线性最优化方法及应用 [M]. 长沙：国防科技大学出版社，2008.
[20] 钟开来. 马尔科夫过程、布朗运动和时间对称：第 2 版 [M]. 北京：世界图书出版公司北京公司，2013.
[21] 邓肯，王梓坤. 马尔科夫过程论基础 [M]. 哈尔滨：哈尔滨工业大学出版社，2015.
[22] 李荣钧. 模糊多准则决策理论与应用 [M]. 北京：科学出版社，2002.
[23] 都兴富. 股票分析多准则决策 [M]. 成都：电子科技大学出版社，1994.
[24] 张全. 复杂多准则决策应用实务 [M]. 沈阳：辽宁科学技术出版社，2011.

[25] 许玖平，吴巍. 多属性决策的理论与方法 [M]. 北京：清华大学出版社，2006：1-30.

[26] 谢季坚，刘承平. 模糊数学方法及其应用 [M]. 武汉：华中理工大学出版社，2005.

[27] 拉姆什·沙尔达，杜尔森·德伦，埃弗雷姆·特班. 商务智能与分析：决策支持系统 [M]. 北京：机械工业出版社，2018.

[28] Ye J. Fuzzy decision-making method based on the weighted correlation coefficient under intuitionistic fuzzy environment [J]. European Journal of Operational Research, 2010, 205 (1): 202-204.

[29] Farhadinia B. Multiple criteria decision-making methods with completely unknown weights in hesitant fuzzy linguistic term setting [J]. Knowledge-Based Systems, 2016, 93: 135-144.

[30] Zhang X L. A novel approach based on similarity measure for pythagorean fuzzy multiple criteria group decision making [J]. International Journal of Intelligent Systems, 2015, 31 (6): 593-611.

[31] Wu Z B, Ahmad J, Xu J P. A group decision making framework based on fuzzy VIKOR approach for machine tool selection with linguistic information [J]. Applied Soft Computing, 2016, 42: 314-324.

[32] 刘胧，刘虎沉，林清恋. 基于模糊证据推理和灰色关联理论的 FMEA 方法 [J]. 模糊系统与数学，2011，25 (2)：71-80.

[33] Wang J Q, Zhang H Y. Multicriteria decision-making approach based on Atanassov's intuitionistic fuzzy sets with incomplete certain information on weights [J]. IEEE Transactions on Fuzzy Systems, 2013, 21 (3): 510-515.

[34] 王毅，雷英杰，路艳丽. 基于直觉模糊集的多属性模糊决策方法 [J]. 系统工程与电子技术，2007，29 (12)：2060-2061.

[35] Szmidt E, Kacprzyk J. Distances between intuitionistic fuzzy sets [J]. Fuzzy Sets and Systems, 2000, 114 (3): 505-518.

[36] Yager R R. Some aspects of intuitionistic fuzzy sets [J]. Fuzzy Optimization and Decision Making, 2009, 8 (1): 67-90.

[37] Wang Y M, Yang J B, Xu D L. Environmental impact assessment using the evidential reasoning approach [J]. European Journal of Operational Research, 2006, 174 (3): 1885-1913.

[38] Chen Y W, Yang J B, Xu D L, Zhou Z J, Tang D W. Inference analysis and adaptive training for belief rule based systems [J]. Expert Systems with Applications, 2011, 38 (10): 12845-12860.

[39] Chen Y W, Yang J B, Pan C C, et al. Identification of uncertain nonlinear systems: Constructing belief rule-based models [J]. Knowledge-Based Systems, 2015, 73: 124-133.

[40] Wang Y N, Dai Y P, Chen Y W, Meng F C. The evidential reasoning approach to medical diagnosis using intuitionistic fuzzy Dempster-Shafer theory [J]. International Journal of

Computational Intelligence Systems, 2015, 8 (1): 75 - 94.
[41] 张玉花，陈秋红. 一种二型模糊可能性聚类红外图像分割算法 [J]. 激光与红外, 2009, 39 (7): 780 - 783.
[42] 钱海军，聂华北. 区间二型模糊熵及其在图像分割中的应用 [J]. 计算机应用与软件, 2014, 31 (1): 236 - 238, 251.
[43] 莫红，王飞跃. 语言动力系统与二型模糊逻辑 [M]. 北京：中国科学技术出版社, 2013.
[44] 莫红，王飞跃，赵亮. 一一映射下区间二型模糊集合的语言动力学轨迹 [J]. 模式识别与人工智能, 2010, 23 (2): 144 - 147.
[45] 纪雯，王建辉，方晓柯，等. 一种区间二型模糊隶属度函数的构造方法 [J]. 东北大学学报（自然科学版）, 2013, 5: 618 - 623.
[46] 施建中，李荣，杨勇. 一种新的区间二型模糊集合降阶法 [J]. 计算机应用研究, 2017, 2: 378 - 381, 430.
[47] 胡怀中，张伟斌，杨华南. 区间二型模糊集重心的直接 Karnik - Mendel 算法 [J]. 系统仿真学报, 2010, 10: 2326 - 2328.
[48] 胡怀中，赵戈，杨华南. 一种区间二型模糊集重心的快速解法 [J]. 控制与决策, 2010, 4: 637 - 640.
[49] 卞扣成，兰洁，王涛. 区间二型模糊逻辑系统在水位模糊控制中应用及仿真研究 [J]. 辽宁工业大学学报, 2010, 6: 408 - 412.
[50] 曹江涛，李平，刘洪海. 一种改进的区间二型模糊控制器设计 [J]. 控制与决策, 2009, 10: 1597 - 1600.
[51] 韩红桂，刘峥，乔俊飞. 基于区间二型模糊神经网络污水处理过程溶解氧浓度控制 [J]. 化工学报, 2017, 69 (3): 1182 - 1190.
[52] 林晓华，安相华，贾文华. 产品方案优选的区间二型模糊 VIKOR 法 [J]. 机械设计与制造, 2017 (3): 11 - 15.
[53] 江东，何燚. 一种新的基于二型模糊的变核宽模糊核聚类分割算法 [J]. 红外技术, 2009, 31 (8): 487 - 490.
[54] 张伟斌，胡怀中，刘文江. 基于二型模糊逻辑的交通流量预测 [J]. 西安交通大学学报, 2007, 41 (10): 1160 - 1164.
[55] 郑高，肖建，王婧，等. 基于区间二型模糊逻辑的短期风速预测研究 [J]. 太阳能学报, 2011, 32 (12): 1792 - 1797.
[56] 周晚辉，刘文萍. 基于 Type - 2 模糊聚类的图像分割算法 [J]. 计算机工程, 2010, 36 (24): 211 - 213.
[57] 邓廷权，焦颖颖. 图像分割质量评价的二型模糊集方法 [J]. 计算机工程与应用, 2011, 47 (32): 217 - 220.
[58] 姚兰，肖建. 基于严格等价函数的区间二型模糊熵及其图像阈值分割方法 [J]. 计算机辅助设计与图形学学报, 2015 (6): 1074 - 1081.
[59] Walpole R E, Myers R H, Myers S L, et al. Probability & Statistics for Engineers & Scientists [M]. 9th Edition, London: Prason Education Limited, 2016.

[60] Lin Y - Y, Chang J - Y, Lin C - T. A TSK - type - based self - evolving compensatory interval type - 2 fuzzy neural network (TSCIT2FNN) and its applications [J]. IEEE Transactions on Fuzzy Systems, 2014, 61 (1): 447 - 459.

[61] Mohammadzadeh A, Ghaemi S, Kaynak O, et al. Robust - based synchronization of the fractional - order chaotic systems by using new self - evolving nonsingleton type - 2 fuzzy neural networks [J]. IEEE Transactions on Fuzzy Systems, 2016, 24 (6): 1544 - 1554.

[62] Coupland S, John R. A fast geometric method for defuzzification of type - 2 fuzzy sets [J]. IEEE Transactions on Fuzzy Systems, 2008, 16 (4): 929 - 941.